碳排放碳中和实施实务

刘曙光　黄茂林　主编

中国环境出版集团·北京

图书在版编目（CIP）数据

碳排放碳中和实施实务 / 刘曙光，黄茂林主编.
北京：中国环境出版集团，2024. 11. – – ISBN 978-7
-5111-5957-1
　　Ⅰ．X511
　　中国国家版本馆 CIP 数据核字第 2024AC9041 号

责任编辑　孟亚莉
封面设计　岳　帅

出版发行　中国环境出版集团
　　　　　（100062　北京市东城区广渠门内大街 16 号）
　　　　　网　　　址：http://www.cesp.com.cn
　　　　　电子邮箱：bjgl@cesp.com.cn
　　　　　联系电话：010-67112765（编辑管理部）
　　　　　发行热线：010-67125803，010-67113405（传真）
印　　刷　玖龙（天津）印刷有限公司
经　　销　各地新华书店
版　　次　2024 年 11 月第 1 版
印　　次　2024 年 11 月第 1 次印刷
开　　本　787×1092　1/16
印　　张　21.25
字　　数　440 千字
定　　价　98.00 元

中国环境出版集团郑重承诺：
中国环境出版集团合作的印刷单位、材料单位均具有中国环境标志产品认证。

主　　编　刘曙光　黄茂林

副 主 编　王　涛　马　辉　黄　硕

编写人员　王　帅　杨依然　王大鑫　张君伍　田强强

序 言

2020 年 9 月 22 日，国家主席习近平在第七十五届联合国大会一般性辩论上发表重要讲话，指出："人类需要一场自我革命，加快形成绿色发展方式和生活方式，建设生态文明和美丽地球。""中国将提高国家自主贡献力度，采取更加有力的政策和措施，二氧化碳排放力争于 2030 年前达到峰值，努力争取 2060 年前实现碳中和。"构建了我国碳达峰和碳中和工作的总要求。

2021 年 3 月 15 日，中央财经委员会第九次会议研究了实现碳达峰、碳中和的基本思路和主要措施。会议强调：实现碳达峰、碳中和是一场广泛而深刻的经济社会系统性变革，要把碳达峰、碳中和纳入生态文明建设整体布局，拿出抓铁有痕的劲头，如期实现 2030 年前碳达峰、2060 年前碳中和的目标。我国力争 2030 年前实现碳达峰，2060 年前实现碳中和，是党中央经过深思熟虑作出的重大战略决策，事关中华民族永续发展和构建人类命运共同体。实现碳达峰、碳中和是一场硬仗，也是对我们党治国理政能力的一场大考。要加强党中央集中统一领导，完善监督考核机制。各级党委和政府要扛起责任，做到有目标、有措施、有检查。领导干部要加强碳排放相关知识的学习，增强抓好绿色低碳发展的本领。

为了促进企事业单位碳减排相关部门及从业人员更好地学习和掌握碳排放、碳达峰、碳中和等相关政策、法规与规范要求，系统学习"涉碳"的有关专业知识，更好地推动碳达峰、碳中和的有关政策落实，作者组织编写本书。本书共分为四篇十四章，系统讲解了碳排放、碳中和、碳达峰的基本概念、总体要求，碳排放的监测计划、核算方法、排放报告、计划与报告的审核、配额的确定与分配，碳排放权交易与监督管理等，以及实现碳达峰与碳中和的主要措施、投融资要求、法律责任要求等。

本书由刘曙光、黄茂林任主编，由王涛、马辉、黄硕任副主编，参加编写的还有王帅、杨依然、王大鑫、张君伍、田强强等同志。

由于编写水平有限，书中难免有不妥和疏漏之处，敬请批评指正！

编写组

2023 年 11 月 23 日

目　录

第一篇　碳排放与碳核算

第一篇

碳排放与碳核算

第一章　碳排放

一、碳排放危害

(一) 温室气体种类

温室气体：大气中那些吸收和重新放出红外辐射的自然的和人为的气态成分（大气层中自然存在的和人类活动产生的能够吸收和散发由地球表面、大气层和云层所产生、波长在红外光谱内的气态成分），包括 7 种：①二氧化碳（CO_2）；②甲烷（CH_4）；③氧化亚氮（N_2O）；④氢氟碳化物（或氢氟烃）（HFCs）；⑤全氟化碳（或全氟碳）（PFCs）；⑥六氟化硫（SF_6）；⑦三氟化氮（NF_3）。

(二) 温室气体大量排放的危害

（1）长期大量排放碳，会使气温升高。

（2）当全球气温上升 3～4℃时，由于海平面上升使遭受洪水侵袭的人口至少增加上千万。

（3）气候变暖可能导致区域天气模式的突然改变，如季风、厄尔尼诺现象。

（4）生态系统中有 15%～40%的物种在全球升温 2℃后可能面临灭绝的命运。

（5）气候变暖导致海洋酸化，这将对海洋生态系统产生重大影响，还可能对鱼类的生存产生不利后果。

（6）如果气温升高 2～3℃，就可能给亚马孙雨林带来严重的，甚至可能是无法挽回的损害。

（7）气温上升会导致虫害。

（8）当升温达到 4℃以上时，全球粮食生产很可能受到严重影响，粮食生产能力逐渐下降，特别是非洲。

二、实现碳达峰、碳中和的指导思想

（1）以习近平新时代中国特色社会主义思想为指导，全面贯彻党的十九大、二十大和历次全会精神。

（2）深入贯彻习近平生态文明思想，立足新发展阶段，贯彻新发展理念，构建新发展格局。

（3）坚持系统观念，处理好发展和减排、整体和局部、短期和中长期的关系，将碳达峰、碳中和纳入经济社会发展全局。

（4）以经济社会发展全面绿色转型为引领，以能源绿色低碳发展为关键，加快形成节约资源和保护环境的产业结构、生产方式、生活方式、空间格局。

（5）坚定不移走生态优先、绿色低碳的高质量发展道路，确保如期实现碳达峰、碳中和。

（6）坚持"全国统筹、节约优先、双轮驱动、内外畅通、防范风险"的总方针，有力有序有效做好碳达峰工作。

（7）明确各地区、各领域、各行业目标任务，加快实现生产生活方式绿色变革，推动经济社会发展建立在资源高效利用和绿色低碳发展的基础之上，确保如期实现 2030 年前碳达峰目标。

三、实现碳达峰、碳中和工作原则

1. 全国统筹、分类施策

全国一盘棋，强化顶层设计和各方统筹，发挥制度优势，实行党政同责，压实各方责任。

根据各地实际分类施策，鼓励主动作为、率先达峰。各地区、各领域、各行业因地制宜、分类施策，明确既符合自身实际又满足总体要求的目标任务。

2. 系统推进、重点突破

全面准确认识碳达峰行动对经济社会发展的深远影响，加强政策的系统性、协同性。抓住主要矛盾和矛盾的主要方面，推动重点领域、重点行业和有条件的地方率先达峰。

3. 双轮驱动、两手发力

更好发挥政府作用，政府和市场两手发力，构建新型举国体制，充分发挥市场机制作用。大力推进绿色低碳科技创新，强化科技和制度创新，加快绿色低碳科技革命。深化能源和相关领域改革，发挥市场机制作用，形成有效激励约束机制。

4．稳妥有序、安全降碳

立足我国富煤贫油少气的能源资源禀赋，坚持先立后破，稳住存量，拓展增量，以保障国家能源安全和经济发展为底线，争取时间实现新能源的逐渐替代，推动能源低碳转型平稳过渡，切实保障国家能源安全、产业链供应链安全、粮食安全和群众正常生产生活，着力化解各类风险隐患，防止过度反应，稳妥有序、循序渐进推进碳达峰行动，确保安全降碳。

5．节约优先、绿色低碳

把节约能源资源放在首位，实行全面节约战略，持续降低单位产出能源资源消耗和碳排放，提高投入产出效率，倡导简约适度、绿色低碳生活方式，从源头和入口形成有效的碳排放控制阀门。

6．立足国情、内外畅通

立足实际，统筹国内国际能源资源，推广先进绿色低碳技术和经验。统筹做好应对气候变化对外斗争与合作，不断增强国际影响力和话语权，坚决维护我国发展权益。

四、碳（温室气体）排放目标要求

以习近平新时代中国特色社会主义思想为指导，深入贯彻习近平生态文明思想，坚定不移贯彻新发展理念，以推动高质量发展为主题，以碳达峰目标与碳中和愿景为牵引，以协同增效为着力点，坚持系统观念，全面加强应对气候变化与生态环境保护相关工作统筹融合，增强应对气候变化整体合力，推进生态环境治理体系和治理能力现代化，推动生态文明建设实现新进步，为建设美丽中国、共建美丽世界作出积极贡献。

（一）"十三五"期间碳排放的目标要求与完成情况

1．"十三五"目标

2020 年单位国内生产总值 CO_2 排放比 2005 年下降 40%～45%。

2．提前完成目标任务

中国已切实履行气候变化、生物多样性等环境相关条约义务，已提前完成 2020 年应对气候变化和设立自然保护区相关目标。

（二）"十四五"期间碳排放的目标要求

"十四五"期间，产业结构和能源结构调整优化取得明显进展，重点行业能源利用效率大幅提升，煤炭消费增长得到严格控制，新型电力系统加快构建，绿色低碳技术研发和推广应用取得新进展，绿色生产生活方式得到普遍推行，有利于绿色低碳循环发展的政策体系进一步完善。

（1）到 2025 年，绿色低碳循环发展的经济体系初步形成，重点行业能源利用效率大幅提升。

（2）到 2025 年，单位国内生产总值能源消耗比 2020 年下降 13.5%。

（3）到 2025 年，单位国内生产总值 CO_2 排放比 2020 年下降 18%，为实现碳达峰奠定坚实基础。

（4）到 2025 年，非化石能源消费比重达到 20% 左右。

（5）到 2025 年，森林覆盖率达到 24.1%，森林蓄积量达到 180 亿 m^3，为实现碳达峰、碳中和奠定坚实基础。

（三）"十五五"期间碳排放的目标要求

"十五五"期间，产业结构调整将取得重大进展，清洁低碳安全高效的能源体系初步建立，重点领域低碳发展模式基本形成，重点耗能行业能源利用效率达到国际先进水平，非化石能源消费比重进一步提高，煤炭消费逐步减少，绿色低碳技术取得关键突破，绿色生活方式成为公众自觉选择，绿色低碳循环发展政策体系基本健全。

（1）到 2030 年，经济社会发展全面绿色转型取得显著成效，重点耗能行业能源利用效率达到国际先进水平。

（2）到 2030 年，单位国内生产总值能耗大幅下降。

（3）到 2030 年，中国单位国内生产总值 CO_2 排放将比 2005 年下降 65% 以上。

（4）到 2030 年，中国非化石能源占一次能源消费比重将达到 25% 左右。

（5）到 2030 年，中国森林蓄积量将比 2005 年增加 60 亿 m^3。

（6）到 2030 年，中国风电、太阳能发电总装机容量将达到 12 亿 kW 以上。

（四）2060 年碳排放的目标要求

（1）到 2060 年，绿色低碳循环发展的经济体系和清洁低碳安全高效的能源体系全面建立。

（2）能源利用效率达到国际先进水平。

（3）非化石能源消费比重达到 80% 以上。

（4）碳中和目标顺利实现。

（5）生态文明建设取得丰硕成果。

（6）开创人与自然和谐共生新境界。

（五）碳达峰与碳中和的重要意义

（1）以习近平同志为核心的党中央统筹国内国际两个大局作出的重大战略决策。

（2）着力解决资源环境约束突出问题、实现中华民族永续发展的必然选择。

（3）构建人类命运共同体的庄严承诺。

五、碳（温室气体）排放责任要求

（一）各级政府承担温室气体排放监管主导责任

（1）实现碳达峰、碳中和是一场硬仗，也是对我们党治国理政能力的一场大考。

（2）要加强党中央集中统一领导，完善监督考核机制。

（3）各级党委和政府要扛起责任，做到有目标、有措施、有检查。

（4）领导干部要加强对碳排放相关知识的学习，增强抓好绿色低碳发展的本领。

（二）政府有关部门监督管理责任

1. 生态环境部门监管职责

（1）生态环境部监管职责

1）负责制定碳排放与碳核算的技术规范与监督管理。

生态环境部负责对地方温室气体排放报告与核查、碳排放配额分配的监督管理。

2）负责制定碳排放配额的技术规范。

①国务院生态环境主管部门商国务院有关部门，根据国家温室气体排放总量控制和阶段性目标要求，提出碳排放配额总量和分配方案，报国务院批准后公布。

生态环境部根据国家温室气体排放控制要求，综合考虑经济增长、产业结构调整、能源结构优化、大气污染物排放协同控制等因素，制定碳排放配额总量确定与分配方案。

②生态环境部负责对地方碳排放配额分配的监督管理。

3）负责制定碳交易的技术规范。

①国务院生态环境主管部门根据国家确定的温室气体排放控制目标，制定纳入全国碳排放权交易市场的温室气体重点排放单位（以下简称重点排放单位）的确定条件，并向社会公布。

②生态环境部按照国家有关规定建设全国碳排放权交易市场。

③生态环境部按照国家有关规定，提出全国碳排放权注册登记机构组建方案。

④生态环境部按照国家有关规定，提出全国碳排放权交易机构组建方案。

⑤生态环境部按照国家有关规定，组织建设全国碳排放权注册登记系统。

⑥生态环境部按照国家有关规定，组织建设全国碳排放权交易系统。

⑦生态环境部负责制定全国碳排放权交易及相关活动的技术规范。

⑧生态环境部会同国务院其他有关部门对全国碳排放权交易及相关活动进行监督管理和指导。

⑨国务院生态环境主管部门应当会同国务院有关部门加强碳排放权交易风险管理，指导和监督全国碳排放权交易机构：

➢ 建立涨跌幅限制措施制度；

➢ 最大持有量限制措施制度；

➢ 大户报告措施制度；

➢ 风险警示措施制度；

➢ 异常交易监控措施制度；

➢ 风险准备金措施制度；

➢ 重大交易临时限制措施制度。

⑩国务院生态环境主管部门应当与国务院市场监督管理、证券监督管理、银行业监督管理等部门和机构建立监管信息共享和执法协作配合机制。

（2）省级生态环境主管部门监管职责

1）负责碳排放与碳核算的监督管理职责。

①省级生态环境主管部门应当按照生态环境部的有关规定，确定本行政区域重点排放单位名录，向生态环境部报告，并向社会公开。

②省级生态环境主管部门负责将不符合温室气体重点排放单位条件的企业从重点排放单位名录中移出。

③重点排放单位应当根据国务院生态环境主管部门制定的温室气体排放核算与报告技术规范，编制其上一年度的温室气体排放报告，载明排放量，并于每年 3 月 31 日前报其生产经营场所所在地的省级生态环境主管部门。

2）负责组织开展对温室气体排放报告核查工作。

①省级生态环境主管部门可以通过政府购买服务的方式委托技术服务机构提供核查服务，对重点排放单位温室气体排放报告进行核查，并将核查结果告知重点排放单位。

生态环境部门组织对第三方核查机构出具的核查报告和监测计划审核报告进行审核，对温室气体排放报告及补充数据表实施核查，根据实际情况采用抽查复查、专家评审等方式确保数据质量。

②生态环境部门组织对企业（或者其他经济组织）提交的监测计划和排放报告进行审核，根据实际情况采用抽查复查、专家评审等方式确保数据质量。

③省级生态环境主管部门负责本行政区域内的温室气体排放报告核查活动，并进行监督管理。

3）负责组织开展碳排放配额和碳清缴工作。

①省级生态环境主管部门应当根据生态环境部制定的省级碳排放配额总量确定与分配方案，制定碳排放配额总量确定与分配方案。

②省级生态环境主管部门应当根据公布的碳排放配额总量和分配方案，向本行政区域的重点排放单位分配规定年度的碳排放配额。碳排放配额分配包括免费分配和有偿分配两种方式，初期以免费分配为主，根据国家要求适时引入有偿分配，并逐步扩大有偿分配比例。

③省级生态环境主管部门负责在本行政区域内组织开展碳排放配额分配活动，并进行监督管理。省级生态环境主管部门确定碳排放配额后，应当书面通知重点排放单位。

④重点排放单位对分配的碳排放配额有异议的，可以自接到通知之日起 7 个工作日内，向分配配额的省级生态环境主管部门申请复核；省级生态环境主管部门应当自接到复核申请之日起 10 个工作日内，作出复核决定。

⑤省级生态环境主管部门负责在本行政区域内组织开展碳排放配额清缴活动，并进行监督管理。

⑥省级生态环境主管部门应当及时公开重点排放单位碳排放配额清缴情况。

4）负责碳排放权交易的监督管理。

①省级生态环境主管部门按照重点排放单位的确定条件，制定本行政区域重点排放单位名录，向国务院生态环境主管部门报告，并向社会公开。

②因停业、关闭或者其他原因不再排放温室气体，或者存在其他不符合重点排放单位确定条件情形的，制定名录的省级生态环境主管部门应当及时将这些不符合条件的单位从重点排放单位名录中移出。

（3）设区的市级生态环境主管部门监管职责

1）碳排放与碳核算监管职责。

①生态环境部门组织对企业（或者其他经济组织）提交的监测计划和排放报告进行审核，根据实际情况采用抽查复查、专家评审等方式确保数据质量。生态环境部门组织对第三方核查机构出具的核查报告和监测计划审核报告进行审核，对温室气体排放报告及补充数据表实施核查，根据实际情况采用抽查复查、专家评审等方式确保数据质量。

②设区的市级生态环境主管部门负责配合省级生态环境主管部门落实相关具体工作。

2）碳排放配额与碳交易监管职责。

设区的市级生态环境主管部门负责对本辖区碳排放权交易实施监督管理工作。

（4）县级生态环境主管部门监管职责

县级以上生态环境主管部门可以采取下列措施，对重点排放单位等交易主体和核查技术服务机构进行监督管理：①现场检查；②查阅、复制有关文件资料，查询、检查有关信息系统；③要求就有关问题作出解释说明。

2．发展改革部门监管职责

生态环境主管部门会同发展改革部门对全国碳排放权交易及相关活动进行监督管理和指导。

3．工业和信息化部门监管职责

生态环境主管部门会同工业和信息化部门对全国碳排放权交易及相关活动进行监督管理和指导。

4．能源部门监管职责

生态环境主管部门会同能源主管部门对全国碳排放权交易及相关活动进行监督管理和指导。

5．市场监督管理部门监管职责

生态环境主管部门会同市场监督管理部门对全国碳排放权注册登记机构和全国碳排放权交易机构进行监督管理。

生态环境主管部门应当与市场监督管理、证券监督管理、银行业监督管理等部门和机构建立监管信息共享和执法协作配合机制。

6．中国人民银行监管职责

生态环境主管部门会同中国人民银行对全国碳排放权注册登记机构和全国碳排放权交易机构进行监督管理。

生态环境主管部门应当与市场监督管理、证券监督管理、银行业监督管理等部门和机构建立监管信息共享和执法协作配合机制。

7．证券管理机构监管职责

生态环境主管部门会同证券监督管理机构对全国碳排放权注册登记机构和全国碳排放权交易机构进行监督管理。

生态环境主管部门应当与市场监督管理、证券监督管理、银行业监督管理等部门和机构建立监管信息共享和执法协作配合机制。

8．银行业管理机构监管职责

生态环境主管部门会同银行业监督管理机构对全国碳排放权注册登记机构和全国碳排放权交易机构进行监督管理。

生态环境主管部门应当与市场监督管理、证券监督管理、银行业监督管理等部门和机构建立监管信息共享和执法协作配合机制。

（三）企业温室气体排放守法责任

1. 温室气体排放单位的守法责任

（1）碳排放与碳核算守法责任

1）温室气体排放单位应当控制温室气体排放。

2）应当根据生态环境部制定的温室气体排放核算与报告技术规范，编制该单位上一年度的温室气体排放报告，载明排放量。

（2）碳排放配额与碳交易的守法责任

1）清缴碳排放配额。

2）公开交易及相关活动信息（公开数据报送、配额清缴履约等实施情况），有关违法违规信息记入企业环保信用信息。

3）接受生态环境主管部门的监督管理。

（3）碳中和与碳达峰的守法责任

2030年前要做到碳达峰，2060年前要做到碳中和。

2. 温室气体排放重点单位的守法责任

（1）碳排放与碳核算守法责任

1）重点排放单位应当控制温室气体排放。

2）重点排放单位应当如实报告碳排放数据。

3）温室气体排放单位申请纳入重点排放单位名录的，确定名录的省级生态环境主管部门应当进行核实；经核实符合重点排放单位条件标准的，应当将其纳入重点排放单位名录。

4）重点排放单位应当根据国务院生态环境主管部门制定的温室气体排放核算与报告技术规范，编制其上一年度的温室气体排放报告，载明排放量，并于每年3月31日前报其生产经营场所所在地的省级生态环境主管部门。

5）重点排放单位对温室气体排放报告的真实性、完整性、准确性负责。

6）重点排放单位编制的年度温室气体排放报告应当定期公开，接受社会监督，涉及国家秘密和商业秘密的除外。重点排放单位应当公开控制温室气体排放的信息、温室气体碳排放报告数据的信息。

（2）碳排放配额与碳交易的守法责任

1）重点排放单位应当在全国碳排放权注册登记系统开立账户，进行相关业务操作。

2）重点排放单位应当及时足额清缴碳排放配额。

3）重点排放单位应当依法公开碳排放配额清缴的信息、碳交易及相关活动信息，有关违法违规信息记入企业环保信用信息。

4）接受生态环境主管部门的监督管理。

（3）碳中和与碳达峰的守法责任

2030 年前要做到碳达峰；2060 年前要做到碳中和。

（四）第三方技术服务机构职责

1. 企业温室气体排放核算与报告服务机构

企业可以委托第三方专业技术单位为自己编制温室气体排放报告。

2. 政府温室气体排放审核与核查机构

省级生态环境主管部门可以通过政府购买服务的方式委托技术服务机构提供核查服务，对重点排放单位温室气体排放监测计划和温室气体排放报告进行核查，并将核查结果告知重点排放单位。

3. 全国碳排放权注册登记机构的责任

（1）记录持有信息

全国碳排放权注册登记机构通过全国碳排放权注册登记系统，记录碳排放配额的持有信息，并提供结算服务。全国碳排放权注册登记系统记录的信息是判断碳排放配额归属的最终依据。

（2）记录变更信息

全国碳排放权注册登记机构通过全国碳排放权注册登记系统，记录碳排放配额的变更信息，并提供结算服务。全国碳排放权注册登记系统记录的信息是判断碳排放配额归属的最终依据。

（3）记录清缴信息

全国碳排放权注册登记机构通过全国碳排放权注册登记系统，记录碳排放配额的清缴信息，并提供结算服务。全国碳排放权注册登记系统记录的信息是判断碳排放配额归属的最终依据。

（4）记录注销信息

全国碳排放权注册登记机构通过全国碳排放权注册登记系统，记录碳排放配额的注销等信息，并提供结算服务。全国碳排放权注册登记系统记录的信息是判断碳排放配额归属的最终依据。

（5）报告

全国碳排放权注册登记机构应当定期向生态环境部报告全国碳排放权登记、交易、结算等活动和机构运行有关情况，以及应当报告的其他重大事项。

（6）运行

全国碳排放权注册登记机构应当保证全国碳排放权注册登记系统和全国碳排放权交

易系统安全稳定可靠运行。

（7）管理要求

全国碳排放权注册登记机构及其工作人员，应当遵守全国碳排放权交易及相关活动的技术规范，并遵守国家其他有关主管部门关于交易监管的规定。

4．全国碳排放权交易机构的责任

（1）全国碳排放权交易机构负责建设全国碳排放权交易系统，负责组织开展全国碳排放权集中统一交易。

（2）全国碳排放权交易机构应当定期向生态环境部报告全国碳排放权登记、交易、结算等活动和机构运行有关情况，以及应当报告的其他重大事项。

（3）全国碳排放权交易机构应当保证全国碳排放权注册登记系统和全国碳排放权交易系统安全稳定可靠运行。

（4）全国碳排放权交易机构及其工作人员，应当遵守全国碳排放权交易及相关活动的技术规范，并遵守国家其他有关主管部门关于交易监管的规定。

六、碳（温室气体）排放核算对象

（一）非重点单位温室气体排放核算对象

温室气体排放量达 2.6 万 t CO_2 当量及以上企业或其他组织应列入温室气体的核算对象。综合能源消费量约 1 万 t 标准煤及以上企业或其他组织应列入温室气体的核算对象。

（二）温室气体重点排放单位

1．列入温室气体重点排放单位需符合的条件

（1）属于全国碳排放权交易市场覆盖行业。

（2）年度温室气体排放量达到 2.6 万 t CO_2 当量。

2．移除温室气体重点排放单位需符合的条件

（1）连续两年温室气体排放未达到 2.6 万 t CO_2 当量的。

（2）因停业、关闭或者其他原因不再从事生产经营活动，因而不再排放温室气体的。

（三）碳（温室气体）排放核算覆盖的行业

碳（温室气体）排放覆盖的行业包括电力、建材、钢铁、有色、石化、化工、造纸、民航等。

（1）电力：电力、热力生产和供应业（火力发电、热电联产、生物质能发电、电力供应）（电力行业占全国 CO_2 排放量的 40%）。

（2）建材：非金属矿物制品业（水泥制造，平板玻璃制造）。

（3）钢铁：黑色金属冶炼和压延加工业（炼钢，钢压延加工）。

（4）有色：有色金属冶炼和压延加工业（铝冶炼，铜冶炼）。

（5）石化：石油、煤炭及其他燃料加工业（原油加工及石油制品制造）。

（6）化工：化学原料和化学制品制造业。

①基础化学原料制造：无机酸制造，无机碱制造（烧碱、纯碱类、金属氢氧化物），无机盐制造（其他无机基础化学原料、电石），有机化学原料制造，其他基础化学原料制造（无环醇及其衍生物、甲醇）。

②肥料制造：氮肥制造、磷肥制造、钾肥制造、复混肥料制造、有机肥料及微生物肥料制造、其他肥料制造。

③农药制造：化学农药制造、生物化学农药及微生物农药制造。

④合成材料制造：初级形态塑料及合成树脂制造、合成橡胶制造、合成纤维单（聚合）体制造。

（7）造纸：造纸和纸制品业（非木竹浆制造、机制纸及纸板制造）。

（8）民航：航空运输业（航空旅客运输、航空货物运输、机场）。

第二章　碳（温室气体）排放基本概念与定义

一、温室气体相关概念与定义

温室气体源：向大气中排放温室气体的物理单元或过程。

温室气体排放：是指在特定时段内释放到大气中的温室气体总量（以质量单位计算）；还可以定义为向大气中排放温室气体、气溶胶或温室气体前体的任何过程或活动，如化石燃料燃烧活动。

温室气体燃料燃烧排放：燃料在氧化燃烧过程中产生的温室气体排放。

温室气体过程排放：在生产、废弃物处理处置等过程中除燃料燃烧之外的物理或化学变化造成的温室气体排放。

输出的电力、热力产生的温室气体排放：企业输出的电力、热力（蒸汽、热水）所对应的电力、热力产生环节的 CO_2 排放。

购入的电力、热力产生的温室气体排放：企业净购入的电力、热力所对应的电力、热力（蒸汽、热水）产生环节的 CO_2 排放（企业消费的净购入电力、热力所对应的电力、热力生产环节产生的温室气体排放）。

活动数据：导致温室气体排放的生产或消费活动量的表征值（如各种化石燃料的消耗量、原材料的使用量、购入的电量、购入的热量等）。

排放因子：量化每单位活动水平的温室气体排放量的系数。

吸收汇：是指从大气中清除温室气体、气溶胶或温室气体前体的任何过程、活动或机制，如森林的碳吸收活动。

全球变暖潜势：将单位质量的某种温室气体在给定时间段内辐射强迫的影响与等量 CO_2 辐射强度影响相关联的系数。其值见表 2-1。

表 2-1　温室气体全球变暖潜势值

气体种类		全球变暖潜势值
二氧化碳（CO_2）		1
氢氟碳化物（HFCs）	HFC-23	14 800
	HFC-32	675
	HFC-125	3 500
	HFC-134a	1 430
	HFC-143a	4 470
	HFC-152a	124
	HFC-227ea	3 220
	HFC-236fa	9 810
	HFC-245a	1 030
全氟化碳（PFCs）	CF_4	7 390
	C_2F_6	9 200
六氟化硫（SF_6）		22 800

数据来源：IPCC 第四次评估报告。

国家核证自愿减排量：是指对我国境内可再生能源、林业碳汇、CH_4 利用等项目的温室气体减排效果进行量化核证，并在国家温室气体自愿减排交易注册登记系统中登记的温室气体减排量。

温室气体排放报告：重点排放单位根据生态环境部制定的温室气体排放核算方法与报告指南及相关技术规范编制的载明重点排放单位温室气体排放量、排放设施、排放源、核算边界、核算方法、活动数据、排放因子等信息，并附有原始记录和台账等内容的报告。

数据质量控制计划：重点排放单位为确保数据质量，对温室气体排放量和相关信息的核算与报告作出的具体安排与规划，包括重点排放单位和排放设施基本信息、核算边界、核算方法、活动数据、排放因子及其他相关信息的确定和获取方式，以及内部质量控制和质量保证相关规定等。

二、碳排放相关概念与定义

碳排放：指煤炭、石油、天然气等化石能源（化石燃料）燃烧活动产生的温室气体（以二氧化碳当量计）排放和工业生产过程中除燃料燃烧之外的物理或化学变化造成的温室气体（以二氧化碳当量计）排放，以及土地利用变化与林业等活动产生的温室气体（以二氧化碳当量计）排放，也包括因使用外购的电力和热力等所导致的温室气体（以二氧化碳当量计）排放。

固碳产品隐含的 CO_2 排放量：固化在粗钢、甲醇等外销产品中的碳所对应的 CO_2 排放。

碳源流：流入或流出某个核算单元的化石燃料、含碳的原材料、含碳的产品或含碳的废弃物。

碳氧化率：燃料中的碳在燃烧过程中被氧化成 CO_2 的比率（燃料中的碳在燃烧过程中被完全氧化的百分比）。

CO_2 回收利用：报告主体产生的 CO_2，被回收作为原料自用或作为产品供给其他单位从而免于排放到大气环境中的 CO_2。

CO_2 当量：在辐射强度上与某种温室气体相当的 CO_2 的量（CO_2 当量等于给定温室气体的质量乘以它的全球变暖潜势值）。

碳排放权：指分配给重点排放单位的规定时期内的碳排放配额。

碳排放配额：1 个单位碳排放配额相当于向大气排放 1 t 的 CO_2 当量。

国家核证自愿减排量：指对我国境内可再生能源、林业碳汇、CH_4 利用等项目的温室气体减排效果进行量化核证，并在国家温室气体自愿减排交易注册登记系统中登记的温室气体减排量。

第三章　碳（温室气体）排放源与排放因子

温室气体排放源包括：燃料燃烧排放；含碳的原材料化学反应过程或物理变化过程的排放；含碳的产品化学反应过程或物理变化过程的排放；含碳的废弃物化学反应过程或物理变化过程的排放。

一、能源活动碳（温室气体）排放源与排放因子

（一）能源（生产和消费）活动范围界定

能源生产和消费活动是我国温室气体的重要排放源。

能源（生产和消费）活动的范围包括化石燃料燃烧活动、生物质燃料燃烧活动、煤矿开采和矿后活动逃逸排放、石油和天然气系统逃逸排放等。

（1）化石燃料燃烧活动产生的温室气体种类有 CO_2、CH_4 和 N_2O。

（2）生物质燃料燃烧活动产生的温室气体种类有 CH_4 和 N_2O。

（3）煤矿开采和矿后活动产生 CH_4 逃逸排放。

（4）石油和天然气系统产生 CH_4 逃逸排放。

（二）化石燃料燃烧活动温室气体排放源

1. 化石燃料燃烧活动温室气体排放源分类

（1）按设备（技术）分类

①固定源燃烧设备主要包括发电锅炉、工业锅炉、工业窑炉、户用炉灶、农用机械、发电内燃机、其他设备等。

②移动排放源设备主要包括各类型航空器、公路运输车辆、铁路运输车辆和船舶运输机具等。

（2）按燃料品种分类

煤：煤炭（无烟煤、烟煤、炼焦煤、褐煤）、焦炭、型煤等。

油：原油、燃料油、汽油、柴油、煤油、喷气煤油、其他煤油、石脑油、其他油品等。

气：天然气、液化石油气、炼厂干气、焦炉煤气、其他燃气等。

2. 化石燃料燃烧活动温室气体排放因子

化石燃料（煤、油、气）燃烧活动产生的温室气体排放因子有：CO_2 排放。

（三）煤炭开采和矿后活动温室气体逃逸排放源

1. 煤炭开采和矿后活动温室气体排放源分类

煤炭开采和矿后活动的 CH_4 排放源主要分为井工开采、露天开采和矿后活动。

（1）井工开采过程 CH_4 排放源是指在煤炭井下采掘过程中，伴随着煤层开采不断涌入煤矿巷道和采掘空间，并通过通风、抽气系统排放到大气中的 CH_4。

（2）露天开采过程 CH_4 排放源是指露天煤矿在煤炭开采过程中释放的和邻近暴露煤（地）层释放的 CH_4。

（3）矿后活动排放 CH_4 排放源是指煤炭加工、运输和使用过程，即煤炭的洗选、储存、运输及燃烧前的粉碎等过程中产生的 CH_4。

2. 煤炭开采和矿后活动温室气体排放因子

煤矿开采和矿后活动产生的温室气体排放因子有：CH_4 逃逸排放。

（四）石油和天然气系统温室气体逃逸排放源

1. 石油和天然气系统 CH_4 逃逸排放源

指油、气从勘探、开发到消费的全过程的 CH_4 排放。

（1）天然气勘探、开发、消费过程的 CH_4 排放源主要包括钻井、天然气开采、天然气的加工处理、天然气的输送。

（2）原油勘探、开发、消费过程的 CH_4 排放源主要包括原油开采、原油输送、石油炼制、油气消费等活动，其中常规原油中伴生的天然气，随着开采活动也会产生 CH_4 的逃逸排放。

2. 石油和天然气系统 CH_4 逃逸排放设施

石油和天然气系统 CH_4 逃逸排放源涉及的设施主要包括：

（1）勘探和开发设施：勘探和开发设备、天然气生产各类井口装置，集气系统的管线加热器和脱水器、加压站、注入站、计量站和调节站、阀门等附属设施。

（2）集输设施：天然气集输、加工处理和分销使用的储气罐、处理罐、储液罐和火炬设施等。

（3）炼制加工设施：石油炼制装置，油气的终端消费设施等。

3. 石油和天然气系统温室气体排放因子

石油和天然气系统产生的温室气体排放因子有：CH_4 逃逸排放。

（五）生物质燃料燃烧活动温室气体排放源

1. 生物质燃料类型

生物质燃料主要包括以下三类：

（1）农作物秸秆及木屑等农业废弃物及农林产品加工业废弃物。

（2）薪柴和由木材加工而成的木炭。

（3）牧区燃用的人畜和动物粪便。

2. 生物质燃料燃烧活动温室气体排放源

主要包括居民用炉灶、工商业用的灶窑。

（1）居民用炉灶：居民生活用的省柴灶、传统灶等炉灶、燃用木炭的火盆和火锅，以及牧区燃用动物粪便的灶具。

（2）工商业用的灶窑：工商业部门燃用农业废弃物、薪柴的炒茶灶，烤烟房，砖瓦窑等。

3. 生物质燃料燃烧活动温室气体排放因子

生物质燃料燃烧活动产生的温室气体排放因子有：CO_2、CH_4 和 N_2O 排放。

考虑到生物质燃料生产与消费总体平衡，其燃烧所产生的 CO_2 与生长过程中光合作用所吸收的碳两者基本抵消。

二、工业过程碳（温室气体）排放源与排放因子

（一）工业生产过程温室气体排放源

工业生产过程温室气体排放是指工业生产中能源活动温室气体排放之外的其他化学反应过程或物理变化过程的温室气体排放（其中包括能源作为原材料用途的排放）。例如，石灰行业石灰石分解产生的排放属于工业生产过程排放，而石灰窑燃料燃烧产生的排放不属于工业生产过程排放（应属于燃料燃烧排放）。

1. 能源作为原材料用途的排放源

工业生产过程温室气体排放包括能源作为原材料用途的排放：工业生产中能源作为原材料被消耗，发生物料或化学变化而产生的温室气体排放。

2．工业生产过程温室气体主要排放源

（1）建材生产

非金属矿物制品业（水泥生产、石灰生产、平板玻璃生产）的温室气体排放。

（2）钢铁生产

黑色金属冶炼和压延加工业（炼钢、钢压延加工）的温室气体排放。

（3）有色生产

有色金属冶炼和压延加工业（铝生产、铜生产、镁生产）的温室气体排放。

（4）石化生产

石油、煤炭及其他燃料加工业（原油加工及石油制品制造）的温室气体排放。

（5）化工生产

化学原料和化学制品制造业的化石燃料和其他碳氢化合物用作原料（电石生产、己二酸生产、硝酸生产、一氯二氟甲烷生产、氢氟烃生产）产生的温室气体排放。

（6）造纸生产

造纸和纸制品业（非木竹浆制造、机制纸及纸板制造）的温室气体排放。

（7）电力设备生产

高压开关断路器生产、封闭式气体绝缘组合电器设备（GIS）生产的温室气体排放。

电力设备生产环节和安装环节的六氟化硫排放，暂不报告电力设备使用环节和报废环节的六氟化硫排放。

（8）半导体生产

半导体生产过程采用多种含氟气体［四氟化碳、三氟甲烷（CHF_3 或 HFC-23）、六氟乙烷和六氟化硫］的温室气体排放。

（二）工业生产过程温室气体排放因子

（1）铝生产过程：全氟化碳（PFCs）排放，CO_2、CH_4、N_2O 排放。

（2）合成氨造气炉、水泥回转窑、水泥立窑等生产过程：CO_2、CH_4、N_2O 排放。

（3）石灰、钢铁、电石生产过程：CO_2 排放。

（4）己二酸生产过程：N_2O 排放。

（5）硝酸生产过程：N_2O 排放。

（6）HCFC-22 生产过程：HFC-23 排放。

（7）电气设备或制冷设备生产过程：泄漏造成的 SF_6、HFCs 和 PFC 排放，电气设备或制冷设备焊使用过程产生的 CO_2 排放。

（8）镁生产过程：SF_6 排放。

（9）半导体生产过程：NF_3、SF_6、HFCs、PFCs、含氟气体［四氟化碳、三氟甲烷

（CHF$_3$ 或 HFC-23）、六氟乙烷］排放。

（10）氢氟烃生产过程：氢氟烃排放。氢氟烃包括 NF$_3$、SF$_5$CF$_3$、卤化醚（如 C$_4$F$_9$OC$_2$H$_5$、CHF$_2$OCF$_2$OC$_2$F$_4$OCHF$_2$、CHF$_2$OCF$_2$OCHF$_2$）。

三、购入与输出电力、热力相应的 CO$_2$ 排放源与排放因子

购入与输出电力、热力相应的 CO$_2$ 排放源与排放因子包括两类：

（1）购入电力、热力相应的 CO$_2$ 排放。

（2）输出电力、热力相应的 CO$_2$ 排放。

四、废弃物处理碳（温室气体）排放源与排放因子及排放报告原则

（一）废弃物处理碳（温室气体）排放源与排放因子

（1）城市固体废物（含生活垃圾）填埋处理过程中的 CH$_4$ 及 N$_2$O 排放。

（2）固体废物焚烧过程中的 CO$_2$ 排放。

（3）废水厌氧处理过程中的 CH$_4$ 排放。

（4）废气焚烧处理处置过程中的 CO$_2$ 排放。

（5）含硫废气脱硫过程使用的碳酸盐分解产生的 CO$_2$ 排放。

（二）废弃物处理碳（温室气体）排放报告原则

1. 废弃物作为能源利用的应按能源估算并报告

废弃物的能源利用（废弃物直接作为燃料发电或转化为燃料使用）产生的温室气体排放，应当在能源部门中估算并报告。

2. 污泥焚烧排放 CO$_2$ 只作为信息项报告

固体废物处置场所的非化石废物和废水处理污泥的焚烧也可以排放 CO$_2$，这部分排放是生物成因，应作为信息项报告。

3. 废弃物中生物质燃烧产生的 CO$_2$ 排放只作为信息项报告

废弃物中所含的生物质材料（如纸张、食品和木材废弃物）燃烧产生的 CO$_2$ 排放，是生物成因的排放，不应当纳入清单总量中，应当作为信息项报告。

五、农业碳（温室气体）排放源与排放因子

农业温室气体清单包括四部分：①稻田 CH_4 排放。②农用地 N_2O 排放。③动物肠道发酵 CH_4 排放。④动物粪便管理 CH_4 和 N_2O 排放。

六、土地利用变化和林业的碳（温室气体）排放与吸收

森林采伐或毁林的生物量损失（森林采伐或毁林排放的 CO_2）超过森林生长的生物量增加（森林生长时吸收的 CO_2），则表现为碳排放源，反之则表现为碳吸收汇。

七、按行业划分的温室气体排放源与排放因子

（一）发电企业温室气体排放源与排放因子

1. 发电企业温室气体排放源与排放因子

（1）发电企业温室气体排放源包括化石燃料燃烧排放、脱硫过程排放（占燃煤 CO_2 排放的 1%）、净购入使用电力排放。

（2）发电企业温室气体排放因子。化石燃料燃烧活动产生的温室气体为 CO_2。

2. 发电企业温室气体排放核算边界

（1）发电企业的温室气体核算和报告边界

①化石燃料燃烧产生的 CO_2：指煤炭、天然气、汽油、柴油等化石燃料（包括发电用燃料、辅助燃油与搬运设备用油等）在各种类型的固定或移动燃烧设备（如锅炉、汽轮机、厂区运输车辆等）中发生氧化燃烧过程产生的 CO_2。

②脱硫过程的 CO_2：主要是指脱硫（碳酸盐）分解产生的 CO_2 排放。

③企业净购入使用电力产生的 CO_2：发电企业消费的购入电力所对应的 CO_2 排放。

④企业厂界内生活消耗导致的排放源原则上不在核算范围内。

（2）发电企业温室气体排放核算的因子

①核算因子只核算 CO_2：发电企业温室气体排放核算因子为 CO_2，不核算其他温室气体排放。

②混合燃料燃烧发电只核算化石燃料的 CO_2：对于生物质混合燃料燃烧发电排放的 CO_2，仅统计混合燃料中化石燃料（如燃煤）的 CO_2 排放。

③垃圾焚烧发电只核算化石燃料的 CO_2：对于垃圾焚烧发电引起的 CO_2 排放，仅统计发电中使用化石燃料（如燃煤）的 CO_2 排放。

（二）电网企业温室气体排放源与排放因子

1．电网企业温室气体排放核算与报告适用范围

适用于从事电力输送企业（电网企业）温室气体排放核算与报告（电力输送过程中电力的消耗所对应的 CO_2 排放量）。如果存在其他产品排放温室气体的则按其他企业温室气体排放核算与报告要求。

2．电网企业温室气体排放源与排放因子

（1）电力输送过程 SF_6 设备产生的 SF_6 排放，电网企业使用 SF_6 设备的检修与退役过程中产生的 SF_6 排放。

（2）电力输配电损失环节产生的 CO_2 排放。

电力输配电损失所对应的电力生产环节产生的 CO_2 排放。

电网企业的 CO_2 排放主要是由于输配电线路上电量损耗而产生的温室气体排放。

（三）民用航空企业温室气体排放源与排放因子

1．民用航空企业温室气体排放核算与报告适用范围

适用于包括公共航空运输企业、通用航空企业以及机场企业温室气体排放核算和报告。

公共航空运输企业是指以营利为目的，使用民用航空器运送旅客、行李、邮件或货物的企业法人。

通用航空是指使用民用航空器从事航空运输以外的民用航空活动，包括从事工业、农用、林业、渔业和建筑业的作业飞行，以及医疗卫生、抢险救援、气象探测、海洋监测、科学实验、教育训练、文化体育等方面活动。

机场企业是指民用机场具有实际运营权的具有法人（或视同法人）资格的社会经济组织。

2．民用航空业温室气体排放源与排放因子

（1）燃料燃烧排放的 CO_2

①固定燃料设备燃烧排放的 CO_2：民用航空企业所涉及的燃料燃烧排放是指燃料在各种类型的固定燃烧设备（如民用航空企业的锅炉）与氧气进行完全燃烧生成的 CO_2 排放。

②移动燃料设备燃烧排放的 CO_2：民用航空企业所涉及的燃料燃烧排放是指燃料在各种类型的移动（如民用航空企业的航空器、气源车、厂内运输车辆）燃料设备与氧气进行完全燃烧生成的 CO_2 排放。

③公共航空运输企业运输飞行中航空器消耗的航空汽油、航空煤油、生物质混合燃料燃烧的 CO_2 排放。

④通用航空企业运输飞行中航空器消耗的航空汽油、航空煤油、生物质混合燃料燃烧的 CO_2 排放。

⑤民用航空企业地面活动涉及的其他移动源消耗的燃料燃烧的 CO_2 排放。

⑥民用航空企业地面活动涉及的其他固定源消耗的燃料燃烧的 CO_2 排放。

（2）购入与输出的电力、热力所对应的 CO_2 排放

①民用航空企业购入的电力、热力所对应的 CO_2 排放。

②民用航空企业输出的电力、热力所对应的 CO_2 排放。

（四）煤炭生产企业温室气体排放源与排放因子

1. 概念与定义

火炬燃烧排放：出于安全、环保等目的将煤炭开采中涌出的煤矿瓦斯（煤层气）在排放前进行火炬处理而产生的温室气体排放（火炬燃烧排放仅考虑 CO_2 排放）。

逃逸排放：煤炭在开采、加工和输送过程中 CH_4 和 CO_2 的有意或无意释放。

井工开采的排放：煤炭井下采掘过程中，煤层中赋存的 CH_4 和 CO_2 不断涌入煤矿巷道和采掘空间，并通过通风、抽放系统排放到大气中产生的 CH_4 和 CO_2 排放。

露天开采的排放：煤矿露天开采释放的和邻近暴露煤（地）层释放的 CH_4 排放。

矿后活动的排放：在煤炭洗选、储存、运输及燃烧前的粉碎等过程中，煤中残存瓦斯缓慢释放产生的 CH_4 排放。

2. 适用范围

适用于以煤炭开采和洗选为主的独立核算企业。

3. 核算边界

煤炭生产企业温室气体核算边界见图 3-1。

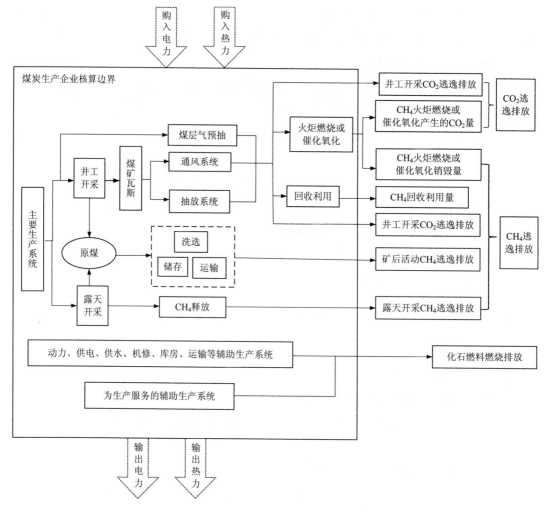

图 3-1 煤炭生产企业温室气体核算边界

4．温室气体排放源与排放因子

（1）化石燃料燃烧排放的 CO_2

化石燃料在各种类型的固定或移动燃烧设备（如锅炉、燃烧器、涡轮机、加热器、焚烧炉、煅烧炉、窑炉、内燃机等）中与氧气充分燃烧形成的 CO_2 排放。

若报告主体回收 CH_4 用作自己燃料燃烧，应将该部分 CH_4 回收利用产生的 CO_2 排放纳入化石燃料燃烧排放。

（2）煤炭生产过程中逃逸的 CO_2、CH_4

1）煤炭开采过程中逃逸的 CO_2、CH_4

①煤炭井下采掘过程中，煤层赋存的 CH_4 和 CO_2 不断涌入煤矿巷道和采掘空间，并通过通风、抽放系统排放到大气中。

②煤层气（煤矿瓦斯）火炬燃烧产生的 CO_2 排放。

③露天开采释放的 CH_4。

2）煤炭洗选、储存、运输及粉碎过程中释放的 CH_4

在煤炭洗选、储存、运输及粉碎等过程，煤炭残存瓦斯释放的 CH_4。

相对瓦斯（CH_4）涌出量——平均每产 1 t 煤炭所涌出的瓦斯量（CH_4 纯量）。表示矿井瓦斯涌出强度的参数。

相对二氧化碳（CO_2）涌出量——平均每产 1 t 煤炭所涌出的 CO_2 量。表示矿井 CO_2 涌出强度的参数。

（3）购入与输出电力、热力所对应的 CO_2 排放

①煤炭生产企业购入的电力、热力所对应的 CO_2 排放。

②煤炭生产企业输出的电力、热力所对应的 CO_2 排放。

（五）平板玻璃生产企业温室气体排放源与排放因子

平板玻璃的生产主要包括原料配合的制备、玻璃液熔制、玻璃板成型、玻璃板退火、玻璃切裁五个过程。

平板玻璃主要能源消耗设备包括熔窑、锡槽和退火窑。

1. 燃料燃烧排放的 CO_2

平板玻璃生产企业燃料燃烧产生的 CO_2 排放包括三部分：

（1）玻璃液熔制过程中使用煤、重油、天然气等燃料燃烧产生的 CO_2 排放。

（2）生产辅助设施使用燃料燃烧产生的 CO_2 排放。生产辅助设施包括用于厂内搬运和运输的叉车、铲车、吊车等厂内机动车，以及厂内机修、锅炉、氮氢站等设施。

（3）厂内自有车辆外部运输过程中燃料消耗产生的 CO_2 排放。

2. 原料配料中碳粉氧化的产生的 CO_2

平板玻璃生产过程中在原料中掺加一定量的碳粉作为还原剂，以降低芒硝的分解温度，促使硫酸钠在低于熔点温度下快速分解还原，有助于原料的快速升温和熔融，而碳粉中的碳则被氧化为 CO_2。

3. 原料分解产生的 CO_2

平板玻璃生产使用的原料中含有的碳酸盐（如石灰石、白云石、纯碱等）在高温状态下分解产生 CO_2 排放。

4. 购入和输出的电力及热力产生的 CO_2 排放

①平板玻璃生产企业购入的电力、热力所对应的 CO_2 排放。

②平板玻璃生产企业输出的电力、热力所对应的 CO_2 排放。

（六）水泥生产企业温室气体排放源与排放因子

1. 燃料燃烧排放的 CO_2

包括水泥生产过程中使用的燃煤、热处理使用的燃油、厂内运输设备使用的燃油等发生氧化燃烧过程产生的 CO_2 排放。

2. 过程排放的 CO_2

水泥生产过程中，原材料碳酸盐分解产生的 CO_2 排放，包括熟料对应的碳酸盐分解产生的 CO_2 排放，生料中非燃料碳酸盐煅烧产生的 CO_2 排放。

3. 购入和输出电力与热力产生的 CO_2

水泥生产企业购入电力、热力对应的生产活动的 CO_2 排放。

水泥生产企业输出电力、热力对应的生产活动的 CO_2 排放。

4. 核算边界

水泥生产企业温室气体核算边界见图 3-2。

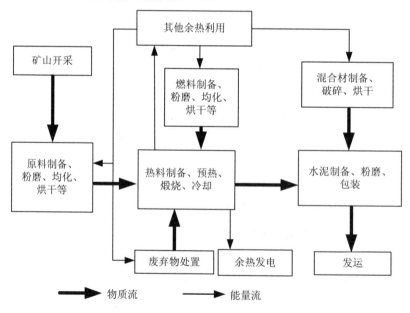

图 3-2　水泥生产企业温室气体核算边界

（七）陶瓷生产企业温室气体排放源与排放因子

1. 陶瓷生产企业温室气体排放核算边界

陶瓷生产企业温室气体排放核算边界见图 3-3。

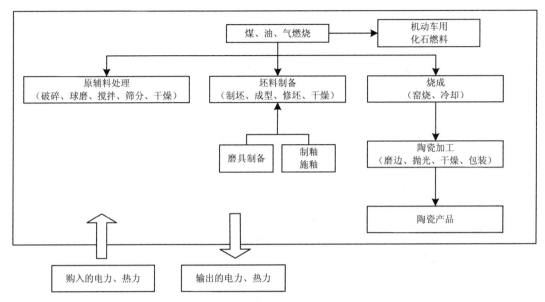

图 3-3 陶瓷生产企业温室气体排放核算边界

2. 陶瓷生产企业温室气体排放源与排放因子

（1）化石燃料燃烧排放的 CO_2

①固定燃烧设备：陶瓷生产企业核算边界内煤、柴油、重油、天然气、液化石油气等化石燃料燃烧在各种类型的固定燃烧设备（主要有热风炉和烘干器等）发生氧化燃烧过程排放的 CO_2。

②移动燃烧设备：移动燃烧设备（如厂内机动车）发生氧化燃烧过程排放的 CO_2。

（2）陶瓷烧成过程排放的 CO_2

陶瓷原料中含有的方解石、菱镁石、白云石等中的碳酸盐，如碳酸钙（$CaCO_3$）和碳酸镁（$MgCO_3$）等，在陶瓷烧成工序的高温下发生分解，释放出 CO_2。

陶瓷生产过程 CO_2 排放核算要求：

①当过程温室气体排放量占排放总量的比例小于等于 1% 时不再核算过程排放量：陶瓷生产企业在第一次开展过程温室气体排放量核算时，如果过程排放量占排放总量的比例小于等于 1%，则在当次报告中单独报告过程排放量，但不计入报告主体排放总量，且在之后的核算报告中不再核算过程排放量。

②当过程温室气体排放量占排放总量的比例大于 1% 时应核算过程排放量：如果过程排放量占主体温室气体排放总量的比例大于 1%，则在当次及之后的核算中均应核算过程排放量并计入报告主体排放总量。

（3）购入与输出电力、热力产生的 CO_2

①陶瓷生产企业购入的电力、热力所对应的 CO_2 排放。

②陶瓷生产企业输出的电力、热力所对应的 CO_2 排放。

（八）矿山（含石灰石）企业温室气体排放源与排放因子

1. 矿山（含石灰石）企业温室气体排放核算边界

（1）适用范围

适用于以黑色金属矿、有色金属矿、非金属矿和其他矿物的采矿、选矿和加工活动为主营业务的矿山企业。

（2）核算边界

矿山（含石灰石）企业温室气体排放核算边界见图 3-4。

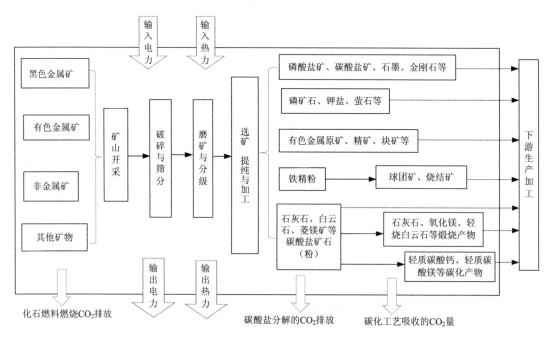

图 3-4 矿山（含石灰石）企业温室气体排放核算边界

2. 温室气体排放源与排放因子

（1）固定燃烧设备与氧气充分燃烧生成的 CO_2 排放

化石燃料在各种类型的固定燃烧设备：锅炉、窑炉、焙烧炉、煅烧炉（煅烧石灰石生产石灰、煅烧白云石生产轻烧白云石等）、链篦机、烧结机、干燥机、灶具、内燃凿岩机与氧气充分燃烧生成的 CO_2 排放。

（2）移动燃烧设备与氧气充分燃烧生成的 CO_2 排放

化石燃料在各种类型移动燃烧设备：铲车、推土机、自卸汽车等与氧气充分燃烧生成的 CO_2 排放。

（3）碳酸盐分解产生的 CO_2 排放

含碳酸盐的矿石在煅烧或焙烧时受热分解产生的 CO_2 排放。如铁矿烧结和球团制备、煅烧石灰石生产石灰、煅烧白云石生产轻烧白云石等。

（4）碳化工艺吸收的 CO_2 量

企业在生产高纯度的轻质碳酸钙、轻质碳酸镁、碳酸钡、碳酸锶、碳酸锂等产品或其他碳化工艺过程中吸收的 CO_2 量。

（5）购入与输出的电力、热力对应的 CO_2 排放

企业购入与输出电力、热力所对应的电力、热力生产环节产生的 CO_2 排放。

（九）钢铁生产企业温室气体排放源与排放因子

1. 钢铁生产企业温室气体排放核算边界

钢铁生产企业温室气体排放核算边界见图 3-5。

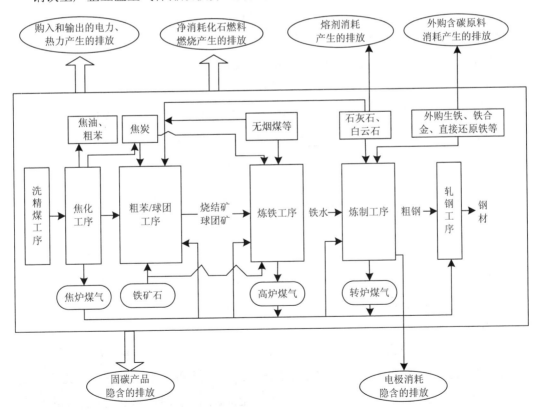

图 3-5　钢铁生产企业温室气体排放核算边界

2. 钢铁生产企业温室气体排放源与排放因子

（1）燃料燃烧排放的 CO_2

钢铁生产企业消耗的化石燃料产生的 CO_2 排放包括：

①固定源燃烧设施排放的 CO_2：包括焦炉、烧结机、高炉、工业锅炉等固定燃烧设备。

对于企业外购的化石燃料（如焦炭），只计算这些化石燃料在本企业燃烧所产生的温室气体排放量，生产这些化石燃料过程中产生的温室气体排放不纳入核算范围。

②移动源燃烧设施排放的 CO_2：厂区内运输车辆、搬运设备等。

（2）生产过程排放的 CO_2

①含碳原料分解和氧化产生的 CO_2：钢铁生产企业在烧结、炼铁、炼钢等工序中外购含碳原料（如电极、生铁、铁合金、直接还原铁等）分解和氧化产生的 CO_2。

②熔剂分解和氧化产生的 CO_2：钢铁生产企业在烧结、炼铁、炼钢等工序中外购的熔剂（如石灰石、白云石等）分解和氧化产生的 CO_2。

（3）购入和输出电力、热力所对应的 CO_2 排放

①钢铁生产企业购入的电力、热力所对应的 CO_2 排放。

②钢铁生产企业输出的电力、热力所对应的 CO_2 排放。

（4）固碳产品隐含的 CO_2 排放

①碳固化在生铁、粗钢等固碳产品中隐含的 CO_2 排放：钢铁生产过程中有少部分碳固化在生铁、粗钢等外销产品中，即生铁、粗钢固碳产品隐含的 CO_2 排放；

②碳固化在甲醇等固碳产品中隐含的 CO_2 排放：钢铁生产过程中还有一小部分碳固化在以煤气副产品为原料生产的甲醇等固碳产品中，其隐含的 CO_2 排放。

以上固化在产品中的碳所对应的 CO_2 排放应予以扣除。

（十）有色金属冶炼和加工企业温室气体排放源与排放因子

1. 概念与定义

能源作为原材料用途的排放：工业生产中，能源作为原材料被消耗，发生物理或化学变化而产生的温室气体排放。铜冶炼、铅锌冶炼等子行业的企业使用焦炭、兰炭、无烟煤、天然气等能源产品作为还原剂，导致 CO_2 排放。

2. 适用范围

适用于除铝冶炼和镁冶炼之外的其他有色金属冶炼和压延加工业企业温室气体排放量的核算与报告，以有色金属冶炼和压延加工（除铝冶炼和镁冶炼之外）为主营业务的企业可按照《其他有色金属冶炼和压延加工业企业温室气体排放核算方法与报告指南（试行）》提供的方法核算温室气体排放量，并编制企业温室气体排放报告。

3. 核算边界

有色金属冶炼和压延加工企业（以铜冶炼为例）温室气体排放核算边界见图3-6。

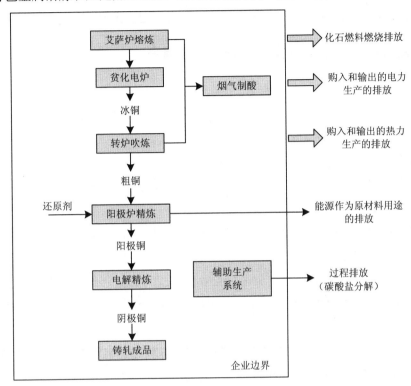

图3-6　有色金属冶炼和压延加工业企业（以铜冶炼为例）温室气体排放边界示意图

4. 温室气体排放源与排放因子

（1）化石燃料燃烧产生 CO_2 排放

①固定燃烧设备 CO_2 排放：是指燃料在各种类型的固定燃烧设备（如锅炉、窑炉、内燃机等）中与氧气发生氧化过程产生的 CO_2 排放。

②移动燃烧设备 CO_2 排放：是指燃料在各种类型的移动燃烧设备中与氧气发生氧化过程产生的 CO_2 排放。

（2）能源作为原材料用途排放的 CO_2

能源作为原材料用途的排放主要是冶金还原剂消耗所导致的 CO_2 排放。常用的冶金还原剂包括焦炭、兰炭、无烟煤、天然气等。

（3）过程排放的 CO_2

过程排放主要是其他有色金属冶炼和压延加工企业（除铝冶炼和镁冶炼之外）消耗的各种碳酸盐以及草酸发生分解反应导致的 CO_2 排放量之和。

（4）企业购入的电力、热力产生的 CO_2 排放

①有色金属冶炼和加工企业购入的电力、热力所对应的 CO_2 排放。

②有色金属冶炼和加工企业输出的电力、热力所对应的 CO_2 排放。

（十一）铝冶炼企业温室气体排放源与排放因子

1．适用范围

适用于铝冶炼企业温室气体排放核算与报告。如果存在其他产品排放温室气体的则按其他企业温室气体排放核算与报告要求。

2．铝冶炼企业温室气体排放源与排放因子

（1）燃料燃烧排放产生的 CO_2

（2）能源作为原材料用途排放的 CO_2

主要是炭阳极消耗所导致的 CO_2 排放，炭阳极（能源产品）是铝冶炼的还原剂。

（3）过程排放的 CO_2、PFCs

①阳极效应所导致的 PFCs 排放：铝冶炼企业所涉及的工业生产过程排放主要是阳极效应所导致的 PFCs 排放〔铝冶炼企业在发生阳极效应时会排放 CF_4（PFC-14）和 C_2F_6（PFC-116）两种 PFCs〕。

②碳酸盐分解产生的 CO_2 排放：铝冶炼企业使用石灰石（主要成分为碳酸钙）或纯碱（主要成分为碳酸钠）作为原料，在碳酸盐分解时所产生的 CO_2 排放。

（4）购入和输出的电力、热力产生的 CO_2

①铝冶炼企业购入的电力、热力所对应的 CO_2 排放。

②铝冶炼企业输出的电力、热力所对应的 CO_2 排放。

（十二）镁冶炼企业温室气体排放源与排放因子

1．适用范围

适用于镁冶炼企业温室气体排放核算与报告。如果存在其他产品排放温室气体的则按其他企业温室气体排放核算与报告要求。

2．镁冶炼企业温室气体排放源与排放因子

（1）燃料燃烧排放产生的 CO_2

指各种类型的固定或移动燃烧设备（如锅炉、窑炉、内燃机等）与氧气发生氧化过程产生的 CO_2 排放。

（2）能源作为原材料用途排放的 CO_2

包括镁冶炼企业在硅铁生产工序消耗兰炭（能源产品）还原剂所导致的 CO_2 排放。

如果企业从事镁冶炼生产所用的硅铁全部是外购，则不应计算 CO_2 排放问题。

（3）过程排放的 CO_2

白云石煅烧分解所导致 CO_2 排放。

（4）购入或输出的电力、热力产生的 CO_2

即镁冶炼企业消费购入或输出的电力、热力（蒸汽、热水）所对应的 CO_2 排放。

（十三）石油天然气生产企业温室气体排放源与排放因子

1. 适用范围

（1）概念与定义

油气勘探：指为了识别勘探区域，探明油气储量而进行的地质调查、地球物理勘探、钻探及相关活动。

油气开采：指对油藏或气藏中的原油、天然气通过油井或气井采到地面的整套工艺技术，包括井下作业、矿场集输，以及海上平台到岸上的传输、装卸和存储活动。

油气处理：指油气分离、原油稳定处理以及从石油或天然气中脱除杂质、水分、酸性气体等净化过程。

油气储运：主要指石油天然气的长距离管道输送与储存，包括海底管道、地下储气库、液化天然气进/出口站接受液化天然气、存储液化天然气、再次气化液化天然气以及把再次气化的天然气运到天然气传送或配送设施的过程。

火炬系统燃烧排放：指出于安全、环保等目的将石油天然气生产各个业务环节的可燃废气在排放前进行燃烧处理而产生的 CO_2 和 CH_4 排放。

放空排放：指油气生产过程中除燃料燃烧和火炬排放之外，因工艺或安全要求有意释放到大气中的废气流携带的温室气体排放。

逃逸排放：指非有意的、由于设备本身泄漏引起的无组织排放。

CH_4 回收利用：指报告主体将工艺放空废气流中携带的 CH_4 加以回收利用从而免于排放到大气中的 CH_4。

（2）适用范围

石油天然气生产企业温室气体核算适用于在陆地或海洋，以对天然原油、液态或气态天然气的开采过程，包括油气勘探、钻井、集输、分离处理、存储、运输等活动为主营业务的法人企业或独立核算单位。

（3）核算边界

石油天然气生产企业应予核算报告的排放源包括但不限于：化石燃料燃烧产生的 CO_2 排放，火炬系统燃烧产生的 CO_2 排放，放空排放，逃逸排放，CH_4 回收利用，CO_2 回收利用，购入的电力、热力对应的 CO_2 排放，输出的电力、热力对应的 CO_2 排放。

石油天然气生产企业的核算边界及排放源见图3-7。

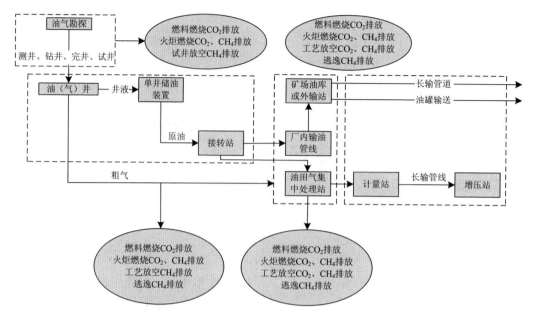

图 3-7 石油天然气生产企业的核算边界及排放源

注：本图仅为示意图，其中未全面展示石油天然气生产全部工艺链及生产系统。

2．温室气体排放源与排放因子

（1）化石燃料燃烧产生的 CO_2 排放

石油天然气生产企业核算边界内固态、液态、气态化石燃料出于动力或热力供应目的在各种类型的固定燃烧设备（如锅炉、加热炉、发电内燃机等）内氧化燃烧产生的 CO_2 排放。

石油天然气生产企业核算边界内固态、液态、气态化石燃料出于动力或热力供应目的在各种类型的移动燃烧设备（如油气田运输车辆及搬运设备等）内氧化燃烧产生的 CO_2 排放。

（2）火炬系统燃烧产生的 CH_4 和 CO_2 排放

企业出于安全、环保等目的，将各生产活动中产生的可燃废气集中到一至数只火炬系统进行燃烧处理产生的 CH_4 和 CO_2 排放。

（3）放空排放的 CH_4 或 CO_2 气体

石油天然气生产各业务环节出于工艺条件变化或安全等因素通过工艺装置泄放口或安全阀门人为或设备自动释放到大气中的 CH_4 或 CO_2，如驱动气动装置运转的天然气排放、泄压排放、设备吹扫排放、尾气释放、储罐溶解气排放等。

（4）逃逸无组织 CH_4 排放

石油天然气生产各业务环节由于设备泄漏产生的无组织 CH_4 排放，如阀门、法兰、泵轮密封、压缩机密封、减压阀、取样接口、工艺排水、开口管路、套管、储罐泄漏及未被定义为工艺放空的其他压力设备泄漏。

（5）CH_4 回收利用

企业将油气生产过程中产生的 CH_4 进行回收，作为燃料自用或作为产品外供给其他单位。

（6）CO_2 回收利用

企业将油气生产过程中产生的 CO_2 进行回收，作为生产原料自用或作为产品外供给其他单位。

（7）购入与输出的电力、热力对应的 CO_2 排放

①石油天然气生产企业购入的电力、热力所对应的 CO_2 排放。

②石油天然气生产企业输出的电力、热力所对应的 CO_2 排放。

（十四）石油化工企业温室气体排放源与排放因子

1. 适用范围

（1）概念与定义

设施：属于某一地理边界、组织单元或生产过程的，移动的或固定的一个装置、一组装置或一系列生产过程。

CO_2 回收利用：由报告主体产生的、但又被回收作为生产原料自用或作为产品外供给其他单位从而免于排放到大气中的 CO_2。

（2）适用范围

石油化工企业：以石油、天然气为主要原料生产石油产品和石油化工产品的法人企业或独立核算单位，包括炼油厂、石油化工厂、石油化纤厂等。

（3）核算边界

根据生产过程的异同，石油化工企业排放源包括但不限于：化石燃料燃烧产生的 CO_2 排放，火炬系统燃烧产生的 CO_2 排放，石油产品或石油化工产品生产工艺过程的 CO_2 排放，CO_2 回收利用，购入的电力、热力对应的 CO_2 排放，输出的电力、热力对应的 CO_2 排放。

石油化工企业核算边界示意见图 3-8。

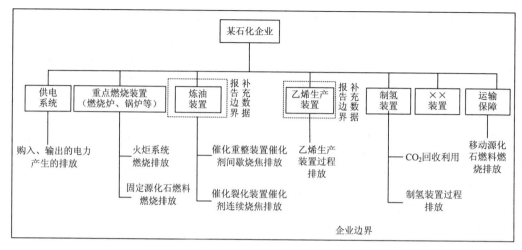

图 3-8 石油化工企业核算边界

注：××装置泛指其他产生过程排放的生产装置。

2. 温室气体排放源与排放因子

（1）化石燃料燃烧产生的 CO_2 排放

①化石燃料燃烧 CO_2 排放：是指以给炼油装置、乙烯装置正常生产运行提供动力或热力供应为目的，使化石燃料在固定燃烧设备（如加热炉、乙烯裂解炉等）以及移动燃烧设备（如运输或搬运设备等）内氧化燃烧产生的 CO_2 排放。

②石油化工企业核算边界内固态、液态、气态化石燃料出于动力或热力供应目的在各种类型的固定燃烧设备（如加热炉、乙烯裂解炉、锅炉、发电内燃机等）内氧化燃烧产生的 CO_2 排放。

③石油化工企业核算边界内固态、液态、气态化石燃料出于动力或热力供应目的在各种类型的移动燃烧设备（如厂内运输车辆及搬运设备等）内氧化燃烧产生的 CO_2 排放。

（2）火炬系统燃烧产生的 CO_2 排放

企业出于安全、环保等目的，将各生产活动中产生的可燃废气集中到一至数只火炬系统或废气燃烧系统中进行燃烧处理产生的 CO_2 排放。

（3）过程的 CO_2 排放

石油化工企业生产过程的 CO_2 排放的设施：包括催化裂化装置、催化重整装置、其他生产装置催化剂烧焦再生、制氢装置、焦化装置、石油焦煅烧装置、氧化沥青装置、乙烯裂解装置、乙二醇/环氧乙烷生产装置、其他产品生产装置等。其生产过程包括：

①工艺排放：指炼油或乙烯生产过程中为保证生产效率或恢复催化剂活性而进行的烧焦排放。

②含碳原材料参与化学反应产生的 CO_2 排放：由于石油、天然气等含碳原材料参与

裂解、重组等一系列化学反应，使全部或部分碳原子被氧化并最终被释放到外界而产生的 CO_2 排放。

③烧焦过程产生的 CO_2 排放：石油、天然气等烧焦过程产生的 CO_2 排放。

（4）CO_2 回收利用

将化石燃料燃烧或工艺过程产生的 CO_2 进行回收，并作为生产原料自用或作为产品外供给其他单位。

（5）购入、输出的电力、热力对应的 CO_2 排放

①石油化工企业购入的电力、热力所对应的 CO_2 排放。

②石油化工企业输出的电力、热力所对应的 CO_2 排放。

（十五）化工企业（含电石炉、煤气发生炉）温室气体排放源与排放因子

1．适用范围

化工企业温室气体排放核算与报告方法主要适用于以化学方法生产基础化学原料、化肥、农药、涂料、染料、合成树脂、合成橡胶、化学纤维、橡胶及其制品、专用化学品、日用化学品等产品为主的独立核算企业（本部分不包括石油化工企业和氟化工企业）。

2．化工企业温室气体排放核算边界

（1）核算单元划分

1）核算单元划分依据。如果报告主体拥有多个分公司、生产厂地或产业活动单位，报告主体应按组织结构、厂房建筑发布、产品分类、产业活动分类等把整个公司的资产设施划分为几个空间相对独立、物料往来易于识别和计量的核算单元。

2）核算单元划分方法。可由报告主体自行确定，报告主体如果在一个场所从事一种或主要从事一种产品生产活动，也可以只设一个核算单元，即整个企业作为一个核算单元。

3）流入核算单元碳源流识别。

①流入核算单元且明确送往各个燃烧设备作为燃料燃烧的化石燃料部分。

②流入核算单元作为原料的化石燃料部分，包括洗煤、炼焦、炼油、制气、天然气液化、煤制品加工的能源加工转换过程投入量（如煤气发生炉）。

③流入核算单元作为生产原料（含碳的原材料）的其他碳氢化合物（如果有）。

④流入核算单元作为生产原料的 CO_2 气体（如果有）。

⑤流入核算单元作为原料、助熔剂或脱硫剂使用的碳酸盐（如果有）。

4）流出核算单元的碳源流识别。

①流出核算单元的各类含碳产品，包括主产品、联产产品、副产品等。

②流出核算单元且被回收外供从而避免排放到大气中的那部分 CO_2（如果有）。

③流出核算单元的其他含碳输出物，如炉渣、粉尘、污泥等含碳废弃物质。

（2）核算边界

化工生产企业分核算单元的碳源流识别示意见图3-9。

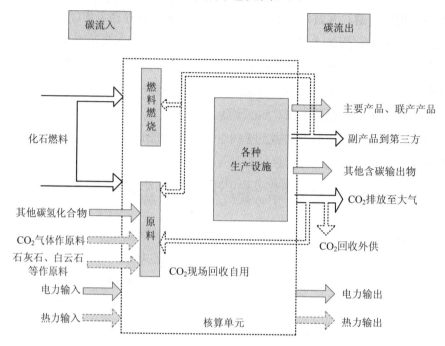

图3-9　化工生产企业分核算单元的碳源流识别

3. 化工企业温室气体排放源与排放因子

（1）燃料燃烧过程产生的 CO_2

固定设备燃料燃烧排放的 CO_2：燃料燃烧包括煤、油、气等化石燃料在各种类型的固定设备（如锅炉、煅烧炉、窑炉、熔炉、内燃机等）氧化燃烧过程产生的 CO_2 排放。

移动设备燃料燃烧排放的 CO_2：燃料燃烧包括煤、油、气等化石燃料在各种类型的移动设备（如厂内机动车辆）氧化燃烧过程产生的 CO_2 排放。

（2）过程排放的 CO_2、N_2O

①化石燃料用作原材料分解过程产生的二氧化碳（CO_2）排放。

②碳氢化合物用作原材料分解过程产生的二氧化碳（CO_2）排放。

③碳酸盐使用分解过程（如石灰石、白云石等用作原材料、助剂、脱硫剂等）分解产生的二氧化碳（CO_2）排放。

④硝酸生产过程产生的 N_2O 排放。

⑤己二酸生产过程产生的 N_2O 排放。

（3）购入、输出的电力、热力所对应的 CO_2 排放

①化工产生企业消费购入电力、热力所对应的 CO_2 排放。

②化工产生企业输出电力、热力所对应的 CO_2 排放。

（4） CO_2 回收利用量

主要指回收燃料燃烧或工业生产过程产生的 CO_2 并作为产品外供给其他单位而应予以扣减的那部分 CO_2，不包括企业现场回收自用的部分。

（十六）氟化工企业温室气体排放源与排放因子

1．适用范围

主要适用于氟化工企业。氟化工企业是指以氟化烷烃及消耗臭氧层物质（ODS）替代品、无机氟化物、含氟聚合物、含氟精细化学品等氟化工产品生产为主营业务的法人企业或独立核算单位。

2．核算边界

氟化工企业核算边界及排放源见图 3-10。

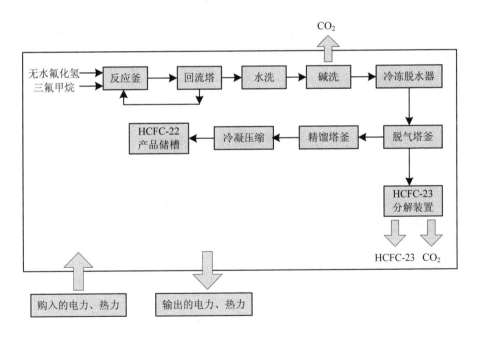

图 3-10　氟化工企业核算边界及排放源（以 HCFC-22 生产为例）

3．排放源和排放因子

（1）化石燃料燃烧产生的 CO_2

用于动力或热力的化石燃料燃烧过程产生的 CO_2 排放，包括 HFC-23 销毁装置所消耗的化石燃料产生的 CO_2 排放。

（2）过程排放的 CO_2、HFC-23、HFCs、PFCs、SF_6、NF_3

碳酸盐（如石灰石、纯碱）作原料、烟气脱硫剂、洗涤塔碱洗液等过程中发生分解产生的 CO_2 排放。

HCFC-22 在生产过程中产生的副产品 HFC-23 排放。如果安装了 HFC-23 回收或销毁装置，回收或销毁掉的 HFC-23 量应予以扣除。

报告主体如果安装了 HFC-23 销毁装置，在减少 HFC-23 排放的同时，被销毁掉的那部分 HFC-23 中的碳转化成 CO_2 排放。

在 HFCs、PFCs、SF_6 以及 NF_3 的生产过程中可能产生多种含氟温室气体副产物并逃逸排放到大气中。

HFCs、PFCs、SF_6 以及 NF_3 在产品提纯、包装入库的过程中也可能产生的副产物及逃逸排放。

HFCs、PFCs、SF_6 以及 NF_3 生产过程的副产物和逃逸排放采用排放因子法一并计算。

4．购入输出电力、热力对应的 CO_2

①氟化工企业购入的电力、热力所对应的 CO_2 排放。

②氟化工企业输出的电力、热力所对应的 CO_2 排放。

（十七）独立焦化企业温室气体排放源与排放因子

1．适用范围

适用于以炼焦为主营业务的法人企业或独立核算单位。

2．独立焦化企业核算边界

独立焦化企业核算边界示意见图 3-11。

3．温室气体排放源与排放因子

（1）化石燃料燃烧产生的 CO_2 排放

独立焦化企业核算边界内煤、油、气等化石燃料在各种类型的固定燃烧设备（如焦炉燃烧室、锅炉、加热炉、熔炉、发电内燃机等）氧化燃烧产生的 CO_2 排放。

独立焦化企业核算边界内煤、油、气等化石燃料在各种类型的移动燃烧设备（如厂内运输车辆及搬运设备等）氧化燃烧产生的 CO_2 排放。

燃料品种除了外购的煤、油、气等化石燃料外，还应包括这些燃烧设备所消费的企业自产或回收的焦炭、焦粉、焦炉煤气、其他燃料等。

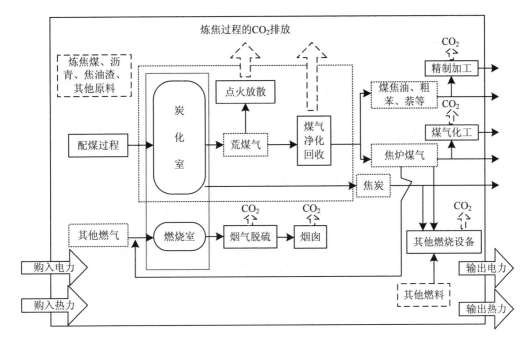

图 3-11 独立焦化企业核算边界

注：本图仅为示意图，其中未全面展示企业的辅助生产系统和附属生产系统。

（2）过程的 CO_2 排放

炼焦过程的 CO_2 排放：炼焦过程排放主要指煤在常规机焦炉（半焦炉）干馏过程中因荒煤气点火、放散等原因排放到大气中的 CO_2。对热回收焦炉，不计算炼焦过程排放。

煤焦油加工生产过程的 CO_2 排放：焦化产品延伸加工的煤焦油加工、苯加工精制生产过程的 CO_2 排放。

焦炉煤气化工生产过程的 CO_2 排放：利用焦炉煤气进一步生产甲醇、合成氨、液化天然气或压缩天然气（LNG/CNG）等化工生产过程的 CO_2 排放。

烟气脱硫过程的 CO_2 排放：烟气脱硫过程排放，则是指独立焦化企业使用碳酸盐（如石灰石、纯碱）进行烟气脱硫过程中，碳酸盐分解产生的 CO_2 排放。

注：CO_2 回收利用：指独立焦化企业将化石燃料燃烧或工业生产过程产生的 CO_2 进行回收，并作为生产原料自用或作为产品外供给其他单位。CO_2 回收利用量可从企业总排放量中予以扣除。

（3）购入输出电力、热力对应的 CO_2 排放

①企业消费购入的电力、热力所对应的电力、热力生产环节产生的 CO_2 排放。

②企业输出的电力、热力所对应的电力、热力生产环节产生的 CO_2 排放。

（十八）造纸和纸制品生产企业温室气体排放源与排放因子

1. 适用范围

适用于以造纸和纸制品生产为主营业务的独立核算单位。

2. 核算边界

造纸和纸制品生产企业温室气体核算边界见图 3-12。

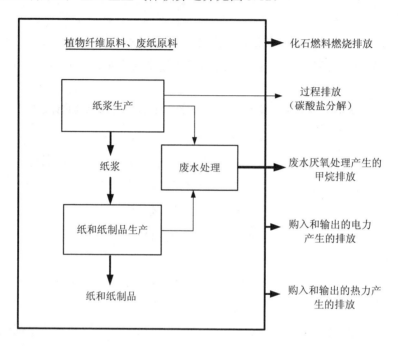

图 3-12 造纸和纸制品生产企业温室气体核算边界

3. 温室气体排放源与排放因子

（1）燃料燃烧 CO_2 排放

指化石燃料在各种类型的固定燃烧设备（如锅炉、窑炉、内燃机等）中与氧气发生氧化过程产生的 CO_2 排放。

指化石燃料在各种类型移动燃烧设备中与氧气发生氧化过程产生的 CO_2 排放。

（2）过程导致的 CO_2 排放

造纸和纸制品生产企业所涉及的过程排放主要是部分企业在纸浆生产过程中所消耗的石灰石（主要成分为碳酸钙）发生分解反应导致的 CO_2 排放。

如企业没有纸浆生产工艺，则不考虑该部分排放。

（3）废水厌氧处理产生的 CH_4 排放

企业产生工业废水，采用厌氧技术处理高浓度有机废水时会产生 CH_4 排放。

（4）购入与输出的电力、热力产生的相应 CO_2 排放

企业购入与输出电力、热力所对应的电力、热力生产环节所产生的 CO_2 排放。

（十九）电子设备制造企业温室气体排放源与排放因子

1. 适用范围与定义

（1）适用范围

适用于我国电子设备制造企业温室气体排放量的核算和报告。电子设备制造企业指的是计算机通信和其他电子设备制造企业。

（2）名词预定义

刻蚀：按照掩模图形或设计要求对半导体衬底表面或表面覆盖薄膜进行选择性腐蚀或剥离的过程。

化学气相淀积（CVD）：指把含有构成薄膜元素的气态反应剂或液态反应剂的蒸汽及反应所需其他气体引入反应室，在衬底表面发生化学反应生成薄膜的过程。

2. 电子设备制造企业温室气体排放核算边界

典型电子设备制造企业的温室气体排放及核算边界见图 3-13。

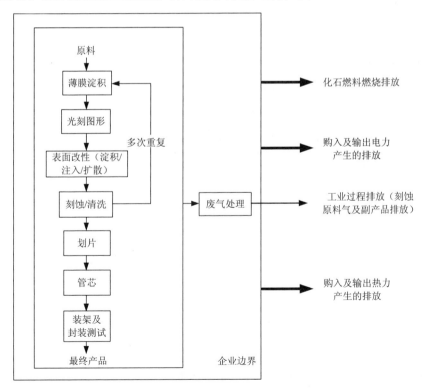

图 3-13 典型电子设备制造企业的温室气体排放及核算边界

3. 温室气体排放源与排放因子

（1）化石燃料燃烧排放的 CO_2

固定燃烧设备（如锅炉、燃气轮机）燃烧的化石燃料（煤炭、天然气、汽油、柴油等生产用燃料、辅助燃油与搬运设备用油等）发生氧化燃烧过程产生的 CO_2 排放。

移动燃烧设备（如厂内运输车辆等）燃烧的化石燃料（天然气、汽油、柴油等生产用燃料、辅助燃油与搬运设备用油等）发生氧化燃烧过程产生的 CO_2 排放。

（2）生产过程排放的 NF_3、SF_6、HFCs、PFCs

半导体刻蚀与 CVD 腔室清洗过程中的化学反应或气体泄漏造成温室气体 NF_3、SF_6、HFCs、PFCs 排放：刻蚀与 CVD 腔室清洗过程中产生的温室气体排放由原料气（原料气包括但不限于 NF_3、SF_6、CF_4、C_2F_6、C_3F_8、C_4F_6、c-C_4F_8、c-C_4F_8O、C_5F_8、CHF_3、CH_2F_2、CH_3F）的泄漏与生产过程中生成的副产品（副产品包括但不限于 CF_4、C_2F_6、C_3F_8）的排放构成；半导体生产中刻蚀与 CVD 腔室清洗过程由于化学反应或气体泄漏等造成的 NF_3、SF_6、HFCs、PFCs 温室气体排放。

（3）购入及输出的电力、热力产生的 CO_2 排放

企业购入与输出的电力、热力（蒸汽、热水）所对应的 CO_2 排放。

（二十）机械设备制造企业温室气体排放源与排放因子

1. 适用范围

适用于我国机械设备制造企业温室气体排放量的核算和报告。机械设备制造企业包括以金属制品制造，通用设备制造，专用设备制造，汽车制造，铁路、船舶、航空航天及其他运输设备制造，电气机械和器材制造为主营业务的独立核算单位。

2. 温室气体排放源与排放因子

（1）燃料燃烧排放的 CO_2

化石燃料在各种类型的固定或移动燃烧设备中（如锅炉、内燃机、废气处理装置等）与氧气充分燃烧生成的 CO_2 排放。

（2）工业生产过程排放的 CO_2、SF_6、HFCs 和 PFCs

电气设备或制冷设备生产过程中 SF_6、HFCs 和 PFCs 的泄漏造成的排放。

焊机使用过程产生的 CO_2 排放：CO_2 气体作为保护气，在焊机使用过程产生的 CO_2 排放。

（3）购入及输出的电力、热力产生的 CO_2 排放

①机械设备制造企业购入的电力、热力所对应的 CO_2 排放。

②机械设备制造企业输出的电力、热力所对应的 CO_2 排放。

3．机械设备制造企业核算边界

机械设备制造企业核算边界示意见图 3-14。

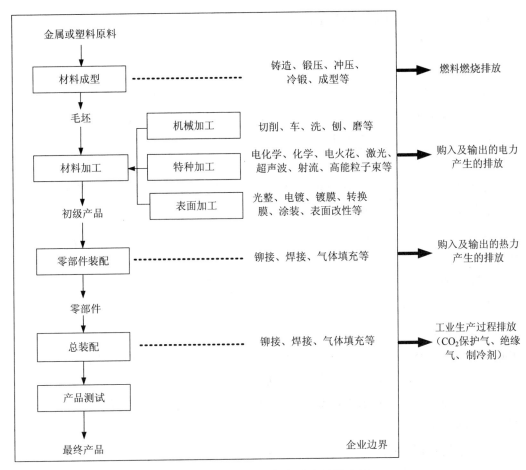

图 3-14 机械设备制造企业核算边界

（二十一）食品、烟草及酒、饮料和精制茶企业温室气体排放源与排放因子

1．适用范围

（1）食品生产企业

包括焙烤食品制造；糖果、巧克力及蜜饯制造；方便食品制造；乳制品制造；罐头食品制造；调味品、发酵制品制造；其他食品制造企业。

（2）烟草生产企业

包括烟叶复烤、卷烟制造和其他烟草制品制造企业。

（3）酒、饮料和精制茶生产企业

包括酒的制造、饮料制造、精制茶加工企业。

2. 温室气体排放源与排放因子

（1）化石燃料燃烧产生的 CO_2 排放

食品、烟草及酒、饮料和精制茶企业所涉及的化石燃料燃烧排放，包括煤、油、气等化石燃料在企业内固定燃烧设备（如锅炉），以及用于生产的移动燃烧设备（如车辆、厂内搬运设备等）发生氧化燃烧过程产生的 CO_2 排放。

（2）生产过程排放的 CO_2

食品、烟草及酒、饮料和精制茶企业所涉及的工业生产过程排放主要是指生产过程中（如有机酸生产、焙烤等）碳酸盐消耗产生的 CO_2 排放。

企业外购工业生产的 CO_2 作为原料在使用过程中（如饮料灌装等）损耗产生的 CO_2 排放。

用于生产原料的 CO_2 可能来源于工业和非工业生产，计算时仅考虑来源为工业生产的 CO_2 排放，不考虑来源为空气分离法及生物发酵法制得的 CO_2。

（3）废水厌氧处理产生的 CH_4 排放

食品、烟草及酒、饮料和精制茶企业使用厌氧工艺处理废水产生的 CH_4 排放。

（4）购入与输出电力、热力所对应的 CO_2

食品、烟草及酒、饮料和精制茶企业消费的购入与输出电力、热力（蒸汽、热水）所对应的 CO_2 排放。

3. 温室气体核算边界

（1）食品（柠檬酸）企业温室气体核算边界

食品（柠檬酸）企业温室气体核算边界示意见图3-15。

（2）烟草企业温室气体核算边界

烟草企业温室气体核算边界示意见图3-16。

（3）酒、饮料和精制茶企业温室气体核算边界

酒、饮料和精制茶企业温室气体核算边界示意见图3-17。

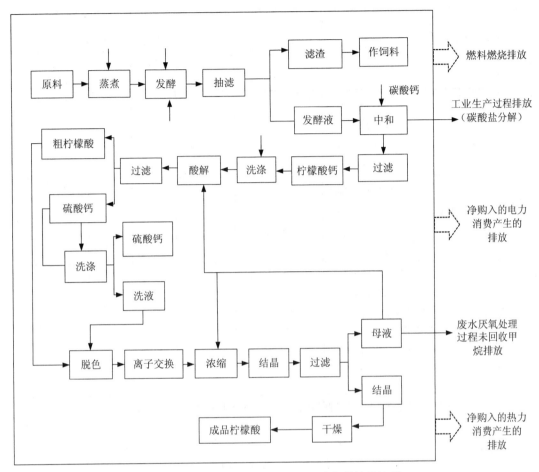

图 3-15 食品（柠檬酸）企业温室气体核算边界

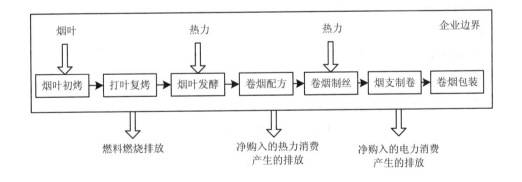

图 3-16 烟草企业温室气体核算边界

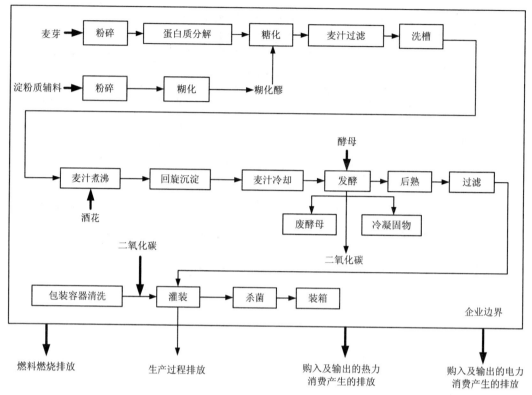

图 3-17　酒、饮料和精制茶企业温室气体核算边界

（二十二）纺织服装企业温室气体排放源与排放因子

1．适用范围

适用于以纺纱、织造、前处理、印花、染色、后整理、服装生产和加工为主营业务的独立核算单位。

2．核算边界

纺织服装企业温室气体排放核算边界示意见图 3-18。

3．温室气体排放源和排放因子

（1）纺织服装企业生产过程使用的化石燃料燃烧产生的 CO_2 排放。

（2）纺织服装企业碳酸盐使用过程（包括水净化使用的碳酸钠、印染过程使用碳酸钠或碳酸氢钠等）分解产生的 CO_2 排放。

（3）纺织服装企业生产的工业废水在厌氧处理过程中的 CH_4 排放。

（4）纺织服装企业购入和输出的电力、热力所对应的 CO_2 排放。

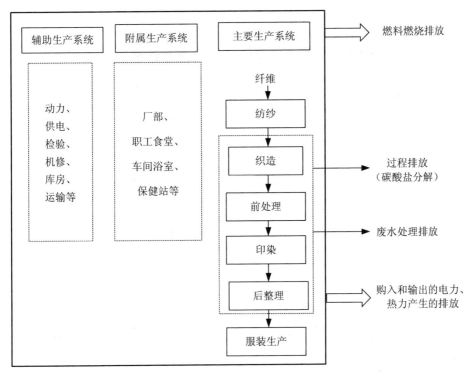

图 3-18 纺织服装企业温室气体排放核算边界

（二十三）公共建筑运营企业温室气体排放源与排放因子

1. 适用范围

适用于公共建筑等的运营单位（企业）开展与建筑物使用相关的温室气体排放核算与报告。

公共建筑包括：

①办公建筑：写字楼、政府部门办公楼等。

②商业建筑：商场、金融建筑等。

③旅游建筑：旅馆酒店、娱乐场所等。

④科教文卫建筑：包括文化、教育、科研、医疗、卫生、体育建筑等。

⑤通信建筑：邮电、通讯、广播用房等。

⑥交通运输用房：机场、车站建筑等。

2. 温室气体排放源与排放因子

（1）公共建筑运营过程中使用的化石燃料在氧化燃烧过程中产生的温室气体 CO_2 排放。

（2）单位（企业）购入与输出的电力、热力所对应的电力、热力生产环节产生的

CO_2排放。

（二十四）陆上交通运输企业温室气体排放源与排放因子

1．适用范围与定义

（1）适用范围

以道路货物运输、公路旅客运输、城市公共汽电车运输、出租汽车运输、城市轨道交通运输、道路运输辅助活动（如公路维修与养护、高速公路运营管理等）、铁路运输等为主营业务的企业。沿海和内河港口企业可参照对应标准执行。

（2）定义

道路货物运输企业：从事所有道路货物运输活动的企业。

公路旅客运输企业：从事城市以外道路旅客运输活动的企业。

铁路运输企业：从事铁路客运、货运及相关的调度、信号、机车、车辆、检修、工务等活动的企业，主要包括国家铁路运输企业、合资铁路运输企业和地方铁路运输企业。

货物周转量：报告期内运输车辆实际运送的每批货物重量与其相应运送里程的乘积之和，单位为吨公里。

旅客周转量：报告期内运输车辆实际运送的每位旅客与其相应运送里程的乘积之和，单位为人公里。

轻型汽车：最大总质量（汽车制造厂提出的技术上允许的最大质量，包括汽车自重和载重量，下同）不超过 3 500 kg 的 M1 类、M2 类和 N1 类汽车。

M1 类车辆：至少有 4 个车轮，或有 3 个车轮且厂定最大总质量超过 1 t，除驾驶员座位外，乘客座位不超过 8 个的载客车辆。

M2 类车辆：至少有 4 个车轮，或有 3 个车轮且厂定最大总质量不超过 5 t，除驾驶员座位以外，乘客座位超过 8 个的载客车辆。

N1 类车辆：至少有 4 个车轮，或有 3 个车轮且厂定最大总质量不超过 3.5 t 的载货车辆。

重型汽车：最大总质量超过 3 500 kg 的 M 类和 N 类汽车。

M 类车辆：至少有 4 个车轮并且用于载客的机动车辆。

N 类车辆：至少有 4 个车轮且用于载货的机动车辆。

纯电动汽车：由电动机驱动的汽车。电动机的驱动电能来源于车载可充电蓄电池或其他能量储存装置。

混合动力电动汽车：能够至少从可消耗的燃料、可再充电能/能量储存装置两类车载储存的能量中获得动力的汽车。

增程式电动车：配有地面充电和车载供电功能的纯电驱动的电动汽车。

2．核算边界

陆上交通运输企业的温室气体排放核算和报告范围应包括燃料燃烧排放，尾气净化过程排放，购入和输出的电力、热力所产生的排放。

陆上交通运输企业温室气体排放核算边界示意见图3-19。

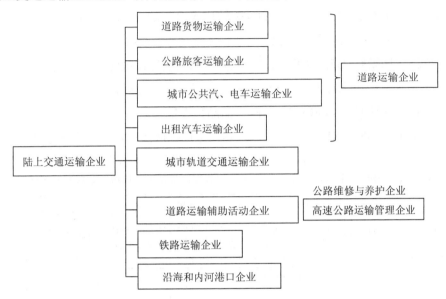

图3-19　陆上交通运输企业温室气体排放核算边界

3．陆上交通运输企业温室气体排放源

陆上交通运输企业温室气体排放源分为移动源和固定源。

移动源：运输车辆、内燃机车等移动设施消耗的化石燃料燃烧产生的 CO_2 排放；道路货物运输企业、公路旅客运输企业、城市公共汽电车运输企业、出租汽车运输企业还需核算运输车辆化石燃料燃烧产生的 CH_4 和 N_2O 排放。

固定源：锅炉的固定设施消耗的化石燃料燃烧产生的 CO_2 排放。此外，道路货物运输企业、公路旅客运输企业、城市公共汽电车运输企业、出租汽车运输企业还需核算运输车辆化石燃料燃烧产生的 CH_4 和 N_2O 排放。

4．陆上交通运输企业温室气体排放因子

（1）道路运输企业排放的 CO_2、CH_4、N_2O

燃料燃烧排放的 CO_2、CH_4、N_2O：道路运输企业的公路旅客运输企业、道路货物运输企业、城市公共汽电车运输企业和出租汽车运输企业燃烧的汽油、柴油、天然气和液化石油气等燃料排放的 CO_2、CH_4、N_2O。

运输车辆尾气净化过程排放的 CO_2：道路运输企业的公路旅客运输企业、道路货物运输企业、城市公共汽电车运输企业和出租汽车运输企业的运输车辆在尾气净化过程中

排放的 CO_2。

（2）城市轨道交通运输企业排放的 CO_2

城市轨道交通运输企业的场站等固定源燃煤和燃气设施等燃料燃烧排放的 CO_2。

（3）公路维修和养护企业、高速公路运营管理企业排放的 CO_2

公路维修和养护企业、高速公路运营管理企业的养护设备（如修补机、运料机、运转车和摊铺机等）燃烧柴油、天然气等排放的 CO_2。

（4）铁路运输企业排放的 CO_2

铁路运输企业的内燃机车，站场燃煤、燃油和燃气设施等燃烧的柴油、煤炭和天然气等排放的 CO_2。

（5）港口企业排放的 CO_2

港口企业的装卸设备、吊装工具、运输工具及设施等燃烧汽油、柴油、天然气和煤炭等排放的 CO_2。

陆上交通运输企业的排放源及主要耗能/排放设备、温室气体种类见表 3-1。

表 3-1　陆上交通运输企业温室气体排放源一览表

企业类型	燃料燃烧排放			尾气净化过程排放		购入和输出的电力、燃力对应的排放	
	主要化石燃烧种类	主要耗能设备	温室气体种类	排放设备	温室气体种类	主要耗能设备	温室气体种类
道路运输企业（包括公路旅客运输企业、道路货物运输企业、城市公共汽电车运输企业和出租汽车运输企业）	汽油、柴油、天然气和液化石油气等	运输车辆（以化石燃料为动力，如汽油车、柴油车、混合动力电动汽车等）及客货运站场燃煤、燃油和燃气设备	1. CO_2；2. CH_4（运输车辆）；3. N_2O（运输车辆）	运输车辆	CO_2	运输车辆（以电力为动力，如电车、纯电动汽车、增程式电动汽车等）及客运货车站场耗电设施等	CO_2
城市轨道交通运输企业	煤炭、天然气等	场站等固定源燃煤和燃气设施等	CO_2	—		地铁、轻轨、磁悬浮列车及车站耗电设施等	CO_2
公路维修和养护企业、高速公路运营管理企业	柴油、天然气等	养护设备和修补机、运料机、运转机和摊铺机等	CO_2	—		道路照明以及固定场所供暖、透风等设施	CO_2
铁路运输企业	柴油、煤炭和天然气等	内燃机车、站场燃煤、燃油和燃气设施等	CO_2	—		电力机车、动车组、场站耗电设施	CO_2
港口企业	汽油、柴油、天然气和煤炭等	装卸设备、吊装工具、运输工具及设施等	CO_2	—		装卸设备、吊装工具、运输工具及设施等	

（6）购入和输出的电力、热力对应排放的 CO_2

城市轨道交通运输企业的地铁、轻轨、磁悬浮列车及车站耗电设施等购入和输出的电力、热力对应的排放的 CO_2。

（二十五）其他工业企业温室气体排放源与排放因子

1. 适用范围与定义

（1）适用范围

适用于尚没有针对性的行业企业温室气体核算方法与报告的工业企业。

（2）定义

活动水平：指报告期内报告主体会导致某种温室气体排放或清除的人为活动量，如各种燃料的消耗量、原料的使用量、产品的产量、外购电力的数量、外购蒸汽的数量等。

排放因子：量化每单位活动水平的温室气体排放量或清除量的系数。排放因子通常基于抽样测量或统计分析获得，表示在给定操作条件下某一活动水平的代表性排放效率或清除率。

2. 核算边界

核算边界包括报告主体企业所属的所有生产场所和生产设施产生的温室气体排放，设施范围包括：

直接生产系统：直接生产系统工艺装置、辅助生产系统。

附属生产系统：辅助生产系统包括厂区内动力、供电、供水、采暖、制冷、机修、化验、仪表、仓库（原料厂）、运输等。

附属生产系统：包括生产指挥系统（厂部）以及厂区内为生产服务的部门和单位（如职工食堂、车间浴室、保健站等）。

3. 温室气体排放源与排放因子

（1）化石燃料燃烧 CO_2 排放

主要指用于动力或热力供应的化石燃料燃烧过程产生的 CO_2 排放，包括氧乙炔焊接或切割燃烧乙炔产生的 CO_2 排放。

（2）碳酸盐使用过程 CO_2 排放

指石灰石、白云石的碳酸盐在用作生产原料、助溶剂、脱硫剂或其他用途的使用过程发生分解产生的 CO_2 排放。

（3）废水厌氧处理 CH_4 排放

指报告主体通过厌氧工艺处理工业废水产生的 CH_4 排放。

（4）CH_4 回收与火炬销毁量

通过回收利用措施处理废水处理产生的 CH_4：指报告主体通过回收利用措施处理废水处理产生的 CH_4 从而免于排放到大气中的 CH_4 量，其中回收利用包括企业回收自用以及回收作为产品外供给其他单位。

通过火炬焚毁措施处理废水处理产生的 CH_4：指报告主体通过火炬焚毁等措施处理废水处理产生的 CH_4 从而免于排放到大气中的 CH_4 量。

（5）CO_2 回收利用

报告主体回收燃料燃烧或工业生产过程产生的 CO_2 作为生产原料自用或外供给其他单位，从而避免排放到大气中的 CO_2 量。

（6）企业购入电力、热力隐含的相对应的 CO_2 排放

该部分排放实际发生在生产相应电力或热力的企业，但由报告主体的消费活动引起，依照约定也计入报告主体名下。

第四章　碳（温室气体）排放核算监测计划

一、碳（温室气体）排放源识别

（一）排查识别与温室气体排放相关的排放源

排查识别与温室气体排放相关的生产设施、工艺单元、用能设备。

（二）识别温室气体排放源类别

1. 燃料燃烧的温室气体排放源识别

识别核算边界内所有燃料燃烧设备、设施、装置、工艺等温室气体排放源，确保核算边界范围内所有温室气体排放源相关的燃料都被完整识别。

2. 含碳物质原料的温室气体排放源识别

识别核算边界内所有含碳物质原料的设备、设施、装置、工艺等温室气体排放源，确保核算边界范围内所有温室气体排放源相关的含碳原料都被完整识别。

3. 含碳物质产品的温室气体排放源识别

识别核算边界内所有含碳物质产品的设备、设施、装置、工艺等温室气体排放源，确保核算边界范围内所有温室气体排放源相关的含碳产品都被完整识别。

4. 含碳物质废弃物的温室气体排放源识别

识别核算边界内所有含碳物质废弃物的设备、设施、装置、工艺等温室气体排放源，确保核算边界范围内所有温室气体排放源相关的含碳废弃物都被完整识别。

5. 其他含碳物质的温室气体排放源识别

识别核算边界内所有其他含碳物质的设备、设施、装置、工艺等温室气体排放源，确保核算边界范围内所有温室气体排放源相关的其他含碳物质都被完整识别。

（三）识别与排放源相关的含碳物质输入/输出情况

（1）识别每个排放源的排放机理以及相关的燃料的输入/输出情况。

（2）识别每个排放源的排放机理以及相关的原料含碳物质的输入/输出情况。

（3）识别每个排放源的排放机理以及相关的产品含碳物质的输入/输出情况。

（4）识别每个排放源的排放机理以及相关的其他含碳物质的输入/输出情况。

（四）对温室气体排放源进行评估

识别出占排放贡献比重相对较大的温室气体排放源类别；识别出占排放贡献比重相对较大的温室气体排放燃料类别；识别出占排放贡献比重相对较大的温室气体排放原料类别。

将有限的资源优先用于这些贡献较大的排放源、燃料或原料类别，从而最有效地利用现有监测资源。

报告主体温室气体排放源识别情况见表4-1。

表4-1　报告主体温室气体排放源识别情况一览表

序号	排放源类别及名称	排放的温室气体种类	相关联的生产设备、工艺单元及用能设备及其地点	相关联的燃料、原料、产品及其他含碳物质	重要性评估	备注

二、碳（温室气体）排放监测（调查收集资料项目）计划

（一）确定活动数据来源和监测方案

1. 确定活动数据参数来源和监测方案

结合现有的计量器具配备情况、实验室资质及仪器配备情况、人员能力和资质、数据收集和台账管理方式等监测条件以及该排放源的重要性，确定该排放源计算公式所涉及的活动数据等参数的数据来源和监测收集方案。

2. 确定排放因子参数来源和监测方案

结合现有的计量器具配备情况、实验室资质及仪器配备情况、人员能力和资质、数据收集和台账管理方式等监测条件以及该排放源的重要性，确定该排放源计算公式所涉

及的排放因子等参数的数据来源和监测收集方案。

（二）监测要求

1．活动数据监测要求

对需要监测的参数，应对监测流程进行说明，包括监测时间、监测地点、测量仪器选取、仪器基本属性，负责数据记录、处理、汇总、保存，以及计量器具维护的相关部门及负责人等信息。对需要监测的参数应该阐述采纳的措施以确保数据监测的完整性，以及一旦发生数据缺失时填补数据缺漏的技术方法。

（1）排放源活动数据

温室气体排放量：包括燃料燃烧排放量、过程排放量、购入与输出电力和热力排放量、废弃物处置排放量等。

燃料消耗量：燃料煤炭消耗量（烟煤、无烟煤、褐煤、精煤等）、燃料油消耗量（柴油、汽油等）、燃料气消耗量（天然气、煤气等）、生物质混合燃料的消耗量。

含碳原料使用量：碳酸盐、其他含碳原料。

含碳产品（含固碳产品隐含碳的产品量）产生量：不同含碳产品产量（如粗钢、甲醇）。

含碳废物产生量：固体废物填埋产生 CH_4 的固废处置量、废水厌氧处理产生 CH_4 的废水处置量、废气焚烧处置的废气量。

购入或输出电力与热力消耗售出量：购入电力与热力量、输出电力与热力量。

（2）排放因子活动数据

排放因子活动数据包括燃料燃烧排放因子，过程排放因子，购入与输出电力、热力产生的排放因子，废弃物处置产生的排放因子。

2．缺省活动数据系数要求

对不需要监测的数据和参数，应说明所选用的缺省值及其数据来源并阐述适用该缺省值的合理性。

（三）检测方法分类

检测方法主要分为实测法、缺省值系数法两种。

三、化石燃料燃烧排放活动数据与排放因子监测计划

不同业务活动中化石燃料燃烧排放的核算方法和数据获取原则相同，皆参考"化石燃料燃烧排放"方法进行核算。

（一）化石燃料固定燃烧设施排放活动数据与排放因子监测计划

1. 燃料燃烧排放活动水平数据监测计划

（1）监测项目

燃料煤炭燃烧量、燃料油消耗量、天然气消耗量、生物质混合燃料的消耗量。

（2）监测方法

根据企业能源消费台账或统计报表来确定，企业应保留化石燃料入炉量的原始数据记录或在企业能源消费台账或统计报表中有所体现，测量（计量）应符合《用能单位能源计量器具配备和管理通则》（GB 17167—2006）的相关规定（表 4-2）。

表 4-2　化石燃料燃烧排放源活动数据检测计划一览表 [a]

燃料品种	数据项	单位	数据来源	检测地点	检测方法及标准	检测频率	检测设备名称、型号	精度等级、校准频次及校准方法	执行部门及负责人	备注
天然气	燃烧量	$10^4 Nm^3$	□检测值 □计算值 □其他，请说明原因							
......[b]										

注：a 请说明具体排放源名称，如"×××燃烧设备化石燃料燃烧"；

　　b 如涉及多种燃料，请自行加行一一列明，并阐述其活动数据检测计划。

2. 燃料燃烧排放因子数据监测计划

（1）监测项目

监测项目包括燃料低位发热量、燃料碳含量、碳氧化率（表 4-3）。

表 4-3　排放源排放因子参数监测计划一览表 [a]

燃料品种	数据项	单位	数据来源	取样地点	取样方法及标准	取样频率	分析方法及频率	实验室及资质	备注
天然气	元素含碳量	$tC/10^4 Nm^3$	□自行检测值 □委任检测值 □其他，请具体说明						
	低位发热量	$GJ/10^4 Nm^3$	□自行检测值 □委任检测值 □缺省值 [a] □其他，请具体说明						

燃料品种	数据项	单位	数据来源	取样地点	取样方法及标准	取样频率	分析方法及频率	实验室及资质	备注
天然气	单位热值含碳量	tC/GJ	□自行检测值 □委任检测值 □缺省值 a □其他，请具体说明						
……b									

注：a 若选用缺省值，请在备注栏说明所选用的缺省值及引用文件；

b 如涉及多种燃料，请自行加行一一列明。

（2）监测时限

1）燃料低位发热量监测时限

①燃煤低位发热量监测时限

燃煤低位发热量测量频率为每天至少一次，以燃料入厂量或月消费量加权平均作为该燃料品种的低位发热量。

煤炭应在每批次燃料入厂时进行一次检测，以燃料入厂量或月消费量加权平均作为该燃料品种的低位发热量。

煤炭应在每月至少进行一次检测，以燃料入厂量或月消费量加权平均作为该燃料品种的低位发热量。

②燃油低位发热量监测时限

燃油低位发热量按每批（每批次燃料入厂时）次测量，取算术平均值作为该油品的含碳率，或采用供应商交易结算合同中的年度平均低位发热量。

燃油低位发热值按每季度进行一次检测，取算术平均值作为该油品的含碳率，或采用供应商交易结算合同中的年度平均低位发热量。

③天然气低位发热量监测时限

对天然气等气体燃料可在每批次燃料入厂时至少检测一次气体组分，取算术平均值作为低位发热量。但如果某种燃料热值变动范围较大，则应每月至少进行一次检测，并按月消费量加权平均作为该种燃料的低位发热量。

对天然气等气体燃料可每半年至少检测一次气体组分，取算术平均值作为低位发热量。

2）燃料碳含量监测时限

①燃煤含碳量检测时限

煤炭应在每批次按照《煤样的制备方法》（GB 474—2008）取样要求进行取样与检测，并根据燃料入厂量或月消费量加权平均作为该煤种的含碳量。

煤炭应在每月按照《煤样的制备方法》（GB 474—2008）取样要求进行取样与检测，

并根据燃料入厂量或月消费量加权平均作为该煤种的含碳量。

②燃油含碳量检测时限

对油品可在每批次燃料入厂时进行一次检测，取算术平均值作为该油品的含碳量。

若某种燃料的含碳量变动范围较大，则应每月至少检测一次，并按月消费量加权平均作为该燃料的含碳量。

对油品可在每季度进行一次检测，取算术平均值作为该油品的含碳量。

燃油的单位热值含碳量检测时限见表 4-4。

表 4-4　燃油的单位热值含碳量检测时限

燃料品种	检测频率	数据处理	遵循标准	
			含碳量	低位发热量
固体燃料	每批次燃料入厂时或每月至少检测一次	根据燃料入库量或月消费量加权平衡	GB 474—2008、GB/T 476—2008、GB/T 30733—2014 等	GB 474—2008、GB/T 213—2008 等
液体燃料	每批次燃料入厂时或每季度至少检测一次	根据燃料入库量或季度消费量加权平衡	NB/SH/T 0656—2017 等	GB 384—1981 等
气体燃料	每批次燃料入厂时或每半年至少检测一次	根据燃料入库量或半年消费量加权平衡	GB/T 12208—2008、GB/T 13610—2020 等	GB/T 11062—2020、GB/T 12206—2006、GB/T 22723—2008 等

③燃气含碳量检测时限

对天然气等气体燃料可在每批次燃料入厂时进行气体组分检测。

若某种燃气的含碳量变动范围较大，则应每月至少检测一次，并按月消费量加权平均作为该燃料的含碳量。

对天然气等气体燃料可每半年至少检测一次气体组分。

（3）监测方法

1）燃料低位发热值（量）测量方法

燃煤低位发热值测量要求：燃煤低位发热值的具体测量方法和实验室及设备仪器标准应符合《煤的发热量测量方法》（GB/T 213—2008）的相关规定。实测燃料低位发热值应遵循 GB/T 474—2008、GB/T 213—2008、GB 384—1981、GB/T 22723—2008 的相关规定。

燃油低位发热值测量要求：燃油低位发热值的具体测量方法和实验室及设备仪器标准应符合《燃油发热量的测定》（DL/T 567.8—95）的相关规定。实测燃料低位发热值应遵循 GB/T 213—2008、GB 384—1981、GB/T 22723—2008 的相关规定。

　　燃气低位发热值测量要求：燃气低位发热值的具体测量方法和实验室及设备仪器标准应符合《天然气　发热量、密度、相对密度和沃泊指数的计算方法》（GB/T 11062—2020）的相关规定。实测燃料低位发热值应遵循 GB/T 213—2008、GB 384—1981、GB/T 22723—2008 的相关规定。

　　①具备条件的企业可以开展实测；

　　②委托有资质的专业机构进行检测；

　　③采用与相关方结算凭证中提供的检测值；

　　④缺省燃料低位发热值（量）获取。

　　没有条件实测燃料热值的企业，低位发热量和燃料平均低位发热值数量可以参考表 4-5 中的缺省值。

表 4-5　常见化石燃料特性参数缺省值

燃料品种		计量单位	低位发热量/（GB/t 或 GJ/10⁴ Nm³）	单位热值含碳量/（tC/GJ）	燃料碳氧化率/%
固体燃料	无烟煤	t	26.700[a]	27.4×10^{-3} [b]	94
	烟煤	t	19.570[c]	26.1×10^{-3} [b]	93
	褐煤	t	11.900[a]	28.0×10^{-3} [b]	96
	洗精煤	t	26.334[d]	25.41×10^{-3} [b]	93
	其他洗煤	t	12.545[d]	25.41×10^{-3} [b]	90
	型煤	t	17.460[c]	33.6×10^{-3} [c]	90
	石油焦	t	32.500[a]	27.5×10^{-3} [b]	98
	焦炭	t	28.435[c]	29.5×10^{-3} [b]	93
液体燃料	原油	t	41.816[d]	20.1×10^{-3} [b]	98
	燃料油	t	41.816[d]	21.1×10^{-3} [b]	98
	汽油	t	43.070[d]	18.9×10^{-3} [b]	98
	柴油	t	42.652[d]	20.2×10^{-3} [b]	98
	一般煤油	t	43.070[d]	19.6×10^{-3} [b]	98
	液化天然气	t	51.440[d]	15.3×10^{-3} [b]	98
	液化石油气	t	50.179[d]	17.2×10^{-3} [b]	98
	石脑油	t	44.500[a]	20.0×10^{-3} [b]	98
	航空汽油	t	44.300[a]	19.1×10^{-3} [b]	100
	航空煤油	t	44.100[a]	19.5×10^{-3} [b]	100
	其他石油制品	t	40.200[a]	20.0×10^{-3} [a]	98
气体燃料	天然气	10⁴ m³	389.310[d]	15.3×10^{-3} [b]	99
	炼厂干气	t	45.998[d]	18.2×10^{-3} [b]	99
	焦炉煤气	10⁴ m³	179.810[d]	13.58×10^{-3} [b]	99
	其他煤气	10⁴ m³	52.270[d]	12.2×10^{-3} [b]	99

注：a 数据取值来源为《2006 年 IPCC 国家温室气体清单指南》；

　　b 数据取值来源为《省级温室气体清单编制指南（试行）》；

　　c 数据取值来源为《中国温室气体清单研究》（2007）；

　　d 数据取值来源为《中国能源统计年鉴 2013》。

2）燃料含碳量测量方法

①燃煤含碳量检测方法

有条件的企业可委托有资质的专业机构定期检测燃料的含碳率，燃料含碳率的测定应遵循 GB/T 476—2008、NB/SH/T 0656—2017、GB/T 13610—2020、GB/T 8984—2008 等相关标准。

企业如果有满足资质标准的检测单位也可自行检测，燃料含碳率的测定应遵循 GB/T 476—2008、NB/SH/T 0656—2017、GB/T 13610—2020、GB/T 8984—2008 等相关标准。

企业每天采集缩分样品，每月的最后一天将该月的每天获得的缩分样品混合，测量其元素碳含量与低位发热值，入炉的缩分样品制备应符合 GB 747 的要求。

燃煤含碳率的测量方法应符合 GB/T 476—2008 的要求，燃煤低位发热量的具体测量标准应符合 GB/T 213—2008 的要求。

②燃油含碳量获取

有条件的企业可委托有资质的专业机构定期检测燃料的含碳率，燃料含碳率的测定应遵循 GB/T 476—2008、NB/SH/T 0656—2017、GB/T 13610—2020、GB/T 8984—2008 等相关标准。

企业如果有满足资质标准的检测单位也可自行检测，燃料含碳率的测定应遵循 GB/T 476—2008、NB/SH/T 0656—2017、GB/T 13610—2020、GB/T 8984—2008 等相关标准。

燃油含碳量系数法：燃油的单位热值含碳量采用表 4-5 的缺省值。

③燃气含碳量检测方法

委托有资质的专业机构定期检测燃料的含碳率：有条件的企业可委托有资质的专业机构定期检测燃料的含碳率，燃料含碳率的测定应遵循 GB/T 476—2008、NB/SH/T 0656—2017、GB/T 13610—2020、GB/T 8984—2008 等相关标准。

自己单位检测满足资质标准的可自行检测燃料的含碳率：企业如果有满足资质标准的检测单位也可自行检测，燃料含碳率的测定应遵循 GB/T 476—2008、NB/SH/T 0656—2017、GB/T 13610—2020、GB/T 8984—2008 等相关标准。

燃气含碳量系数法：燃气的单位热值含碳量检测时限见表 4-5 缺省值。

3）碳氧化率测量方法

燃料碳氧化率可参考表 4-5 取缺省值。

有条件的企业也可按照《温室气体排放核算与报告要求　第 1 部分：发电企业》（GB/T 32151.1—2015）中 5.2.2.3.3 的相关规定检测固体燃料在大型燃烧设备上的碳氧化率。

（二）化石燃料移动燃烧设施排放活动数据与排放因子监测计划

1．排放活动水平数据监测计划

（1）监测项目

监测项目包括汽油燃油量、柴油燃油量、天然气燃油量（表4-6）。

（2）监测时限

监测时限应采用固碳燃料油、气的监测时限。

（3）监测方法

监测方法应采用固碳燃料油、气的监测方法。

表4-6　移动燃烧设备 [a] 活动水平数据监测计划一览表

燃料品种	数据项	单位	数据来源	移动燃烧设备名称	测量设备名称	测量设备型号	测量设备精度	执行部门及责任人	备注
汽油	燃油量	t	□测量值 □计算值 □其他，请具体说明						
柴油	燃油量	t	□测量值 □计算值 □其他请具体说明						
天然气	燃气量	m^3	□测量值 □计算值 □其他，请具体说明						
……[b]									

注：a 请将核算边界内消耗同种燃料的移动燃料设施燃料消耗量归总统计；

　　b 如涉及多种燃料，请自行加行一一列明，并阐述其活动水平检测计划。

2．排放因子数据监测计划

（1）监测项目

汽油监测项目：汽油元素碳含量、汽油低位发热量、汽油碳氧化率（表4-7）。

柴油监测项目：柴油元素碳含量、柴油低位发热量、柴油碳氧化率。

天然气监测项目：天然气元素碳含量、天然气低位发热量、天然气碳氧化率。

（2）监测时限

监测时限应采用固碳燃料油、气的监测时限。

（3）监测方法

监测方法应采用固碳燃料油、气的监测方法。

表 4-7　移动燃烧设施燃料燃烧排放因子参数监测计划一览表

燃料品种	数据项	单位	数据来源	监测批次	取样点	取样时间	分析方法	监测单位名称及其资质	备注
汽油	元素含碳量 [a]	tC/t	□自行检测值 □委任检测值 □其他，请具体说明						
	低位发热量 [bc]	GJ/10^4Nm^3	□自行检测值 □缺省值 □委任检测值 □其他，请具体说明						
	单位热值含碳量 [bc]	tC/GJ	□自行检测值 □缺省值 □委任检测值 □其他，请具体说明						
	碳氧化率 [c]	%	□自行检测值 □缺省值 □委任检测值 □其他，请具体说明						
……[d]									

注：a 对于直接检测元素含碳量或通过检测气体组分计算元素碳含量的情景请填报本行；
　　b 对于通过燃料低位发热量及单位热值含碳量来估算燃料含碳量的情景请填报本行；
　　c 若选用缺省值，请在备注栏说明所选用的缺省值及引用文件；
　　d 如涉及多种燃料，请自行加行一一列明，并阐述其排放因子参数监测计划。

四、过程活动数据与活动因子监测计划

（一）碳酸盐分解的 CO_2 活动数据监测计划

1. 碳酸盐分解的 CO_2 排放活动数据监测计划

（1）监测项目

用作各种用途（原料、助熔剂、脱硫剂）的各种碳酸盐消耗量（如石灰石）、水泥企业生产的水泥熟料产量。

（2）监测方法

各种（批）碳酸盐原料的消费量应根据企业生产记录、台账或统计报表确定。碳酸盐分解的 CO_2 排放活动数据监测计划见表 4-8。

表 4-8 碳酸盐分解的 CO_2 排放活动数据监测计划一览表

碳酸盐原料种类（批次）	数据项	单位	数据来源	监测地点	监测方法及标准	监测频率	监测设备名称、型号	精度等级、校准频次及校准方法	执行部门及负责人	备注
……a	对应的消耗量	t	□检测值 □计算值 □其他，请说明原因							

注：a 请填写用作原料、脱硫剂、碱洗液等的碳酸盐原料种类或批次名称，如有多种（批），请自行加行一一列举，并阐述其活动数据监测计划。

原料购入量：采用采购单结算凭证的数据。

原料外销量：采用销售结算凭证的数据。

原料库存量：采用企业的定期库存记录或其他符合要求的方法确定。

2. 碳酸盐分解的 CO_2 排放因子参数监测计划

（1）监测项目

碳酸钙：$CaCO_3$ 组分纯度、$CaCO_3$ 组分分解率、熟料中氧化钙的含量。

碳酸镁：$MgCO_3$ 组分纯度、$MgCO_3$ 组分分解率、熟料中氧化镁的含量。

表 4-9 常见碳酸盐原料的排放因子

碳酸盐	矿石名称	相对分子质量	排放因子（tCO_2/t 碳酸盐）
$CaCO_3$	力解石、文石或石灰石	100.087	0.429 7
$MgCO_3$	菱镁石	84.314	0.522 0
Na_2CO_3	碳酸钠或纯碱	106.069	0.414 9
$NaHCO_3$	小苏打或重碳酸钠或酸式碳酸钠	84.010	0.523 7
$FeCO_3$	菱铁矿	115.854	0.379 9
$MnCO_3$	菱锰矿	114.947	0.382 9
$BaCO_3$	碳酸钡	197.336	0.223 0
Li_2CO_3	锂辉石	73.891	0.595 5
K_2CO_3	碳酸钾或钾碱	138.206	0.318 4
$SrCO_3$	菱锶矿	147.629	0.298 0
$CaMg(CO_3)$	白云石	184.401	0.477 3
$Ca(Fe,Mg,Mn)(CO_3)_3$	铁白云石	185.023～215.616	0.408 2～0.475 7

表 4-10 碳酸盐分解的 CO_2 排放因子参数监测计划一览表

碳酸盐原料种类（批次）	数据项	单位	数据来源	取样地点	取样方法及标准	取样频率	分析方法及频率	实验室及资质	备注
天然气	$CaCO_3$ 组分纯度	%	□自行检测值 □委任检测值 □其他，请具体说明						
	$CaCO_3$ 组分分解率	%	□自行检测值 □缺省值 b □委任检测值 □其他，请具体说明						
	$MgCO_3$ 组分纯度	%	□自行检测值 □缺省值 b □委任检测值 □其他，请具体说明						
	$MgCO_3$ 组分分解率	%	□自行检测值 □缺省值 b □委任检测值 □其他，请具体说明						
……a									

注：a 请填写用作原料、脱硫剂、碱洗液等碳酸盐原料种类或批次名称，如有多种（批）请自行加行一一列明；

b 若选用缺省值，请在备注栏说明所选用的缺省值及引用文件；

c 如果碳酸盐原料中还含有其他碳酸盐组分，请自行加行一一列明，并分析阐述及其组分纯度和分解率的检测计划。

（2）监测时限

对于有条件的企业，原料中 $CaCO_3$、$MgCO_3$ 含量每批次原料应检测一次，然后统一计算期内原料中 $CaCO_3$、$MgCO_3$ 的加权平均值含量用于计算。

对于没有条件的企业，宜按年度检测一次。

（3）监测方法

1）实测法

碳酸盐组分的 CO_2 质量分数：具备条件的企业可委托有资质的专业机构定期检测碳酸盐原料的化学组分和纯度，碳酸盐化学组分的检测应遵循 GB/T 3286.1—2012、GB/T 3286.9—2014 等标准。碳酸盐组分的 CO_2 质量分数等于 CO_2 的分子量乘以碳酸根离子数目，除以碳酸盐组分的分子量。

供应商提供数据法：没有条件实测的企业，可采用供应商提供的数据。

2）缺省值系数法

平板玻璃碳酸盐的煅烧比例采用 100%。

碳酸盐组分的分解率：各种（批）碳酸盐原料中不同碳酸盐组分的分解率可采用缺省值100%。如采用其他数据，需说明数据来源。

碳酸盐组分的 CO_2 质量分数：每种碳酸盐组分的 CO_2 质量分数，取决于该碳酸盐组分的化学分子式，等于 CO_2 的分子量乘以碳酸根离子数目除以该碳酸盐组分的分子量。

一些常见碳酸盐组分的 CO_2 质量分数可参考表4-11。

表4-11 常见碳酸盐组分的 CO_2 质量分数

碳酸盐	CO_2 质量分数（CO_2/碳酸盐）	碳酸盐	CO_2 质量分数（CO_2/碳酸盐）
$CaCO_3$	0.439 7	$BaCO_3$	0.223 0
$MgCO_3$	0.522 0	Li_2CO_3	0.595 5
Na_2CO_3	0.414 9	K_2CO_3	0.318 4
$NaHCO_3$	0.523 7	$SrCO_3$	0.298 0
$FeCO_3$	0.379 9	$CaMg(CO_3)_2$	0.477 3
$MnCO_3$	0.382 9		

（二）硝酸生产过程的 N_2O 排放监测计划

1. 活动数据监测计划

（1）监测项目：硝酸产量。

（2）监测/核算方法：硝酸产量应根据企业台账或统计报表来确定。

2. 活动因子监测计划

（1）监测项目：N_2O 尾气处理设备使用率。

（2）监测时限：N_2O 尾气处理设备入口气流及出口气流中的 N_2O 质量变化测试频率至少每月一次，作为上一次测试以来的 N_2O 平均去除率。

（3）监测方法

N_2O 实测法获取：有实时监测条件的企业，可自行或委托有资质的专业机构遵照《确定气流中某种温室气体质量流量的工具》定期检测 N_2O 生成因子；并通过测量尾气处理设备入口气流及出口气流中的 N_2O 质量变化，来估算尾气处理设备的 N_2O 去除率。测试频率至少每月一次，作为上一次测试以来的 N_2O 平均去除率。

N_2O 系数法获取：没有实时监测条件的企业，硝酸生产技术类型分类及每种技术类型的 N_2O 生成因子可参考表4-12；NO_x/N_2O 尾气处理设备类型分类及其 N_2O 去除率可参考表4-13。

尾气处理设备使用率：尾气处理设备使用率等于尾气处理设备运行时间与硝酸生产装置运行时间的比率，应根据企业实际生产记录来确定。

表 4-12　硝酸生产过程 N₂O 生成因子推荐值

技术类型	生产因子/（kg N₂O/ t HNO₃）	备注
高压法	13.9	高压法指氨的氧化和 NOₓ 吸收均在 0.71～1.2 MPa 的压力下进行
中压法	11.77	中压法指氨的氧化和 NOₓ 吸收均在 0.35～0.6 MPa 的压力下进行
常压法	9.72	常压法指氨的氧化和 NOₓ 吸收均在常压下进行
双加压法	8.0	双加压法指氨的氧化采用中压（0.35～0.6 MPa），NOₓ 吸收采用高压（1.0～1.5 MPa）
综合法	7.5	综合法指氨的氧化在常压下进行，NOₓ 吸收均在 0.3～0.35 MPa 的压力下进行

数据来源：《省级温室气体清单编制指南（试行）》（发改办气候〔2011〕1041 号）。

表 4-13　硝酸生产中不同尾气处理技术的 N₂O 去除率

NOₓ/N₂O 尾气处理技术	N₂O 去除率
非选择性催化剂还原 NSCR	85%（80%～90%）
选择性催化还原 SCR	0
延长吸收	0

数据来源：《IPCC 国家温室气体清单优良作法指南和不确定性管理》。

（三）焦化企业温室气体排放监测计划

1．常规机焦炉（半焦炉）燃烧室燃料燃烧 CO_2 排放量监测计划

（1）常规机焦炉（半焦炉）燃烧室燃料燃烧活动数据监测计划（表 4-14）

表 4-14　常规机焦炉（半焦炉）燃烧室燃烧活动数据监测计划一览表

燃料品种	数据项	单位	数据来源	监测地点	监测方法及标准	监测频率	监测设备名称、型号	精度等级、校准频次及校准方法	执行部门及负责人	备注
焦炉煤气	燃烧量	10⁴ Nm³	□检测值 □计算值 □其他，请说明原因							
……										

注：a 如涉及多种燃料，请自行加行——列明，并阐述其活动数据监测计划。

1）监测项目

监测项目包括炼焦煤及各种配料的量、焦炭产出量、焦炉煤气副产品量、煤焦油副产品量、焦油渣副产品量、粗苯副产品量。

2）监测方法

炼焦煤及各种配料的量获取：报告主体应分别监测核算报告期内进入焦炉炭化室的炼焦煤及各种配料的量，并做好原始记录、质量控制和文件存档工作。

焦炭产出量获取：报告主体应分别监测核算报告期内进入焦炉炭化室的焦炭产出量，并做好原始记录、质量控制和文件存档工作。

焦炉煤气副产品量获取：煤气净化过程中回收的焦炉煤气量副产品的量，并做好原始记录、质量控制和文件存档工作。

煤焦油副产品量获取：煤气净化过程中回收的煤焦油副产品的量，并做好原始记录、质量控制和文件存档工作。

焦油渣副产品量获取：煤气净化过程中回收的焦油渣副产品的量，并做好原始记录、质量控制和文件存档工作。

粗苯副产品量获取：煤气净化过程中回收的粗苯副产品的量，并做好原始记录、质量控制和文件存档工作。

（2）常规机焦炉（半焦炉）燃烧室燃料燃烧排放因子参数监测计划（表4-15）

表 4-15 常规机焦炉（半焦炉）燃烧室燃料燃烧排放因子参数监测计划

燃烧样品	数据项	单位	数据来源	取样地点	取样方法及标准	取样频率	分析方法及频率	实验室及资质	备注
焦炉煤气	元素含碳量 a	tC/10⁴Nm³	□自行检测值 □委任检测值 □其他，请具体说明						
	低位发热量 b	GJ/10⁴Nm³	□自行检测值 □委任监测值 □缺省值 c □其他，请具体说明						
	单位热值含碳量	tC/GJ	□自行检测值 □委任监测值 □缺省值 □其他，请具体说明						
	碳氧化率	%	□自行监测 □委任检测值 □缺省值 □其他，请具体说明						
......d									

注：a 对于直接监测元素碳含碳量或通过监测气体组分计算元素含碳量的情景请填报本行；

b 对于通过燃烧低位发热量及单位热值含碳量来估算燃烧含碳量的情景请填报本行；

c 若选用缺省值，请在备注栏说明所选用的缺省值及引用文件；

d 如涉及多种燃料，请自行加行——列明，并阐述其排放因子参数监测计划。

1）监测项目

炼焦煤：炼焦煤含碳量；

焦炭：焦炭含碳量；

煤焦油：煤焦油含碳量；

焦炉煤气：焦炉煤气元素碳含量、焦炉煤气低位发热量、焦炉煤气单位热值含碳量、焦炉煤气单位热值含碳量；

焦油渣：焦油渣含碳量；

粗苯：粗苯含碳量；

其他配料或含碳物质：含碳量。

2）监测方法

含碳量采用企业实测数据。

炼焦煤焦炭、焦炉煤气、煤焦油、焦油渣、粗苯的含碳量获取方法见"化石燃料含碳量获取"方法。焦层含碳量优先推荐采用企业实测数据，如无实测数据可默认焦炭含量为 100%。

对其他配料或含碳物质的含碳量，具备条件的企业可自行或委托有资质的专业机构定期检测含碳量；没有条件实测的企业可查找相关文献按保守性原则取值。

2．热回收焦炉化石燃料燃烧 CO_2 排放量监测计划

（1）热回收焦炉燃烧室燃料燃烧活动数据监测计划

监测项目：炼焦洗精煤入炉量、焦炭出炉量。

热回收焦炉化石燃料燃烧活动数据监测计划见表 4-16。

表 4-16　热回收焦炉化石燃料燃烧活动数据监测计划

燃料品种	数据项	单位	数据来源	监测地点	监测方法及标准	监测频率	监测设备名称、型号	精度等级、校准频次及校准方法	执行部门及负责人	备注
炼焦洗精煤	入炉值	t	□检测值 □计算值 □其他，请具体说明							
焦炭	出炉值	t	□检测值 □计算值 □其他，请具体说明							
……a										

注：a 如还有其他燃料进入或输出热回收焦炉，请自行加行一一列明，并阐述其活动数据监测计划。

（2）热回收焦炉燃烧室燃料燃烧排放因子参数监测

监测项目：炼焦洗精煤元素碳含量、焦炭元素碳含量。

热回收焦炉化石燃烧排放因子参数监测计划见表4-17。

表4-17　热回收焦炉化石燃烧排放因子参数监测计划

燃料品种	数据项	单位	数据来源	取样地点	取样方法及标准	取样频率	分析方法及频率	分析频率	实验室名称及其资质	备注
炼焦洗精煤	元素含碳量	tC/t	□自行检测值 □委托检测值 □其他，请具体说明							
焦炭	元素含碳量	tC/t	□自行检测值 □委托检测值 □其他，请具体说明							
……a										

注：a 如还有其他燃料进入或输出热回收焦炉，请自行加行——列明，并阐述其排放因子参数监测计划。

3. 常规机焦炉（半焦炉）炼焦过程 CO_2 排放量监测计划

（1）常规机焦炉（半焦炉）炼焦过程 CO_2 排放活动数据监测计划

监测项目：炼焦洗精煤入炉量、焦炭出炉量。常规机焦炉（半焦炉）炼焦过程 CO_2 排放活动数据监测计划详见表4-18。

（2）常规机焦炉（半焦炉）炼焦过程 CO_2 排放因子参数监测

监测项目：炼焦洗精煤元素碳含量、焦炭元素碳含量。常规机焦炉（半焦炉）炼焦过程 CO_2 排放因子参数监测计划详见表4-18。

表4-18　常规机焦炉（半焦炉）炼焦过程 CO_2 排放活动数据和排放因子参数监测计划

燃料品种	数据项	单位	含碳量	数据来源	检测地点	监测方法及标准	监测频率	监测设备名称、型号	精度等级、校准频次及校准方法	执行部门及负责人	备注
炼焦洗精煤	入炉量	t	$tC/10^4 m^3$	□检测值 □计算值 □其他，请具体说明							
……a											
焦炭	出炉量	t	$tC/10^4 m^3$	□检测值 □计算值 □其他，请具体说明							
……b											

注：a，b 如还有其他燃料进入或输出焦炉碳化室，请自行加行，——列明并阐述其活动数据监测计划。

（四）石油化工企业温室气体排放监测计划

1. 催化裂化装置烧焦 CO_2 排放量数据和参数的监测计划

（1）催化裂化装置烧焦排放活动水平参数监测计划

1）监测项目：催化裂化装置烧焦量。

2）监测/核算方法：烧焦量采用企业实测数据，无法实测的企业可按生产记录或统计台账获取。

（2）催化裂化装置烧焦排放因子参数监测计划

监测项目：催化裂化装置焦层含碳量、催化裂化装置碳氧化率、烧焦设备的碳氧化率。

监测/核算方法：企业应在每次烧焦过程中实测催化剂烧焦前及烧焦后的含碳率，烧焦设备的碳氧化率可取缺省值98%。

催化裂化装置烧焦排放活动水平及排放因子参数监测计划见表4-19。

表4-19　催化裂化装置烧焦排放活动水平及排放因子参数监测计划

烧焦设备编号	连续烧焦								
	活动水平数据	单位	数据来源	监测方法	监测设备名称及型号	监测设备精度	监测频次	执行部门及责任人备注	备注
催化裂化装置Ⅰ	烧焦量	t	□检测值 □计算值 □其他，请具体说明						
	排放因子数据	单位	数据来源	检测频次	取样点	取样时间	取样方法	分析方法	检测单位名称及其资质	备注
	焦层含碳量	tC/t	□自行检测值 □委托监测值 □缺省值 □其他，请具体说明						
	碳氧化率[a]	%	□自行检测值 □委托监测值 □缺省值 □其他，请具体说明						
……[b]									

注：a 若选用缺省值，请在备注栏说明所选用的缺省值及引用文件；
　　b 若核算边界内侧拥有多套连续烧焦设备请按烧焦设备Ⅰ数据参数自行复制添加。

2. 催化重整装置烧焦排放活动水平及排放因子参数监测计划

（1）催化重整装置烧焦排放活动水平参数监测计划

监测项目：催化重整装置待再生的催化剂量。

监测/核算方法：催化重整装置待再生的催化剂量由企业实测获取。

（2）催化重整装置烧焦排放因子参数监测计划

监测项目：催化重整装置再生前催化剂含碳率、催化重整装置再生后催化剂含碳率、催化重整装置碳氧化率。

监测/核算方法：采用企业实测数据或台账及统计数据。

催化重整装置烧焦排放活动水平及排放因子参数监测计划见表4-20。

表4-20 催化重整装置烧焦排放活动水平及排放因子参数监测计划

	活动水平数据	单位	数据来源	监测方法	监测设备名称及型号	监测设备精度	监测频次	执行部门及责任人备注	备注
催化裂化装置Ⅰ	待再生的催化剂量	t	□检测值 □计算值 □其他，请具体说明						
	排放因子数据	单位	数据来源	取样点	取样时间	取样方法	检测设备	分析方法	检测单位名称及其资质	备注
	再生前催化剂含碳率	%	□自行检测值 □委托监测值 □其他，请具体说明							
	再生后催化剂含碳率	%	□自行检测值 □委托监测值 □其他，请具体说明							
	碳氧化率	%	□自行检测值 □委托监测值 □缺省值 □其他，请具体说明							
……a									

注：a 若核算边界内拥有多套连续烧焦设备，请自行按装置Ⅰ数据参数复制添加。

3. 制氢过程 CO_2 排放数据和参数的监测计划

（1）制氢过程排放活动水平参数监测计划

1）监测项目：制氢装置原料投入量、制氢装置合成气产量、制氢装置残渣量。

2）监测/核算方法：制氢装置的原料投入量、合成气产生量、残渣产生量优先采用企业实测数据，无法取得实测数据时可根据生产记录或统计台账获取相关数据。

（2）制氢过程排放因子参数监测计划

1）监测项目：制氢装置原料含碳量、制氢装置合成气含碳量、制氢装置残渣含碳量。

2）监测/核算方法：采用企业实测数据或台账及统计数据。

制氢过程排放活动水平及排放因子参数监测计划见表 4-21。

表 4-21　制氢过程排放活动水平及排放因子参数监测计划

	活动水平数据	单位	数据来源	监测方法	监测设备名称及型号	监测设备精度	监测频次	执行部门及责任人备注	备注
制氢装置 I	原料投入量	t	□测量值 □计算值 □其他，请具体说明						
	合成气产量		□测量值 □计算值 □其他，请具体说明						
	残渣量	t	□测量值 □计算值 □其他，请具体说明						
	排放因子数据	单位	数据来源	取样点	取样时间	取样方法	检测设备	分析方法	检测单位名称及其资质	备注
	原料含碳量	tC/t	□自行检测值 □委托监测值 □其他，请具体说明						
	合成气含碳量	%	□自行检测值 □委托监测值 □其他，请具体说明						
	残渣含碳量	tC/t	□自行检测值 □委托监测值 □其他，请具体说明						
……[a]									

注：a 报告主体应为每套制氢装置参照"制氢装置 I"数据参数复制并添加相应数据监测计划。

4. 焦化过程 CO_2 排放数据和参数的监测计划

焦化装置按照"催化裂化装置烧焦 CO_2 排放量数据和参数的监测计划"制订监测计划。

5. 石油焦煅烧过程 CO_2 排放数据和参数的监测计划

（1）过程排放活动水平监测计划

1）监测项目

石油焦煅烧装置的生焦投入量、石油焦产量、石油焦粉尘量。

2）监测方法

生焦投入量优先采用企业实测数据，无法取得实测数据时可根据生产记录或统计台账获取相关数据。

（2）过程排放因子参数监测计划

1）监测项目

石油焦煅烧装置的原料含碳量、石油焦含碳量、石油焦成品质量、石油焦粉尘质量。

2）监测方法

原料的含碳量采用企业实测数据。

石油焦成品质量、石油焦粉尘质量优先采用企业实测数据，无法取得实测数据时可根据生产记录或统计台账获取相关数据。

石油焦煅烧装置生焦的平均含碳率、油焦煅烧装置产出石油焦成品平均含碳率采用企业实测数据。

石油焦煅烧过程排放活动水平及排放因子参数监测计划见表4-22。

6. 氧化沥青过程 CO_2 排放数据和参数的监测计划

（1）过程排放活动水平监测计划

监测项目：氧化沥青装置氧化沥青产量。

监测/核算方法：采用企业台账或统计数据。

（2）过程排放因子参数监测计划

监测项目：氧化沥青装置 CO_2。

监测/核算方法：沥青氧化过程 CO_2 排放系数应优先采用企业实测值，无实测条件的企业可取缺省值"0.03 t CO_2/t 氧化沥青"。

氧化沥青过程排放活动水平及排放因子参数监测计划见表4-23。

表 4-22　石油焦煅烧过程排放活动水平及排放因子参数监测计划

	活动水平数据	单位	数据来源	监测方法	监测设备名称及型号	监测设备精度	监测频次	执行部门及责任人备注	备注
石油焦煅烧装置 I	生焦投入量	t	□测量值 □计算值 □其他，请具体说明						
	石油焦产生量	t	□测量值 □计算值 □其他，请具体说明						
	石油焦粉尘量	t	□测量值 □计算值 □其他，请具体说明						
	排放因子数据	单位	数据来源	取样点	取样时间	取样方法	检测设备	分析方法	检测单位名称及其资质	备注
	原料含碳量	tC/t	□自行检测值 □委托监测值 □其他，请具体说明						
	石油焦含碳量	tC/t	□自行检测值 □委托监测值 □其他，请具体说明						
……a									

注：a 报告主体应为每套石油焦煅烧装置参照"石油焦煅烧装置 I"复制并添加相应参数监测计划。

表 4-23　氧化沥青过程排放活动水平及排放因子参数监测计划

	活动水平数据	单位	数据来源	监测方法	监测设备名称及型号	监测设备精度	监测频次	执行部门及责任人备注	备注
氧化沥青装置 I	氧化沥青产量	t	□测量值 □计算值 □其他，请具体说明						
	排放因子数据	单位	数据来源	取样点	取样时间	取样方法	检测设备	分析方法	检测单位名称及其资质	备注
	排放因子	tCO$_2$/t	□自行检测值 □委托监测值 □缺省值 □其他，请具体说明						
……a									

注：a 报告主体应为每套氧化沥青装置参照"氧化沥青装置 I"复制并添加相应参数监测计划。

7. 乙烯裂解过程 CO_2 排放数据和参数的监测计划

（1）过程排放活动水平监测计划

1）监测项目

乙烯裂解装置炉管烧焦尾气平均流量、乙烯裂解装置烧焦时间、乙烯原料消耗量及产品量。

2）监测方法

乙烯裂解装置炉管烧焦尾气的平均流量根据尾气监测气体流量计获取。

乙烯原料消耗量及产品产量根据企业原始生产记录或企业台账记录获取。

（2）过程排放因子参数监测计划

1）监测项目

乙烯裂解装置烧焦尾气 CO_2 体积浓度、乙烯裂解装置烧焦尾气 CO 体积浓度、乙烯原料的含碳量。

2）监测方法

尾气中 CO_2 及 CO 平均浓度根据尾气监测系统气体成分分析仪获取，乙烯裂解装置的年累计烧焦时间根据生产原始记录获取。

乙烯原料、环氧乙烷产品的含碳量根据物质成分或纯度，以及每种物质的化学分子式和碳原子的数目来计算。

原料、产品及废弃物的含碳量：有条件的企业，应自行或委托有资质的专业机构定期检测，当原料发生变化时应及时重新检测。无实测条件的企业，对于纯物质可基于化学分子式及碳原子的数目、分子量计算含碳量，对其他物质可参考行业标准或相关文献取值。

乙烯裂解装置炉管烧焦排放活动水平及排放因子参数监测计划见表 4-24。

表 4-24　乙烯裂解装置炉管烧焦排放活动水平及排放因子参数监测计划

	活动水平数据	单位	监测方法	监测设备名称及型号	监测设备精度	监测频次	执行部门及责任人备注	备注
乙烯裂解装置 I	炉管烧焦尾气平均流量	Nm^3/h						
	烧焦时间	h						
	排放因子数据	单位	取样点	取样时间	取样方法	检测设备	分析方法	检测单位名称及其资质	备注
	烧焦尾气 CO_2 体积浓度	%						
	烧焦尾气 CO 体积浓度	%						
	……a							

注：a 报告主体应为每套乙烯裂解装置在监测期内的每次烧焦活动，参照"乙烯裂解装置 I"复制并添加相应参数监测计划。

8. 乙二醇/环氧乙烷生产过程 CO_2 排放数据和参数的监测计划

（1）过程排放活动水平监测计划

监测项目：乙二醇/环氧乙烷生产装置的乙烯原料用量、环氧乙烷产品产量。

监测/核算方法：采用企业台账或统计数据。

（2）过程排放因子参数监测计划

监测项目：乙二醇/环氧乙烷生产装置的乙烯原料含碳量、环氧乙烷产品含碳量。

监测/核算方法：采用企业台账或统计数据。

乙二醇/环氧乙烷生产过程排放活动水平及排放因子参数监测计划见表 4-25。

表 4-25　乙二醇/环氧乙烷生产过程排放活动水平及排放因子参数监测计划

	活动水平数据	单位	数据来源	监测方法	监测设备名称及型号	监测设备精度	监测频次	执行部门及责任人备注	备注
乙二醇/环氧乙烷生产装置 I	乙烯原料产量	t	□测量值 □计算值 □其他，请具体说明						
	环氧乙烷产品产量	t	□测量值 □计算值 □其他，请具体说明						
	排放因子数据	单位	数据来源	取样点	取样时间	取样方法	检测设备	分析方法	检测单位名称及其资质	备注
	乙烯原料含碳量	tC/t	□自行检测值 □委托监测值 □其他，请具体说明							
	环氧乙烷产品含碳量	tC/t	□自行检测值 □委托监测值 □其他，请具体说明							
......a									

注：a 报告主体应为每套乙二醇/环氧乙烷生产装置参照"乙二醇/环氧乙烷生产装置 I"复制并添加相应参数监测计划。

9. 其他装置烧焦 CO_2 排放量

可参考表 4-26 或表 4-27 制订监测计划。

表 4-26　催化裂化装置烧焦排放活动水平及排放因子参数监测计划

烧焦设备编号										
	活动水平数据	单位	数据来源	监测方法	监测设备名称及型号	监测设备精度	监测频次	执行部门及责任人		备注
催化裂化装置 I	烧焦量		□监测值 □计算值 □其他，请具体说明							
	排放因子数据	单位	数据来源	检测频次	取样点	取样时间	取样方法	分析方法	检测单位名称及其资质	备注
	焦层含碳量	tC/t	□自行检测值 □委托检测值 □缺省值 □其他，请具体说明							
	碳氧化率	%	□自行检测值 □委托检测值 □缺省值 □其他，请具体说明							
……a										

注：a 如果催化裂化装置采用间歇方式烧焦，请参考表 4-27 填写监测计划若选用缺省值，请在备注栏说明所选用的缺省值及引用文件；若核算边界内拥有多套连续烧焦设备请按烧焦设备 I 数据参数自行复制添加。

表 4-27　催化重整装置烧焦排放活动水平及排放因子参数监测计划

	活动水平数据	单位	数据来源	监测方法	监测设备名称及型号	监测设备精度	监测频次	执行部门及责任人备注	备注
催化重整装置 I	待再生的催化剂量		□监测值 □计算值 □其他，请具体说明						

	排放因子数据	单位	数据来源	取样点	取样时间	取样方法	检测设备	检测方法	检测单位名称及其资质	备注
催化重整装置 I	再生前催化剂含碳率	%	□自行检测值 □委托检测值 □其他，请具体说明							
	再生后催化剂含碳率	%	□自行检测值 □委托检测值 □其他，请具体说明							
	碳氧化率 a	%	□自行检测值 □委托检测值 □缺省值 □其他，请具体说明							
……b										

注：a 若报告主体委托其他企业或单位进行催化剂烧焦活动，不计入报告主体"催化重整装置烧焦排放"，不必填写该表；

b 报告主体应为每套催化重整装置在监测报告期内的每次间歇烧焦活动参照"催化重整装置 I"复制并添加相应参数监测计划。

10. 其他产品生产过程 CO_2 排放数据和参数的监测计划

（1）过程排放活动水平监测计划

监测项目：原料投入量、产品产量、废弃物产量。

监测/核算方法：原料投入量、产品产出量、废弃物产出量均根据企业台账记录获得。

（2）过程排放因子参数监测计划

监测项目：原料含碳量、产品含碳量、废弃物含碳量。

监测/核算方法：采用企业台账或统计数据。

其他产品生产过程排放活动水平及排放因子参数监测计划见表 4-28。

表 4-28　其他产品生产过程排放活动水平及排放因子参数监测计划

	活动水平数据	单位	数据来源	监测方法	监测设备名称及型号	监测设备精度	监测频次	执行部门及责任人备注	备注
其他产品生产装置 I	原料投入量	t	□测量值 □计算值 □其他，请具体说明						
	产品产量	t	□测量值 □计算值 □其他，请具体说明						
	废弃物产量	t	□测量值 □计算值 □其他，请具体说明						
	排放因子数据	单位	数据来源	取样点	取样时间	取样方法	检测设备	分析方法	检测单位名称及其资质	备注
	原料含碳量	tC/t	□测量值 □计算值 □其他，请具体说明						
	产品含碳量	tC/t	□测量值 □计算值 □其他，请具体说明						
	废弃物含碳量	tC/t	□测量值 □计算值 □其他，请具体说明						
……a									

注：a 报告主体应为每套可能产生过程排放的石化产品生产装置参照"其他产品生产装置 I"复制并添加相应参数监测计划。

（五）氟化工企业温室气体排放监测计划

1. 一氯二氟甲烷（HCFC-22）生产过程三氟甲烷（HFC-23）排放活动数据监测计划

（1）HCFC-22 生产过程 HFC-23 排放活动数据监测计划

1）监测项目

HCFC-22 产量、HFC-23 回收量、HCFC-22 生产线的 HCFC-22 产出量。

HCFC-22 生产过程 HFC-23 排放活动数据监测计划见表 4-29。

表 4-29　HCFC-22 生产过程 HFC-23 排放活动数据监测计划

燃料品种	数据项	单位	数据来源	检测地点	监测方法及标准	监测频率	监测设备名称、型号	精度等级、校准频次及校准方法	执行部门及负责人	备注
……a	HCFC-22产量	t	□检测值 □计算值 □其他，请具体说明							
	HFC-23回收	t	□检测值 □计算值 □其他，请具体说明							

注：a 请填写 HCFC-22 生产线编号；如有多个 HCFC-22 生产线，请自行加行一一列明，并阐述其活动数据监测计划。

2）监测方法

HFC-23 回收量：应根据企业实际监测记录得到。

HFC-23 销毁量：应根据企业实际监测记录得到。

HCFC-22 生产线的 HCFC-22 产出量：报告主体应准确地监测核算报告期内各个 HCFC-22 生产线的 HCFC-22 产出量，并做好原始记录、质量控制和文件存档工作；

如果有 HFC-23 回收或销毁活动，还应安装质量流量计分别监测 HFC-23 回收量、各销毁装置入口的 HFC-23 量以及出口的 HFC-23 量，相关监测可参照清洁发展机制执行理事会通过的《确定气流中某种温室气体质量流量的工具》。

（2）HCFC-22 生产过程 HFC-23 排放因子参数监测计划

1）监测项目

HFC-23 生成因子、HCFC-22 生产线的 HFC-23 生成因子。

HCFC-22 生产过程 HFC-23 排放因子参数监制计划见表 4-30。

表 4-30　HCFC-22 生产过程 HFC-23 排放因子参数监制计划

HCFC-22 生产线编号	数据项	数据来源	取样地点	取样方法及标准	取样频率	分析方法及标准	分析频率	实验室名称及其资质	备注
……a	HFC-23生成因子	t HFC-23/ t HCFC-22	□自行监测值 □委托监测值 □缺省值 □其他，请具体说明						

注：a 请填写 HCFC-22 生产编号；如有多个 HCFC-22 生产线，请自行加行一一列明，并阐述其排放因子监测计划；
　　b 若选用缺省值，请在备注栏说明所选用的缺省值及引用文件。

2）监测时限

HCFC-22 生产线的 HFC-23 监测频率每周至少一次，并以每周的 HCFC-22 产量为权重加权平均得到该生产线的年均 HFC-23 生成因子。

3）监测方法

HCFC-22 生产线的 HFC-23 生成因子获取：企业应自行或委托有资质的专业机构采用质量流量计定期检测每条 HCFC-22 生产线的 HFC-23 生成因子，检测频率至少每周一次，并以每周的 HCFC-22 产量为权重加权平均得到该生产线的年均 HFC-23 生成因子。相关监测可参照清洁发展机制执行理事会通过的《确定气流中某种温室气体质量流量的工具》。

2. 被销毁的三氟甲烷（HFC-23）量监测计划

（1）被销毁的 HFC-23 量监测计划

1）监测项目

进入销毁装置的 HFC-23 量、从销毁装置出口的 HFC-23 量、销毁装置实际销毁的 HFC-23 的量。

被销毁的 HFC-23 量监测计划见表 4-31。

表 4-31 被销毁的 HFC-23 量监测计划

HFC-23 销毁装置编号	数据项	单位	数据来源	监测地点	监测方法及标准	监测频率	监测设备名称、型号	精度等级、校准频次及校准方法	执行部门及负责人	备注
……a	进入销毁装置的 HFC-23 量	t	□检测值 □计算值 □其他，请具体说明							
	从销毁装置出口排出的 HFC-23 量	t	□检测值 □计算值 □其他，请具体说明							

注：a 请填写 HFC-23 销毁装置编号；如有多个 HFC-23 销毁装置，请自行加行——列明，并阐述其活动数据监测计划。

2）监测方法

各销毁装置入口及出口的 HFC-23 量：如果有 HFC-23 回收或销毁活动，还应安装质量流量计分别监测 HFC-23 回收量、各销毁装置入口的 HFC-23 量以及出口的 HFC-23 量，相关监测可参照清洁发展机制执行理事会通过的《确定气流中某种温室气体质量流量的工具》。

销毁装置实际销毁的 HFC-23 的量获取：报告主体通过 HFC-23 销毁装置实际销毁的 HFC-23 的量，应与计算 "HCFC-22 生产过程 HFC-23 排放" 所用到的 HFC-23 销毁量一致。

（2）被销毁的 HFC-23 排放因子监测计划

监测项目：HFC-23 生成因子、HFC-23 转化成 CO_2 的质量转换系数。

监测/核算法：HFC-23 转化成 CO_2 的质量转换系数：直接取值，无须监测。

3. HFCs、PFCs、SF_6、NF_3 生产过程副产物及逃逸排放活动数据监测计划

（1）排放活动数据监测计划

监测项目：各种 HFCs/PFCs/SF_6/NF_3 产品品种产量。

HFCs、PFCs、SF_6、NF_3 生产过程副产物及逃逸排放活动数据监测计划见表 4-32。

表 4-32　HFCs、PFCs、SF_6、NF_3 生产过程副产物及逃逸排放活动数据监测计划

HFCs、PFCs、SF_6、NF_3 产品品种	数据项	单位	数据来源	监测地点	监测方法及标准	监测频率	监测设备名称、型号	精度等级、校准频次及校准方法	执行部门及负责人	备注
......a	产量	t	□检测值 □计算值 □其他，请具体说明							

注：a 请填写 HFCs、PFCs、SF_6、NF_3 产品品种；如有多种产品，请自行加行一一列明，并阐述其活动数据监测计划。

监测/核算方法：

各种 HFCs、PFCs、SF_6、NF_3 产品的产量获取：报告主体应准确地监测核算报告期内各种 HFCs、PFCs、SF_6、NF_3 产品的产量，并做好原始记录、质量控制和文件存档工作。HFCs、PFCs、SF_6、NF_3 产品包括但不限于 HFC-32、HFC-125、12HFC-134a、HFC-143a、HFC-152a、HFC-227ea、HFC-236fa、HFC-245fa、CF_4、C_2F_6、C_3F_8、SF_6、NF_3 等，报告主体需根据自身实际生产情况来确定。

（2）排放因子参数监测计划

1）监测项目：生产过程的副产物和逃逸排放因子 HFCs、PFCs、SF_6、NF_3。

HFCs、PFCs、SF_6、NF_3 生产过程副产物及逃逸排放因子参数监测计划见表 4-33。

表 4-33　HFCs、PFCs、SF$_6$、NF$_3$生产过程副产物及逃逸排放因子参数监测计划

HFCs、PFCs、SF$_6$、NF$_3$生产线编号	数据项	单位	数据来源	取样地点	取样方法及标准	取样频率	分析方法及标准	分析频率	实验室名称及其资质	备注
……a	排放因子	%	□自行检测值 □委托检测值 □缺省值b □其他，请具体说明							

注：a 请填写 HFCs、PFCs、SF$_6$、NF$_3$产品品种；如有多种产品，请自行加行一一列明，并阐述其排放因子监测计划；
　　b 若选用缺省值，请在备注栏说明所选用的缺省值及引用文件。

2）监测方法

HFCs、PFCs、SF$_6$、NF$_3$生产过程的副产物和逃逸排放因子获取：一般不要求监测，企业可直接参考表 4-34 选取缺省排放因子。

表 4-34　HFCs、PFCs、SF$_6$、NF$_3$生产过程的副产物和逃逸排放因子

排放气体种类	排放因子	备注
HFCs	0.5%	排放因子已综合考虑了副产物及逃逸排放
PFCs	0.5%	排放因子已综合考虑了副产物及逃逸排放
SF$_6$	8%	适用于需要高度提纯的 SF$_6$（≥99.999%）生产过程
	0.2%	适用于不需要高度提纯的 SF$_6$生产过程
NF$_3$	0.5%	排放因子已综合考虑了副产物及逃逸排放

数据来源：《2006 年 IPCC 国家温室气体清单编制指南》。

（六）电网企业过程温室气体排放监测计划

1. 活动数据监测项目

输配电损耗的电量。

2. 活动数据监测方法

电量的测量方法：应遵循 GB/T 16934—2013 和 DL/T 448—2016 的相关规定。

电量的计量设备标准：应遵循 GB/T 16934—2013 和 DL/T 448—2016 的相关规定。

（七）煤炭生产企业过程温室气体排放监测计划

1. 活动数据监测计划

监测项目：矿井当年的原煤产量、露天开采的原煤产量。

监测/核算方法：可以从企业统计台账、统计报表获取。

2. 活动因子监测计划

（1）监测项目

矿井的相对瓦斯（CH_4）涌出量、矿井相对 CO_2 涌出量、露天煤矿 CH_4 排放量、矿后活动 CH_4 逃逸排放量。

（2）监测方法

1）实测法

矿井：可以从当年瓦斯等级鉴定结果直接获得。若矿井在报告期内未开展瓦斯等级鉴定工作，可根据最近年份鉴定结果来确定其相对瓦斯涌出量和相对 CO_2 涌出量。

露天煤矿：通过实测获得露天煤矿的 CH_4 排放因子。

矿后活动 CH_4 逃逸的原煤产量：不同瓦斯等级的井工矿的原煤产量数据可以根据企业统计台账或统计报表获取。

2）缺省值系数法

矿井（高瓦斯矿井）的矿后活动 CH_4 排放因子：都采用缺省值 3 m^3/t，瓦斯矿井排放因子缺省值为 0.94 m^3/t（本部分中相对瓦斯涌出量、CH_4 排放因子等均为 CH_4 的折纯量）。

（八）钢铁生产企业过程温室气体排放监测计划

1. 活动数据监测计划

（1）监测项目

熔剂消耗量（石灰石、白云石）、电极消耗量、外购生铁量、直接还原铁量、外购铁合金量、钢铁企业的固碳产品（粗钢、甲醇）量。

（2）监测方法

采用采购单结算凭证上的数据。

粗钢固碳产品产量获取：根据核算和报告期内粗钢固碳产品的销售量、库存变化量来确定各自的产量。

甲醇固碳产品产量获取：根据核算和报告期内甲醇固碳产品的销售量、库存变化量来确定各自的产量。

钢铁生产企业固碳产品销售量：采用销售单等结算凭证数据。

钢铁生产企业固碳产品库存变化量：采用计量工具读数或其他符合要求的方法确定，产量=销售量+（期末库存量－期初库存量）。

2. 活动因子监测计划

（1）监测项目

熔剂 CO_2 排放因子、电极 CO_2 排放因子、生铁的 CO_2 排放因子、直接还原铁的 CO_2 排放因子、铁合金的 CO_2 排放因子、含铁物质含碳量。

（2）监测方法

企业实际检测法：具备条件的企业也可以委托有资质的专业机构进行检测。

熔剂（石灰石、白云石）CO_2 排放因子检测应遵循标准进行。采用与相关供应商方结算凭证中提供的检测值。

含铁物质含碳量：含铁物质排放因子可由相对应的含碳量换算而得，含铁物质含碳量检测应遵循 GB/T 223.69—2008、GB/T 223.86—2009、GB/T 4699.4—2008、GB/T 4333.10—2019、GB/T 7731.10—2021、GB/T 8704.1—2009、YB/T 5339—2015、YB/T 5340—2006 等标准的相关要求。

缺省值系数法：熔剂 CO_2 排放因子、电极 CO_2 排放因子、生铁的 CO_2 排放因子、直接还原铁的 CO_2 排放因子、铁合金的 CO_2 排放因子参见表4-35。

表4-35 生产过程排放因子推荐表

名称	计量单位	CO_2 排放因子/（tCO_2/t）
石灰石	t	0.440
白云石	t	0.471
电极	t	3.663
生铁	t	0.172
直接还原铁	t	0.073
镍铁合金	t	0.037
铬铁合金	t	0.275
钼铁合金	t	0.018

数据来源：《国际钢铁协会二氧化碳排放数据收集指南（第六版）》。

粗钢的 CO_2 排放因子、甲醇的 CO_2 排放因子推荐值参见表4-36。

表 4-36　其他排放因子和参数推荐值

名称	单位	CO_2 排放因子
电力	$tCO_2/（MW\cdot h）$	国家主管部门公布的相应区域电网排放因子
热力	tCO_2/GJ	0.11
粗钢	tCO_2/t	0.015 4
甲醇	tCO_2/t	1.375

（九）有色金属企业过程温室气体排放监测计划

1. 活动数据监测计划

（1）监测项目

兰炭作为还原剂的消费量、焦炭作为还原剂的消费量、无烟煤作为还原剂的消费量、天然气作为还原剂的消费量，碳酸盐分解消费量、草酸分解消费量。

（2）监测方法

采用企业计量数据：所需的活动水平是核算和报告年度内能源产品作为还原剂的消耗量，采用企业计量数据。对固体或液体能源，单位为吨（t）；对气体能源，单位为万立方米（$10^4 Nm^3$）。

根据消费台账或统计报表确定：所需的活动水平是核算和报告年度内能源产品作为还原剂的消耗量，根据企业物料消费台账或统计报表来确定。对固体或液体能源，单位为吨（t）；对气体能源，单位为万立方米（$10^4 Nm^3$）。

2. 活动因子监测计划

（1）监测项目

兰炭作为还原剂的 CO_2 排放因子、焦炭作为还原剂的 CO_2 排放因子、无烟煤作为还原剂的 CO_2 排放因子、天然气作为还原剂的 CO_2 排放因子，纯碱分解的 CO_2 排放因子、石灰石分解的 CO_2 排放因子、白云石分解的 CO_2 排放因子。

（2）监测方法

还原剂（兰炭、焦炭、无烟煤、天然气）的 CO_2 排放因子采用表 4-37 所提供的缺省值。

表 4-37　能源作为原材料用途的排放因子相关缺省值

参数名称	单位	量值
兰炭作还原剂的排放因子	tCO_2/t	2.853
焦炭作还原剂的排放因子	tCO_2/t	2.862
无烟煤作还原剂的排放因子	tCO_2/t	1.924
天然气作还原剂的排放因子	$tCO_2/（10^4 Nm^3）$	21.622

数据来源：行业经验数据。

纯碱和石灰石及白云石分解的 CO_2 排放因子见表 4-38。

表 4-38　过程排放因子缺省值

参数名称	单位	量值
纯碱分解的排放因子	tCO_2/t	0.411
石灰石分解的排放因子	tCO_2/t	0.405
白云石分解的排放因子	tCO_2/t	0.468
草酸的浓度（含量）	%	99.6

数据来源：行业经验数据。

（十）铝冶炼企业过程温室气体排放监测计划

1．活动数据监测计划

（1）监测项目

铝产量、吨铝炭阳极净耗量、碳酸盐消费量。

（2）监测方法

①吨铝炭阳极净耗量：可采用中国有色金属工业协会的推荐值 0.42 tC/ tAl；具备条件的企业可以按月称重检测，取年度平均值。

②铝产量：采用企业统计与台账数据。

2．活动因子监测计划

（1）监测项目

炭阳极平均含硫量、炭阳极平均灰含量、阳极效应排放的 CF_4 因子、阳极效应排放的 C_2F_6 因子、碳酸盐分解的 CO_2 排放因子。

（2）监测方法

采用推荐值系数法。

炭阳极平均含硫量：可采用推荐值 2%；具备条件的企业可以按照《铝用炭素材料检测方法　第 20 部分：硫分的测定》（YS/T 63.20—2006），对每批次的炭阳极进行抽样检测，取年度平均值。

炭阳极平均灰含量：可以采用推荐值 0.4%；具备条件的企业可以按照《铝用炭素材料检测方法　第 19 部分：灰分含量的测定》（YS/T 63.19—2021）对每批次的炭阳极进行抽样检测，取年度平均值。

CF_4 的排放因子：可选择推荐值 0.034 $kgCF_4$/ tAl。

C_2F_6 的排放因子：可选择推荐值 0.003 4 kgC_2F_6/ tAl。

石灰石分解 CO_2 的排放因子：可选择推荐值 0.405 tCO_2/t 石灰石（表 4-39）。

表 4-39　过程排放因子推荐值

参数名称	单位	量值
阳极效应的 CF_4 排放因子	kg CF_4/tAl	0.034
阳极效应的 C_2F_6 排放因子	kg C_2F_6/tAl	0.003 4
石灰石分解的排放因子	t CO_2/t 石灰石	0.405
纯碱分解的排放因子	t CO_2/t	0.411

数据来源：中国有色金属工业协会统计数据。

（十一）镁冶炼企业过程温室气体排放监测计划

1．活动数据监测计划

（1）监测项目：硅铁生产消耗的兰炭消费量、白云石消耗量。

（2）监测/核算方法：采用企业统计数据。

2．活动因子监测计划

（1）监测项目：硅铁生产消耗兰炭的 CO_2 排放因子、煅烧白云石的 CO_2 排放因子、白云石平均纯度。

（2）监测/核算方法：推荐值系数法。

硅铁生产消耗兰炭的 CO_2 排放因子采用的推荐值为 2.79 tCO_2/tFeSi（表 4-40）。

表 4-40　能源作为原材料用途的排放因子推荐值

参数名称	单位	量值
硅铁生产消耗兰炭的排放因子	tCO_2/tFeSi	2.79

数据来源：中国有色金属工业协会统计数据。

（十二）石油天然气生产企业过程温室气体排放监测计划

1．活动数据监测计划

（1）监测项目

天然气井的无阻流量、天然气开采过程的各种不同工艺装置 CH_4 放空量、天然气开采过程各种不同类型设施的泄漏量、天然气处理量、流入和流出酸性气体脱除设备的天然气流量，火炬监测项目见火炬监测内容。

（2）监测方法

①天然气井的无阻流量：根据企业实测数据取算术平均值，如无实测数据，采用天然气井生产作业中气井平均生产流量，作业时数据根据企业运行记录获取。

②天然气开采过程的各种不同工艺装置 CH_4 放空量：根据开采井口装置、单井储油

装置、接转站、联合站及天然气开采中的井口装置、集气站、计量/配气站、储气站等装置数量与各类装置的工艺放空 CH_4 排放因子乘积之和。

③不同类型天然气开采设施的泄漏量获取：不同类型设施的泄漏数量采用企业实际生产统计数据。不同设施的 CH_4 排放因子根据实测，无实测条件的企业可参考表 4-41 根据相应的装置类型选用缺省值。

表 4-41　油气系统不同设施 CH_4 排放因子缺省值

油气系统		设施/设备 CH_4 排放因子	
		设施逃逸	工艺放空
天然气系统	a）天然气开采		
	井口装置/ [t/（a·个）]	2.50	—
	集气站/ [t/（a·个）]	27.9	23.6
	计量/配气站/ [t/（a·个）]	8.47	—
	储气站/ [t/（a·个）]	58.37	10.0
	b）天然气处理/（t/亿 Nm^3）	40.34	13.83
	c）天然气储运		
	压气站/增压站/ [t/（a·个）]	85.05	10.05
	计量站/分输站/ [t/（a·个）]	31.50	13.52
	管线（逆上阀）/ [t/（a·个）]	0.85	5.49
	清管站	0	0.001
石油系统	a）常规原油开采		
	井口装置/ [t/（a·个）]	0.23	—
	单井储油装置/ [t/（a·个）]	0.38	0.22
	接转站/ [t/（a·个）]	0.18	0.11
	联合站/ [t/（a·个）]	1.40	0.45
	b）原油储运		
	原油输送管道/（t/亿 t）	753.29	—

数据来源：2005 年《中国温室气体清单研究》。

④天然气处理量：采用企业台账记录数据。

⑤流入和流出酸性气体脱除设备的天然气流量：需通过连续流量计量仪进行监测；如果没有连续流量计量仪，也可采用其他方法确定气体流量。

2. 活动因子监测计划

（1）监测项目

天然气井无阻流量排放气中 CH_4 体积浓度、不同类型装置的 CH_4 放空排放因子、不同类型设施泄漏的 CH_4 逃逸排放因子、天然气处理的 CH_4 排放因子、酸气脱除前后的 CO_2 体积浓度。

（2）监测方法

①天然气井无阻流量排放的 CH_4 体积浓度：根据企业实测数据取算术平均值，如无实测数据，采用天然气井生产作业中气井平均生产流量，作业时数据根据企业运行记录获取。

②不同类型装置的 CH_4 放空排放因子：应优先采用企业实测值，无实测条件的企业可参考表 4-41，根据相应的装置类型选用缺省值。

③不同类型设施泄漏的 CH_4 逃逸排放因子：应优先采用企业实测值，无实测条件的企业可参考表 4-41，根据相应的装置类型选用缺省值。

④天然气处理的 CH_4 排放因子：应优先采用企业实测值，无实测条件的企业可从表 4-41 中选用缺省值。

⑤酸气脱除前后的 CO_2 体积浓度：推荐采用连续气体分析仪的测量结果。如果没有安装连续气体分析仪，可每月取样测试 CO_2 浓度并取算术平均值。

（十三）化工企业（含电石炉、煤气发生炉）过程温室气体排放监测计划

1. 活动数据监测计划

（1）监测项目

原料投入量、含碳产品产量、其他含碳输出物量、己二酸产量。

（2）监测方法

①原料投入量：企业应结合碳源流的识别和划分情况，以企业台账或统计报表为据，确定原料投入量的活动数据。

②含碳产品产量：企业应结合碳源流的识别和划分情况，以企业台账或统计报表为据，确定含碳产品产量的活动数据。

③其他含碳输出物量：企业应结合碳源流的识别和划分情况，以企业台账或统计报表为据，确定其他含碳输出物的活动数据。

④己二酸产量：每种生产技术类型的己二酸产量应根据企业台账或统计报表来确定。

2. 活动因子监测计划

（1）监测项目

化石燃料用作原料的含碳量、含碳氢化合物的原料含碳量、含碳产品含碳量、含碳输出物的含碳量，N_2O 去除率、己二酸生产过程 N_2O 尾气处理设备使用率。

（2）监测时限

①固体或液体输出物的含碳量检测时限：企业可按每天每班取一次样，每月将所有样本混合缩分后进行一次含碳量检测，并以分月的活动数据加权平均作为含碳量。

②气体输出物的含碳量检测时限：可定期测量或记录气体组分，并根据每种气体组分的体积分数及该组分化学分子式中碳原子的数目计算得到。

③N_2O 测试时限：N_2O 测试频率至少每月一次，作为上一次测试以来的 N_2O 平均去除率。

（3）监测方法

①含碳氢化合物的原料含碳量：有条件的企业，可委托有资质的专业机构定期检测各种原料的含碳量，企业如果有满足资质标准的检测单位也可自行检测。

②含碳产品含碳量：有条件的企业，可委托有资质的专业机构定期检测各种产品的含碳量，企业如果有满足资质标准的检测单位也可自行检测。

③含碳输出物的含碳量：有条件的企业，可委托有资质的专业机构定期检测各种含碳输出物的含碳量，企业如果有满足资质标准的检测单位也可自行检测。对无条件实测含碳量的可以根据物质成分或纯度以及每种物质的化学分子式和碳原子的数目来计算，或参考表 4-42 推荐值。

表 4-42　常见化工产品的含碳量推荐值

产品名称	含碳量/（tC/t）	产品名称	含碳量/（tC/t）
乙腈	0.585 2	甲醇	0.375
丙烯腈	0.666 4	甲烷	0.749
丁二烯	0.888	乙烷	0.856
炭黑	0.970	丙烷	0.817
乙炔	0.923	丙烯	0.856 3
乙烯	0.856	氯乙烯单体	0.384
二氯乙烷	0.245	尿素	0.200
乙二醇	0.387	碳酸氢铵	0.151 9
环氧乙烷	0.545	标准电石 [a]	0.314
氰化氢	0.444 4		

注：a 根据电石产品在 20℃、101.3 kPa 下的实际发气量按 300 L/kg 折标。

④N_2O：有实时监测条件的企业，可自行或委托有资质的专业机构遵照《确定气流中某种温室气体质量流量的工具》定期检测 N_2O 生成因子；并通过测量尾气处理设备入口气流及出口气流中的 N_2O 质量变化，来估算尾气处理设备的 N_2O 去除率。测试频率至少每月一次，作为上一次测试以来的 N_2O 平均去除率。没有实时监测条件的企业，硝酸氧化制取己二酸的 N_2O 生成因子可取默认值 300 kgN_2O/t $C_6H_{10}O_4$，其他生产工艺的 N_2O 生成因子可设 0；NO_x/N_2O 尾气处理设备类型分类及其 N_2O 去除率可参考表 4-43。

表 4-43　己二酸生产中不同尾气处理技术的 N_2O 去除率

NO_x/N_2O 尾气处理技术	N_2O 去除率
催化去除	92.5%（90%～95%）
热去除	98.5%（98%～99%）
回收为硝酸	98.5%（98%～99%）
回收用作己二酸的原料	94%（90%～98%）

数据来源：《2006 年 IPCC 国家温室气体清单指南》《IPCC 国家温室气体清单优良作法指南和不确定性管理》。

己二酸尾气处理设备使用率：即尾气处理设备运行时间与己二酸生产装置运行时间的比率，应根据企业实际生产记录来确定。

（十四）造纸和纸制品生产企业过程温室气体排放监测计划

1. 活动数据监测计划

（1）监测项目：石灰石原料的消耗量。

（2）监测/核算方法：石灰石原料的消耗量采用企业记录数据，也可根据企业物料消费台账或统计报表来确定。

2. 活动因子监测计划

（1）监测项目：石灰石分解产生的 CO_2。

（2）监测/核算方法：缺省值采用 0.405 tCO_2/t 石灰石（表 4-44）。

表 4-44　过程排放因子缺省值

参数名称	单位	量值
石灰石分解的排放因子	tCO_2/t	0.405

数据来源：行业经验数据。

（十五）电子设备制造企业过程温室气体排放监测计划

1. 活动数据监测计划

（1）监测项目

原料气使用量、原料气的利用率、原料气产生副产品的转化因子。

（2）监测方法

原料气的使用量：企业应以企业台账、统计报表、采购记录、领料记录等为依据确定原料气的使用量。

原料气的利用率和原料气产生副产品的转化因子参考表 4-45。

表 4-45　工业生产过程排放因子和相关缺省值

	原料气的利用率	废气处理装置对原料气/副产品的收集率	废气处理装置对原料气/副产品的去除率	原料气产生CF_4的转化因子	原料气产生C_2F_6的转化因子	原料气产生C_3F_8的转化因子
NF_3	0.8[a]	0.9[a]	0.95[a]	0.09[a]		
SF_6	0.8[a]	0.9[a]	0.9[a]			
CF_4	0.1[a]	0.9[a]	0.9[a]			
C_2F_6	0.4[a]	0.9[a]	0.9[a]	0.2[a]		
C_3F_8	0.6[a]	0.9[a]	0.9[a]	0.1[a]		
C_4F_6					0.2[b]	
$c\text{-}C_4F_8$	0.9[a]	0.9[a]	0.9[a]	0.1[a]	0.1[a]	
$c\text{-}C_4F_8O$						0.04[b]
C_5F_8					0.04b[b]	
CHF_3	0.6[a]	0.9[a]	0.9[a]	0.07[a]		
CH_2F_2				0.08[b]		
CH_3F						

数据取值：a 来源：《温室气体盘查工具》（"台湾经济部工业局"公布）；

b 来源：IPCC 2006。

2. 活动因子监测计划

（1）监测项目

废气处理装置对原料气的收集率和去除率、废气处理装置对副产品的收集率和去除率、原料气容器的气体残余比例、温室气体的全球变暖潜势值。

（2）监测方法

废气处理装置对原料气的收集率和去除率：由设备提供厂商提供，不能获得时采用表 4-45 中的相关缺省值。

废气处理装置对副产品的收集率和去除率：由设备提供厂商提供，不能获得时采用表 4-45 中的相关缺省值。

原料气容器的气体残余比例：采用缺省值 10%。

温室气体全球变暖潜势值：采用表 2-1 所提供的参考值。

（十六）机械设备制造企业过程温室气体排放监测计划

1. 活动数据监测计划

（1）监测项目

温室气体的泄漏量、温室气体的期初库存量、温室气体的期末库存量、温室气体实际进入产品中的量。

温室气体全球变暖潜势，采用表 2-1 所提供的参考值。

（2）监测方法

采用企业的台账记录，购入量采用结算凭证上的数据。

2. 活动因子监测计划

（1）监测项目

电气设备和制冷设备在生产过程中有 SF_6、HFCs 和 PFCs 的泄漏造成的排放。

（2）监测方法

填充气体造成泄漏的排放因子：由企业估算并说明计算依据，或由填充设备提供商提供。数据不可获取时，在 0.5 MPa，20℃条件下，填充操作造成 0.342 mol/次的排放。

（十七）食品、烟草及酒、饮料和精制茶企业过程温室气体排放监测计划

1. 活动数据监测计划

（1）监测项目

碳酸盐的消耗量、碳酸盐的纯度、外购的 CO_2 消耗量。

（2）监测方法

①碳酸盐的消耗量：采用企业计量数据，也可根据企业物料消费台账或统计报表来确定。如果没有，可采用供应商提供的发票或结算单等结算凭证上的数据。

②碳酸盐的纯度：可自行或委托有资质的专业机构定期检测，或采用供应商提供的数据，如果没有，可使用缺省值 98%。

③外购的 CO_2 消耗量：根据企业台账或统计报表来确定，如果没有，可采用供应商提供的发票或结算单等结算凭证上的数据。

2. 活动因子监测计划

（1）监测项目：碳酸盐的 CO_2 排放因子、CO_2 作为原料使用过程损耗量。

（2）监测方法

①碳酸盐的 CO_2 排放因子实测法：碳酸盐的 CO_2 排放因子数据可以根据碳酸盐的化学组成、分子式及 CO_3^{2-} 离子的数目计算得到。有条件的企业，可自行或委托有资质的专业机构定期检测碳酸盐的化学组成、纯度和 CO_2 排放因子数据，或采用供应商提供的商品性状数据。

②碳酸盐的 CO_2 排放因子系数法：一些常见碳酸盐的 CO_2 排放因子可参考表 4-46 提供的缺省值。

表 4-46 常见碳酸盐排放因子缺省值

碳酸盐	排放因子/（tCO$_2$/t 碳酸盐）	碳酸盐	排放因子/（tCO$_2$/t 碳酸盐）
CaCO$_3$	0.440	K$_2$CO$_3$	0.318
MgCO$_3$	0.522	SrCO$_3$	0.298
Na$_2$CO$_3$	0.415	NaHCO$_3$	0.524
BaCO$_3$	0.223	FeCO$_3$	0.380
Li$_2$CO$_3$	0.596		

注：上述碳酸盐排放因子缺省值为二氧化碳与碳酸盐的分子量之比。

③CO$_2$ 作为原料使用过程损耗量：CO$_2$ 作为原料在使用过程中的损耗比例，根据企业实际生产损耗来确定，如企业无法进行计算或统计，可参考表 4-47 提供的缺省值。

表 4-47 CO$_2$ 损耗比例缺省值

生产流程	建议损耗比例	损耗范围
一次灌装	40%	40%～60%
二次灌装	60%	40%～60%

（十八）纺织服装企业过程温室气体排放监测计划

1. 活动数据监测计划

（1）监测项目

碳酸盐的消耗量。

（2）监测方法

碳酸盐的消耗量：所需的活动数据是核算期内各种碳酸盐的消耗量，根据企业台账或统计报表来确定，不包括碳酸盐在使用过程中形成碳酸氢盐或 CO$_3^{2-}$ 发生转移而产生 CO$_2$ 的部分。

2. 活动因子监测计划

（1）监测项目：碳酸盐的纯度、碳酸盐分解的 CO$_2$ 排放因子。

（2）监测方法

①碳酸盐的纯度：具备条件的企业可遵循 GB/T 1606、GB/T 210.2 等相关标准，开展实测；不具备条件的企业宜采用供应商提供的数据。

②碳酸盐分解的 CO$_2$ 排放因子：通过计算获得。

（十九）陆上交通运输企业过程温室气体排放监测计划

1. 活动数据监测计划

（1）监测项目

城市公共汽车企业化石燃料净消耗量、电车运输企业化石燃料净消耗量、城市轨道交通运输企业化石燃料净消耗量、道路运输辅助活动企业化石燃料净消耗量、铁路运输企业化石燃料净消耗量、道路货物运输企业化石燃料净消耗量、公路旅客运输企业化石燃料净消耗量、出租汽车运输企业化石燃料净消耗量。

（2）监测方法

①城市公共汽车企业化石燃料净消耗量：采用能耗统计法获取化石燃料的净消耗量。

②电车运输企业化石燃料净消耗量：采用能耗统计法获取化石燃料的净消耗量。

③城市轨道交通运输企业化石燃料净消耗量：采用能耗统计法获取化石燃料的净消耗量。

④道路运输辅助活动企业化石燃料净消耗量：采用能耗统计法获取化石燃料的净消耗量。

⑤铁路运输企业化石燃料净消耗量：采用能耗统计法获取化石燃料的净消耗量。

⑥道路货物运输企业化石燃料净消耗量：原则上推荐企业使用能耗统计法获取化石燃料的净消耗量，如果难以实现，则可以采用单位运输周转量能耗计算法获取运输车辆的能耗数据。

⑦公路旅客运输企业化石燃料净消耗量：原则上推荐企业使用能耗统计法获取化石燃料的净消耗量，如果难以实现，则可以采用单位运输周转量能耗计算法获取运输车辆的能耗数据。

⑧出租汽车运输企业化石燃料净消耗量：原则上推荐企业使用能耗统计法获取化石燃料的净消耗量，如果难以实现，则可以采用单位行驶里程能耗计算方法获取企业的能耗数据。

2. 活动因子监测计划

（1）监测项目

化石燃料平均低位发热量、CH_4 排放因子、N_2O 排放因子、尾气净化过程 CO_2 排放量。

（2）监测方法

①化石燃料平均低位发热量：在核算 CO_2 排放量时，活动水平数据包括企业在核算报告期内用于其移动源和固定源的各种化石燃料平均低位发热量。

企业可选择采用表 4-5 中提供的缺省值。具备条件的企业可开展实测，或委托有资质的专业机构进行检测，也可采用与相关方结算凭证中提供的检测值。如采用实测，化石燃料低位发热量检测应遵循《煤的发热量测定方法》（GB/T 213）、《石油产品热值测定法》（GB 384）和《天然气能量的测定》（GB/T 22723）等相关标准。

②CH_4 排放因子、N_2O 排放因子：企业可采用表 4-48 提供的 CH_4、N_2O 排放因子缺省值。

表 4-48 不同类型车辆的 CH_4 和 N_2O 排放因子（道路交通）

车辆类型	燃料	排放标准	N_2O 排放因子/（mg/km）	CH_4 排放因子/（mg/km）
轿车	汽油	国Ⅰ	38	45
		国Ⅱ	24	94
		国Ⅲ	12	83
		国Ⅳ及以上	6	57
	柴油	国Ⅰ	0	18
		国Ⅱ	3	6
		国Ⅲ	15	7
		国Ⅳ及以上	15	0
	LPG	国Ⅰ	38	80
		国Ⅱ	23	
		国Ⅲ	9	
其他轻型车	汽油	国Ⅰ	122	45
		国Ⅱ	62	94
		国Ⅲ	36	83
		国Ⅳ及以上	16	57
	柴油	国Ⅰ	0	18
		国Ⅱ	3	6
		国Ⅲ	15	7
		国Ⅳ及以上	15	0
重型车	汽油	所有	6	140
	柴油	所有	30	175
	天然气	国Ⅳ及以上	—	900
		其他		5 400

③尾气净化过程 CO_2 排放量：以企业统计为准，企业应对安装尿素选择性催化还原（SCR）系统的运输车辆进行计量和统计。

五、购入与输出电力、热力活动数据与活动因子监测计划

（一）购入与输出电力活动数据与活动因子监测计划

1. 购入与输出电力排放活动数据监测计划

（1）监测项目：购入电力量、输出电力量。

（2）监测/核算方法：采用企业购入与输出电力发票数据。

表 4-49　购入和输出的电力对应的 CO_2 排放活动数据监测一览表

电力来源	数据项	单位	数据来源	监测地点	监测方法及标准	监测频率	监测设备名称、型号	精度等级、校准频次及校准方法	执行部门及责任人	备注
……ᵃ	购入量	MW·h	□检测值 □计算值 □其他，请具体说明							
	输出量	MW·h	□检测值 □计算值 □其他，请具体说明							

注：a 请填写电力来源或电网名称；如涉及多个来源，请自行加行一一列明，并阐述其活动数据监测计划。

2. 购入与输出电力排放因子数据监测计划

（1）监测项目：供电对应的 CO_2 排放因子。

（2）监测/核算方法：采用企业购入与输出电力发票数据。

表 4-50　购入和输出的电力对应的 CO_2 排放因子参数监测计划一览表

电力来源	数据项	单位	数据来源	取样地点	取样方法及标准	取样频率	分析方法及标准	分析频率	实验室名称及其资质	备注
……ᵃ	供电排放因子	t CO_2/ （MW·h）	□自行检测值 □委托检测值 □缺省值 ᵇ □其他，请具体说明							

注：a 请填写电力来源或电网名称；如涉及多个来源，请自行一一列明，并阐述其排放因子监测计划；

　　b 若选用缺省值，请在备注栏说明所选用的缺省值及引用文件。

（二）购入与输出热力活动数据与活动因子监测计划

1. 购入和输出的热力对应的 CO_2 排放活动数据监测计划

（1）监测项目：购入热力量、输出热力量。

（2）监测/核算方法：采用企业购入与输出热力发票数据。

购入和输出的热力对应的 CO_2 排放活动数据监测计划见表 4-51。

表 4-51 购入和输出的热力对应的 CO_2 排放活动数据监测计划

热力来源	数据项	单位	数据来源	监测地点	监测方法及标准	监测概率	监测设备名称、型号	精度等级、校准频次及校准方法	执行部门及责任人	备注
……a	购入量	GJ	□检测值 □计算值 □其他请具体说明							
	输出量	GJ	□检测值 □计算值 □其他请具体说明							

注：a 请填写热力来源；如涉及多个来源，请自行加行——列明，并阐述其活动数据监测计划。

2. 购入和输出的热力对应的 CO_2 排放因子参数监测计划

（1）监测项目：供热对应的 CO_2 排放因子。

（2）监测/核算方法：采用企业购入与输出热力发票数据。

六、碳（温室气体）减排与碳回收利用监测计划

（一）CO_2 回收利用量监测计划

1. CO_2 回收利用活动数据监测计划

（1）监测项目：液态 CO_2（质量）回收量、气态 CO_2（体积）回收量。

（2）监测/核算方法：分别监测液态、气态 CO_2 回收利用量，并做好原始记录、质量控制和文件存档工作。

2. CO_2 回收利用排放因子参数监测计划

（1）监测项目：液态 CO_2 质量百分比浓度（纯度）、气态 CO_2 体积百分比浓度（纯

度）、气态 CO_2 密度。

（2）监测方法。

委托有资质机构定期检测：报告主体可委托有资质的专业机构定期检测 CO_2 回收气体的浓度，CO_2 浓度的检测应遵循《气体中一氧化碳、二氧化碳和碳氢化合物的测定气相色谱法》（GB/T 8984）等标准。

满足资质标准的企业自行检测：企业如果有满足资质标准的检测单位也可自行检测，CO_2 浓度的检测应遵循 GB/T 8984 等标准。

表 4-52　CO_2 回收利用活动数据监测计划

回收的 CO_2 形态	数据项	单位	数据来源	监测地点	监测方法及标准	监测概率	监测设备名称、型号	精度等级、校准频次及校准方法	执行部门及责任人	备注
液态	CO_2 液体质量	t	□检测值 □计算值 □其他请具体说明							
气态	CO_2 气体体积	$10^4\,Nm^3$	□检测值 □计算值 □其他请具体说明							
回收的 CO_2 形态	数据项	单位	数据来源	取样地点	取样方法及标准	取样频率	分析方法及标准	分析频率	实验室名称及其资质	备注
液态	液态 CO_2 质量百分比浓度	%	□自行检测值 □委托检测值 □其他，请具体说明							
气态	气态 CO_2 体积百分比浓度	%	□自行检测值 □委托检测值 □其他，请具体说明							
气态	气态 CO_2 密度	$t/10^4\,Nm^3$	□自行检测值 □委托检测值 □缺省值 [a] □其他，请具体说明							

注：a 若选用缺省值，请在备注栏说明所选用的缺省值及引用文件。

（二）碳化工艺吸收 CO_2 的活动数据监测计划

1. 碳化工艺吸收 CO_2 的活动数据监测计划

（1）监测项目：轻质碳酸钙产量（碳化产物的产量）。

（2）监测方法：各种碳化产物的产量（轻质碳酸钙产量）应根据企业生产记录、台账或统计报表确定（表 4-53）。

表 4-53　碳化工艺吸收 CO_2 的活动数据监测计划

碳化产物的种类（批次）	数据项	单位	数据来源	监测地点	监测方法及标准	监测概率	监测设备名称、型号	精度等级、校准频次及校准方法	执行部门及责任人	备注
轻质碳酸钙	产量	t	□企业生产记录 □台账 □统计报表 □其他，请具体说明							
……[a]										

注：a 如生产其他碳化产物，请自行加行一一列明，并阐述其活动数据监测计划。

2. 碳化工艺吸收 CO_2 的排放因子参数监测计划

（1）监测项目：碳酸钙纯度、碳酸钙 CO_2 质量分数。

（2）监测方法。

实际监测法：碳酸盐组分的 CO_2 质量分数检测法：具备条件的企业可委托有资质的专业机构定期检测碳化产物的化学组分和纯度，化学组分的检测应遵循《石灰石及白云石化学分析方法　第 1 部分：氧化钙和氧化镁含量的测定　络合滴定法和火焰原子吸收光谱法》（GB/T 3286.1—2012）、《石灰石及白云石化学分析方法　第 9 部分：二氧化碳含量的测定　烧碱石棉吸收重量法》（GB/T 3286.9—2014）等标准。碳酸盐组分的 CO_2 质量分数等于 CO_2 的分子量乘以碳酸根离子数目，除以碳酸盐组分的分子量。可采用供应商提供的数据。

缺省值系数法：一些常见碳酸盐组分的 CO_2 质量分数可根据缺省值填报。缺省值选取可参考表 4-54 中的缺省值。

表 4-54 碳化工艺吸收 CO_2 的排放因子参数监测计划

碳化产物的种类	碳酸盐组分种类	数据项	单位	数据来源	监测地点	监测方法及标准	监测概率	监测设备名称、型号	精度等级、校准频次及校准方法	执行部门及责任人	备注
轻质碳酸钙	碳酸钙	纯度		□自行检测值 □委托检测值 □供应商提供值 □其他，请具体说明							
		CO_2 质量分数		□缺省值							
……	……										

注：如生产其他碳化产物、组分，请加行一一列明，并阐述其活动数据监测计划。

（三）固碳产品（粗钢、甲醇）隐含的 CO_2 监测计划

1. 活动数据监测计划

（1）监测项目：钢铁生产企业的固碳产品（粗钢、甲醇）量。

（2）监测方法。

①粗钢固碳产品产量：根据核算和报告期内粗钢固碳产品的销售量、库存变化量来确定各自的产量。

②甲醇固碳产品产量：根据核算和报告期内甲醇固碳产品的销售量、库存变化量来确定各自的产量。

③钢铁生产企业固碳产品销售量：采用销售单等结算凭证数据。

④钢铁生产企业固碳产品库存变化量：采用计量工具读数或其他符合要求的方法确定，产量=销售量+（期末库存量－期初库存量）。

2. 活动因子监测计划

（1）监测项目：含铁物质含碳量。

（2）监测方法。

①企业实际检测法：具备条件的企业也可以委托有资质的专业机构进行检测。

②含铁物质含碳量：含铁物质排放因子可由相对应的含碳量换算而得，含铁物质含碳量检测应遵循 GB/T 223.69、GB/T 223.86、GB/T 4699.4、GB/T 4333.10、GB/T 7731.10、GB/T 8704.1、YB/T 5339、YB/T 5340 等标准的相关要求。

③缺省值系数法：粗钢的 CO_2 排放因子为 0.015 4 tCO_2/t；甲醇的 CO_2 排放因子为 1.375 tCO_2/t。

（四）CH₄ 回收利用量监测计划

1．活动数据监测计划

（1）监测项目：CH₄ 回收利用量、煤气层（煤气瓦斯）的回收利用量、CH₄ 气体体积。

（2）监测方法。

①根据各个输送管线、泵站的统计数据获取。

②根据台账或统计报表记录数据获取。

③从煤炭企业与下游管道输送企业的计算凭证获取。

2．活动因子监测计划

（1）监测项目：CH₄ 平均体积浓度、CH₄ 气体纯度。

（2）监测方法。

①回收利用煤气、煤气瓦斯及其他企业的 CH₄ 平均体积浓度，可以根据各个输送管线、泵站的输送比例对 CH₄ 体积浓度数据进行加权平均。

②CH₄ 气体纯度应根据企业台账记录确定。

七、废弃物处置活动数据与活动因子监测计划

（一）烟气脱硫过程 CO_2 排放量监测计划

1．烟气脱硫过程 CO_2 排放活动数据监测计划

（1）监测项目：碳酸盐原料种类用作脱硫剂的消耗量。

（2）监测/核算方法：采用企业台账或统计数据。

表 4-55　烟气脱硫过程 CO_2 排放活动数据监测计划

碳酸盐原料种类（批次）	数据项	单位	数据来源	监测地点	监测方法及标准	监测概率	监测设备名称、型号	精度等级、校准频次及校准方法	执行部门及责任人	备注
……[a]	用作脱硫剂的消耗量	t	□检测值 □计算值 □其他，请具体说明							

注：a 请填写用于脱硫的碳酸盐原料种类或批次名称；如有多种（批），请自行加行一一列明，并阐述其活动数据监测计划。

2. 烟气脱硫过程 CO_2 排放因子数据监测计划

监测项目：$CaCO_3$ 组分纯度、$CaCO_3$ 组分分解率、$MgCO_3$ 组分纯度、$MgCO_3$ 组分分解率。

监测/核算方法：实测或供应商提供。

表 4-56　烟气脱硫过程 CO_2 排放因子参数监测计划

碳酸盐原料种类（批次）	数据项	单位	数据来源	取样地点	取样方法及标准	取样频率	分析方法及标准	分析频率	实验室名称及其资质	备注
……a	$CaCO_3$ 组分纯度	%	□自行检测值 □委托检测值 □其他，请具体说明							
	$CaCO_3$ 组分分解率	%	□自行检测值 □委托检测值 □缺省值 b □其他，请具体说明							
	$MgCO_3$ 组分纯度	%	□自行检测值 □委托检测值 □其他，请具体说明							
	$MgCO_3$ 组分分解率	%	□自行检测值 □委托检测值 □缺省值 b □其他，请具体说明							
	……c									

注：a 请填写用于脱硫的碳酸盐原料种类或批次名称；如有多种（批），请自行加行一一列明。

　　b 若选用缺省值，请在备注栏说明所选用的缺省值及引用文件。

（二）火炬燃烧 CO_2 排放量数据和参数的监测计划

不同业务活动下的火炬系统燃烧排放量的核算方法和数据获取原则相同，皆参考"火炬系统燃烧排放"相关方法进行核算。

1. 火炬燃烧排放活动水平数据监测计划

（1）监测项目

①一般企业火炬：常规安全（环保）火炬气流量、事故处置平均火炬气流速度。

②煤矿企业火炬：煤气层（煤气瓦斯）的火炬燃烧量、煤气层（煤气瓦斯）的催化氧化量。

（2）监测方法

①一般企业火炬：可根据各输送管线，泵站的记录数据或火炬监测的数据。

②煤矿企业火炬：可根据煤气层（煤气瓦斯）输送管线、泵站的记录数据或火炬监测的数据获得。

表 4-57　火炬燃烧排放活动水平数据监测计划

火炬编号	电力来源	数据项	单位	数据来源	监测地点	监测方法及标准	监测频率	监测设备名称、型号	精度等级、校准频次及校准方法	执行部门及责任人	备注
火炬 1	常规安全、环保	火炬气流量	$10^4 Nm^3$	□监测值 □计算值 □其他，请具体说明							
火炬 2	常规安全、环保	火炬气流量	$10^4 Nm^3$	□监测值 □计算值 □其他，请具体说明							
火炬 3[a]	事故处置	平均火炬气流速度	$10^4 Nm^3/h$	□监测值 □计算值 □其他，请具体说明							
……[b]											

注：a 如事故状态可燃气体采用上述常规安全环保火炬处置，请按照发生事故时间段内相关运行参数填写此行；
　　b 如涉及更多火炬，请自行加行一一列明，并阐述其活动水平监测计划。

2．火炬燃烧排放因子参数监测计划

（1）监测项目

①一般企业火炬：除 CO_2 外其他含碳化合物总含碳量、CO_2 体积浓度、事故状态平均火炬气流速度、碳氧化率。

②煤矿企业火炬：火炬燃烧煤层（煤气瓦斯）中 CH_4 的平均体积浓度、催化氧化的煤层（煤气瓦斯）中 CH_4 的平均体积浓度、CH_4 火炬燃烧的碳化率、CH_4 催化氧化的碳化率、煤气层中除 CO_2 外气体含碳化合物的总含碳量。

（2）监测方法

一般企业火炬和煤矿企业火炬分为实测法与缺省值系数法。

①实测法：根据各个输送管线、泵站的流量比例对 CH_4 体积浓度进行加权平均。

②缺省值系数法：CH_4 火炬燃烧的碳化率、CH_4 催化氧化的碳化率如无实测数据可取缺省值 98%。

表 4-58　火炬燃烧排放因子参数监测计划

燃烧介质	数据项	单位	数据来源	取样点	取样时间	取样方法	分析方法	检测单位名称及其资质	备注
火炬气	除 CO_2 外其他含碳化合物含碳总量	$tC/10^4 Nm^3$	□自行检测值 □委托检测值 □其他，请具体说明						
	CO_2 体积浓度	%	□自行检测值 □委托检测值 □缺省值 □其他，请具体说明						
	事故状态平均火炬气流速度 [a]	$10^4 Nm^3/h$	□自行检测值 □委托检测值 □缺省值 □其他，请具体说明						
	碳氧化率 [b]	%	□自行检测值 □委托检测值 □缺省值 □其他，请具体说明						

注：a，b 若选用缺省值，请在备注栏说明所选用的缺省值及引用文件。

（三）废弃物焚烧过程温室气体排放监测计划

1. 固态废弃物焚烧过程温室气体排放监测计划

不同业务活动下化石燃料燃烧排放的核算方法和数据获取原则相同，皆参考化石燃料燃烧排放方法进行核算，"固态废弃物焚烧过程温室气体排放监测计划"参照固态燃料燃烧监测计划。

2. 气态废弃物焚烧过程温室气体排放监测计划

不同业务活动下的火炬系统燃烧排放量的核算方法和数据获取原则相同，皆参考火炬系统燃烧排放相关方法进行核算，"气态废弃物焚烧过程温室气体排放监测计划"参照火炬监测计划。

（四）废水厌氧处理过程 CH_4 排放监测计划

见"CH_4 焚烧"和第四章 六（四）中的"CH_4 回收利用量监测计划"的方法。

第五章 碳（温室气体）排放核算

一、碳（温室气体）排放核算方法

（一）温室气体排放核算和报告的工作流程

（1）确定温室气体排放核算边界。

（2）识别温室气体排放源与排放因子。排放源包括化石燃料燃烧温室气体排放源、过程温室气体排放源、购入与输出相对应的温室气体排放源。

（3）制订监测计划，收集、选择和获取温室气体排放源与排放因子活动数据。

（4）进行各种温室气体排放量与排放总量核算。

（5）编写温室气体排放报告。

工业企业温室气体排放的核算与报告的工作流程见图5-1。

（二）温室气体排放核算边界

1．报告主体

具有温室气体排放行为的法人企业或视同法人的独立核算单位。

2．核算边界

与报告主体的生产经营活动相关的温室气体排放范围，以核算和报告其生产系统产生的温室气体排放。包括：

①主要生产系统：燃料燃烧排放、过程排放、购入的电力产生排放、购入的热力产生排放、输出的电力产生排放、输出的热力产生排放等；

②辅助生产系统：包括动力、供电、化验、机修、库房、运输等；

③直接为生产服务的附属生产系统：包括厂部和厂区内为生产服务的职工食堂、车间浴室、保健站等部门和单位。

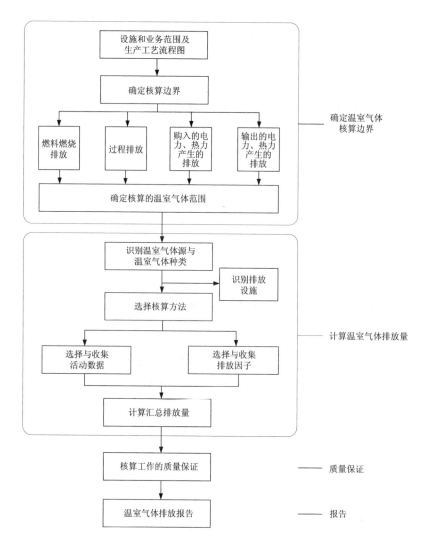

图 5-1 工业企业温室气体排放的核算与报告的工作流程

3. 核算温室气体排放因子（六种）

二氧化碳（CO_2）、甲烷（CH_4）、氧化亚氮（N_2O）、氢氟碳化物（HFCs）、全氟化碳（PFCs）、六氟化硫（SF_6）。

报告主体应根据行业实际排放情况确定温室气体种类。

（三）温室气体排放核算步骤与方法

1. 确定温室气体核算边界

①燃料燃烧排放。

②过程排放。

③购入的电力与热力产生的排放。

注：火力发电厂的化石燃料燃烧排放应该计算在电厂所在地，尽管其生产的电力并不一定在本地消费。

2．确定温室气体排放源

（1）燃料燃烧排放源

①固定燃烧源：电站锅炉、燃气轮机、工业锅炉、熔炼炉。

②移动燃烧源：汽车、火车、船舶、飞机（国际航空航海等国际燃料舱的化石燃料燃烧活动所排放的温室气体不应计算在某一省区市境内）。

（2）过程排放源

①生产过程排放源：氧化铝回转炉、合成氨造气炉、水泥回转窑、水泥立窑等。产生过程排放源在很多情况下也同时消耗燃料，此外的分类更多关注其他能够产生"过程排放"的属性，但在后续核算步骤中，也不应该忽视其由于能源消耗引起的排放。

②废物处理处置过程排放源：固废、污水、废气处理系统等。

③逸散排放源：矿坑、天然气处理设施、变压器等。

（3）购入的电力与热力产生的排放源

报告主体购入的电力、热力或蒸汽消耗源包括电加热炉窑、电动机系统、泵系统、风机系统、变压器、调压器、压缩机械、制热设备、制冷设备、交流电焊机、照明设备等。

（4）特殊排放源

①生物质燃料燃烧：生物燃料汽车、生物燃料飞机、生物燃料锅炉。

②产品隐含碳：钢铁产品。

3．确定不同排放源的温室气体排放因子

（1）燃料燃烧排放源排放的温室气体排放因子

①固定燃烧源：电站锅炉、燃气轮机、工业锅炉、熔炼炉等排放的温室气体 CO_2。

②移动燃烧源：汽车、火车、船舶、飞机等排放的温室气体 CO_2。

（2）过程排放源排放的温室气体排放因子

①铝生产过程：全氟化碳（PFCs）排放，氧化铝回转炉 CO_2、CH_4、N_2O 排放。

②合成氨造气炉、水泥回转窑、水泥立窑等生产过程：CO_2、CH_4、N_2O 排放。

③石灰、钢铁、电石生产过程：CO_2 排放。

④己二酸生产过程：N_2O 排放。

⑤硝酸生产过程：氧化亚氮（N_2O）排放。

⑥一氯二氟甲烷（HCFC-22）生产过程：三氟甲烷（HFC-23）排放。

⑦镁、电力设备（电网企业使用的六氟化硫设备）生产过程：SF_6 排放。

⑧半导体生产过程：氢氟烃、全氟化碳（PFCs）和 SF_6 排放。

⑨氢氟烃生产过程：氢氟烃排放。

⑩逸散排放源：矿坑、天然气处理设施、变压器等排放的温室气体种类包括 CH_4、SF_6。

产生过程排放源在很多情况下也同时消耗燃料，此外，分类更多关注其他能够产生"过程排放"的属性，但在后续核算步骤中，也不应该忽视其由于能源消耗引起的排放。

（3）购入的电力与热力产生的排放源排放的温室气体排放因子

报告主体购入的电力、热力或蒸汽消耗源：电加热炉窑、电动机系统、泵系统、风机系统、变压器、调压器、压缩机械、制热设备、制冷设备、交流电焊机、照明设备等排放的温室气体 CO_2、SF_6。

（4）特殊排放源排放的温室气体排放因子

①生物质燃料燃烧：生物燃料汽车，生物燃料飞机，生物锅炉等排放的温室气体种类包括 CO_2、CH_4。

②产品隐含碳：钢铁产品排放的温室气体种类包括 CO_2。

（5）废物处理处置过程排放源与排放因子

污水处理系统排放的温室气体种类包括 CO_2、CH_4 和 N_2O 等。

4. 选择温室气体核算方法

所有温室气体的排放量均应折算为 CO_2 当量。

（1）计算法

①排放因子法。采用排放因子法计算时，温室气体排放量为活动数据与温室气体排放因子的乘积，见式（5-1）：

$$E_{GHG}=AD \times EF \times GWP \tag{5-1}$$

式中：E_{GHG}——温室气体排放量，单位为吨二氧化碳当量（tCO_2e）；

　　　 AD——温室气体活动数据，单位根据具体排放源确定；

　　　 EF——温室气体排放因子，单位与活动数据的单位相匹配；

　　　 GWP——全球变暖潜势，数值可参考政府间气候变化专门委员会（IPCC）提供的数据。

注：在计算燃料燃烧排放 CO_2 时，排放因子也可为含碳量、碳氧化率及 CO_2 折算系数（44/12）的乘积。

②物料平衡法：使用物料平衡法计算时，根据质量守恒定律，用输入物料中的含碳量减去输出物料中的含碳量进行平衡计算得到 CO_2 排放量，见式（5-2）：

$$E_{GHG}=[\sum(M_I\times CC_I)-\sum(M_O\times CC_O)]\times\omega\times GWP \tag{5-2}$$

式中：E_{GHG}——温室气体排放量，单位为吨二氧化碳当量（tCO_2e）；

　　　M_I——输入物料的量，单位根据具体排放源确定；

　　　M_O——输出物料的量，单位根据具体排放源确定；

　　　CC_I——单位质量输入物料的含碳量，单位与输入物料的量的单位相匹配；

　　　CC_O——单位质量输出物料的含碳量，单位与输出物料的量的单位相匹配；

　　　ω——碳质量转化为温室气体质量的转换系数；

　　　GWP——全球变暖潜势，数值可参考政府间气候变化专门委员会（IPCC）提供的数据。

注：本公式只适用于含碳温室气体的计算。如需计算其他温室气体排放量，可根据具体情况确定计算公式。

（2）实测法

①连续在线监测法。如烟气连续监测系统（CEMS）测量温室气体排放到大气中的温室气体排放量。

②实验室监测分析法：现场采样并于实验室分析。

（3）核算方法的选用依据

宜按照一定的优先级对核算方法进行选择，选择核算方法可参考的因素包括：

①核算结果的数据准确度要求。

②可获得的计算用数据情况。

③排放源的可识别程度。

5．选择与收集温室气体活动数据

温室气体排放源包括燃料排放源（固定燃烧源、移动燃烧源）、过程排放源、逸散排放源、购入电力与热力排放源、固碳产品排放源。

报告主体应根据所选定的核算方法的要求来选择和收集温室气体活动数据。数据的类型按照优先级，如表 5-1 所示。报告主体应按照优先级由高到低的次序选择和收集数据。

表 5-1　温室气体活动数据收集优先级

数据类型	描述	优先级
原始数据	直接计量、监测获得的数据	高
二次数据	通过原始数据折算获得的数据，如根据年度购买量及库存量的变化确定的数据、根据财务数据折算的数据等	中
替代数据	来自相似过程或活动的数据，如计算冷媒逸散量时可采用相似制冷设备的冷媒填充量等	低

报告主体主要排放源活动数据及来源如表 5-2 所示。

表 5-2　报告主体主要排放源活动数据及来源

温室气体排放源	数据来源
固定燃烧源	企业能源平衡表
移动燃烧源	企业能源平衡表
过程排放源	原料消耗表 水平衡表（废水量） 废水监测报表（BOD、COD 浓度） 财务报表（原料购买量/购买额）
逸散排放源	监测报表
购入电力、热力或蒸汽	企业能源平衡表 财务报表（相关销售额） 采购发票或凭证
生物燃料运输设备	企业能源平衡表 财务报表（生物燃料消耗量/运输货物重量、里程） 采购发票或凭证
固碳产品	产品产量表 财务报表（产值）

6. 选择或测定温室气体排放因子

在获取温室气体排放因子时应考虑如下因素：

①来源明确，有公信力。

②适用性。

③时效性。

温室气体排放因子获取优先级如表 5-3 所示。

表 5-3　温室气体排放因子获取优先级

数据类型	描述	优先级
排放因子实测值或测算值	通过工业企业内的直接测量、能量平衡或物料平衡等方法得到的排放因子或相关参数值	高
排放因子参考值	采用相关指南或文件中提供的排放因子	低

报告主体应对温室气体排放因子的来源作出说明。

7. 计算与汇总温室气体排放量

报告主体应根据所选定的核算方法对温室气体排放进行计算。所有温室气体的排放量均应折算为 CO_2 当量。

温室气体排放总量见式（5-3）：

$$E= E_{燃烧}+E_{过程}+E_{购入电}-E_{输出电}+E_{购入热}-E_{输出热}-E_{回收利用} \tag{5-3}$$

式中：E——温室气体排放总量，单位为吨二氧化碳当量（tCO_2e）；

$E_{燃烧}$——燃料燃烧产生的温室气体排放量总和，单位为吨二氧化碳当量（tCO_2e）；

$E_{过程}$——过程温室气体排放量总和，单位为吨二氧化碳当量（tCO_2e）；

$E_{购入电}$——购入的电力所产生的二氧化碳排放，单位为吨二氧化碳当量（tCO_2e）；

$E_{输出电}$——输出的电力所产生的二氧化碳排放，单位为吨二氧化碳当量（tCO_2e）；

$E_{购入热}$——购入的热力所产生的二氧化碳排放，单位为吨二氧化碳当量（tCO_2e）；

$E_{输出热}$——输出的热力所产生的二氧化碳排放，单位为吨二氧化碳当量（tCO_2e）；

$E_{回收利用}$——燃料燃烧、工艺过程产生的温室气体经回收作为生产原料自用或作为产品外供所对应的温室气体排放量，单位为吨二氧化碳当量（tCO_2e）。

（四）温室气体排放报告

1. 概述

根据温室气体排放核算和报告目的与要求，确定温室气体报告的具体内容。

2. 基本信息

报告主体基本信息包括企业名称、单位性质、报告年度、所属行业、统一社会信用代码、法人代表、填报负责人和联系信息等。

3. 温室气体排放量

报告主体应报告在核算和报告期内温室气体排放量，并分别报告燃料燃烧温室气体排放量、过程排放量、购入电力温室气体排放量、购入热力温室气体排放量。

此外，还应报告其他重点说明的问题，如生物质燃料燃烧产生 CO_2 排放，固碳产品隐含碳对应的排放等。

4. 活动数据来源

报告主体应报告企业生产所使用的不同品种燃料的消耗量和相应的低位发热量；过程排放的相关数据；购入的电力、热力量等。

5. 排放因子数据来源

报告主体应报告消耗的各种燃料的单位热值含碳量和碳氧化率；过程排放的相关排放因子；购入电力/热力的生产排放因子，并说明来源。

二、碳（温室气体）排放总量核算

（一）发电企业温室气体排放总量核算

发电企业温室气体（CO₂）排放总量计算

加和项目包括化石燃烧 CO_2 排放、脱硫过程 CO_2 排放、净购入使用电力产生的 CO_2 排放量。

按式（5-4）计算：

CO_2 排放总量（t）=化石燃烧 CO_2 排放量（t）+脱硫过程 CO_2 排放量（t）+
净购入使用电力产生 CO_2 排放量（t）　　　　（5-4）

（二）电网企业温室气体排放总量核算

加和项目包括 SF_6 设备检修与退役过程产生的 SF_6 和输配电量损失产生的 CO_2 排放的总和。

按式（5-5）计算：

$$E=E_{SF_6}+E_{网损}\qquad(5\text{-}5)$$

式中：E——温室气体排放总量，单位为吨二氧化碳当量（tCO_2e）；

$\quad E_{SF_6}$——使用 SF_6 设备检修与退役过程中产生的 SF_6 排放量，单位为吨二氧化碳当量（tCO_2e）；

$\quad E_{网损}$——输配电损失引起的 CO_2 排放总量，单位为吨二氧化碳当量（tCO_2e）。

（三）民用航空企业温室气体排放总量核算

民用航空企业的温室气体排放总量等于：

加和项目：燃料燃烧、企业购入的电力、热力产生的 CO_2 排放量。

扣除项目：输出电力、热力的 CO_2 排放量。

具体按式（5-6）计算：

$$E=E_{燃烧}+E_{购入电}+E_{购入热}-E_{输出电}-E_{输出热}\qquad(5\text{-}6)$$

式中：E——温室气体排放总量，单位为吨二氧化碳（tCO_2）；

$\quad E_{燃烧}$——燃料燃烧排放量，单位为吨二氧化碳（tCO_2）；

$\quad E_{购入电}$——购入的电力消耗对应的排放量，单位为吨二氧化碳（tCO_2）；

$E_{购入热}$——购入的热力消耗对应的排放量，单位为吨二氧化碳（tCO_2）；

$E_{输出电}$——输出的电力对应的排放量，单位为吨二氧化碳（tCO_2）；

$E_{输出热}$——输出的热力对应的排放量，单位为吨二氧化碳（tCO_2）。

（四）煤炭生产企业温室气体排放总量核算

煤炭企业的温室气体排放总量等于：

加和项目：化石燃料燃烧 CO_2 排放量、火炬燃烧 CO_2 排放量、CH_4 逃逸排放量、CO_2 逃逸排放量、购入电力与热力对应的 CO_2 排放量。

扣除项目：输出电力与热力对应的 CO_2 排放量。

具体按式（5-7）计算：

$$E= E_{燃烧}+E_{火炬}+E_{CH_4逃逸}+E_{CO_2逃逸}+E_{购入电}+E_{购入热}-E_{输出电}-E_{输出热}-E_{CH_4利用} \qquad (5-7)$$

式中：E——报告主体的温室气体排放总量，单位为吨二氧化碳当量（tCO_2e）；

　　　$E_{燃烧}$——报告主体的化石燃料燃烧二氧化碳排放量，单位为吨二氧化碳当量（tCO_2e）；

　　　$E_{火炬}$——报告主体的火炬燃烧二氧化碳排放量，单位为吨二氧化碳当量（tCO_2e）；

　　　$E_{CH_4逃逸}$——报告主体的甲烷逃逸排放量，单位为吨二氧化碳当量（tCO_2e）；

　　　$E_{CH_4利用}$——报告主体的甲烷使用量，单位为吨二氧化碳当量（tCO_2e）；

　　　$E_{CO_2逃逸}$——报告主体的二氧化碳逃逸排放量，单位为吨二氧化碳当量（tCO_2e）。

（五）平板玻璃生产企业温室气体排放总量核算

平板玻璃生产企业的温室气体排放总量等于：

加和项目：企业边界内的燃料燃烧 CO_2 排放量、原料配料中碳粉氧化产生的 CO_2 排放量、原料碳酸盐分解产生的 CO_2、购入电力及热力产生的 CO_2 排放量。

扣除项目：输出电力及热力产生的 CO_2 排放量。

具体按式（5-8）计算：

$$E= E_{燃烧}+E_{碳粉}+E_{分解}+E_{购入电}+E_{购入热}-E_{输出电}-E_{输出热} \qquad (5-8)$$

式中：E——报告主体的温室气体排放总量，单位为吨二氧化碳（tCO_2）；

　　　$E_{燃烧}$——报告主体的燃料燃烧排放量，单位为吨二氧化碳（tCO_2）；

　　　$E_{碳粉}$——报告主体的原料配料中碳粉氧化产生的排放量，单位为吨二氧化碳（tCO_2）；

　　　$E_{分解}$——报告主体的原料碳酸盐分解产生的排放，单位为吨二氧化碳（tCO_2）；

　　　$E_{购入电}$——报告主体购入的电力所产生的二氧化碳排放量，单位为吨二氧化碳（tCO_2）；

$E_{购入热}$——报告主体购入的热力所产生的二氧化碳排放量，单位为吨二氧化碳（tCO_2）；

$E_{输出电}$——报告主体输出的电力所产生的二氧化碳排放量，单位为吨二氧化碳（tCO_2）；

$E_{输出热}$——报告主体输出的热力所产生的二氧化碳排放量，单位为吨二氧化碳（tCO_2）。

（六）水泥生产企业温室气体排放总量核算

水泥生产企业的 CO_2 排放总量等于：

加和项目：企业边界内所有燃料燃烧 CO_2 排放量、过程 CO_2 排放量、购入电力和热力生产的 CO_2 排放量。

扣除项目：输出的电力和热力对应的 CO_2 排放量。

具体按式（5-9）计算：

$$E= E_{燃烧}+E_{过程}+E_{购入电}+E_{购入热}-E_{输出电}-E_{输出热} \tag{5-9}$$

式中：E——报告主体的二氧化碳排放总量，单位为吨二氧化碳（tCO_2）；

$E_{燃烧}$——报告主体的燃料燃烧二氧化碳排放量，单位为吨二氧化碳（tCO_2）；

$E_{过程}$——报告主体在生产过程中原料碳酸盐分解产生的二氧化碳排放量，单位为吨二氧化碳（tCO_2）；

$E_{购入电}$——报告主体购入的电力所产生的二氧化碳排放量，单位为吨二氧化碳（tCO_2）；

$E_{购入热}$——报告主体购入的热力所产生的二氧化碳排放量，单位为吨二氧化碳（tCO_2）；

$E_{输出电}$——报告主体输出的电力所产生的二氧化碳排放量，单位为吨二氧化碳（tCO_2）；

$E_{输出热}$——报告主体输出的热力所产生的二氧化碳排放量，单位为吨二氧化碳（tCO_2）。

（七）陶瓷生产企业温室气体排放总量核算

陶瓷生产企业的全部温室气体排放包括：

加和项目：燃料燃烧的 CO_2 排放、陶瓷生产过程的 CO_2 排放、购入电力与热力所对应的 CO_2 排放量。

扣除项目：输出电力及热力产生的 CO_2 排放量。

具体按式（5-10）计算：

$$E= E_{燃烧}+E_{过程}+E_{购入电}+E_{购入热}-E_{输出电}-E_{输出热} \tag{5-10}$$

式中：E——报告主体的温室气体排放总量，单位为吨二氧化碳（tCO_2）；

$E_{燃烧}$——报告主体的燃料燃烧排放量，单位为吨二氧化碳（tCO_2）；

$E_{过程}$——报告主体的过程排放量，单位为吨二氧化碳（tCO_2）；

$E_{购入电}$——报告主体购入的电力产生的排放量，单位为吨二氧化碳（tCO_2）；

$E_{购入热}$——报告主体购入的热力产生的排放量，单位为吨二氧化碳（tCO_2）；

$E_{输出电}$——报告主体输出的电力产生的排放量，单位为吨二氧化碳（tCO_2）；

$E_{输出热}$——报告主体输出的热力产生的排放量，单位为吨二氧化碳（tCO_2）。

（八）矿山（含石灰石、电石）企业温室气体排放总量核算

矿山企业的温室气体排放总量等于：

加和项目：化石燃料燃烧 CO_2 排放量、碳酸盐分解 CO_2 排放量、购入的电力对应的 CO_2 排放量、购入热力对应的 CO_2 排放量。

扣除项目：输出的电力对应的 CO_2 排放量、输出热力对应的 CO_2 排放量、碳化工艺吸收的 CO_2 排放量。

具体按式（5-11）计算：

$$E = E_{燃烧} + E_{碳酸盐} + E_{购入电} + E_{购入热} - E_{输出电} - E_{输出热} - E_{碳化} \tag{5-11}$$

式中：E——报告主体核算边界内的温室气体排放总量，单位为吨二氧化碳（tCO_2）；

$E_{燃烧}$——报告主体的化石燃料燃烧二氧化碳排放量，单位为吨二氧化碳（tCO_2）；

$E_{碳酸盐}$——报告主体的碳酸盐分解二氧化碳排放量，单位为吨二氧化碳（tCO_2）；

$E_{购入电}$——报告主体购入电力对应的二氧化碳排放量，单位为吨二氧化碳（tCO_2）；

$E_{购入热}$——报告主体购入热力对应的二氧化碳排放量，单位为吨二氧化碳（tCO_2）；

$E_{输出电}$——报告主体输出电力对应的二氧化碳排放量，单位为吨二氧化碳（tCO_2）；

$E_{输出热}$——报告主体输出热力对应的二氧化碳排放量，单位为吨二氧化碳（tCO_2）；

$E_{碳化}$——报告主体碳化工艺吸收的二氧化碳量，单位为吨二氧化碳（tCO_2）。

（九）钢铁生产企业温室气体排放总量核算

钢铁生产企业的 CO_2 排放总量等于：

加和项目：核算边界内的所有化石燃料燃烧 CO_2 排放量、过程 CO_2 排放量、购入电力与热力所对应的 CO_2 排放量。

扣除项目：固碳产品（固化在粗钢、甲醇等外销产品中的碳所对应的 CO_2 排放）隐含的 CO_2 排放量、输出的电力和热力所对应的 CO_2 排放量。

具体按式（5-12）计算：

$$E = E_{燃烧} + E_{过程} + E_{购入电} + E_{购入热} - E_{固碳} - E_{输出电} - E_{输出热} \tag{5-12}$$

式中：E——二氧化碳排放总量，单位为吨二氧化碳（tCO_2）；

$E_{燃烧}$——燃料燃烧排放量，单位为吨二氧化碳（tCO_2）；

$E_{过程}$——过程排放量，单位为吨二氧化碳（tCO_2）；

$E_{购入电}$——购入的电力消费对应的排放量，单位为吨二氧化碳（tCO_2）；

$E_{购入热}$——购入的热力消费对应的排放量，单位为吨二氧化碳（tCO_2）；

$E_{输出电}$——输出的电力对应的排放量，单位为吨二氧化碳（tCO_2）；

$E_{输出热}$——输出的热力对应的排放量，单位为吨二氧化碳（tCO_2）；

$E_{固碳}$——企业固碳产品隐含的排放量，单位为吨二氧化碳（tCO_2）。

（十）有色金属冶炼和加工企业温室气体排放总量核算

企业的温室气体排放总量等于：

加和项目：企业边界内所有生产系统的化石燃料燃烧排放量、能源作为原材料用途的排放量、过程排放量，以及企业购入的电力、热力消费的排放量。

扣除项目：输出的电力、热力所对应的排放量。

具体按式（5-13）计算：

$$E = E_{燃烧} + E_{原材料} + E_{过程} + E_{购入电} + E_{购入热} - E_{输出电} - E_{输出热} \tag{5-13}$$

式中：E——报告主体的温室气体排放总量，单位为吨二氧化碳（tCO_2）；

$E_{燃烧}$——报告主体的化石燃料燃烧排放量，单位为吨二氧化碳（tCO_2）；

$E_{原材料}$——能源作为原材料用途的排放量，单位为吨二氧化碳（tCO_2）；

$E_{过程}$——过程排放量，单位为吨二氧化碳（tCO_2）；

$E_{购入电}$——报告主体购入的电力消费的排放量，单位为吨二氧化碳（tCO_2）；

$E_{购入热}$——报告主体购入的热力消费的排放量，单位为吨二氧化碳（tCO_2）；

$E_{输出电}$——报告主体输出的电力产生的排放量，单位为吨二氧化碳（tCO_2）；

$E_{输出热}$——报告主体输出的热力产生的排放量，单位为吨二氧化碳（tCO_2）。

（十一）铝冶炼企业温室气体排放总量核算

铝冶炼企业的温室气体排放总量等于：

加和项目：企业所有生产系统的化石燃料燃烧排放的 CO_2、能源作为原料用途排放的 CO_2、生产过程阳极效应所导致的全氟化碳和碳酸盐分解所产生的氧化碳及企业购入的电力和热力所对应的 CO_2 排放量。

扣除项目：输出电力和热力所对应的 CO_2 排放量。

具体按式（5-14）计算：

$$E = E_{燃烧} + E_{原材料} + E_{过程} + E_{购入电} + E_{购入热} - E_{输出电} - E_{输出热} \tag{5-14}$$

式中：E——报告主体的温室气体排放总量，单位为吨二氧化碳当量（tCO_2e）；

　　$E_{燃烧}$——报告主体的燃料燃烧排放量，单位为吨二氧化碳当量（tCO_2e）；

　　$E_{原材料}$——能源作为原材料用途的排放量，单位为吨二氧化碳当量（tCO_2e）；

　　$E_{过程}$——过程排放量，单位为吨二氧化碳当量（tCO_2e）；

　　$E_{购入电}$——报告主体购入的电力消费的排放量，单位为吨二氧化碳当量（tCO_2e）；

　　$E_{购入热}$——报告主体购入的热力消费的排放量，单位为吨二氧化碳当量（tCO_2e）；

　　$E_{输出电}$——报告主体输出的电力产生的排放量，单位为吨二氧化碳当量（tCO_2e）；

　　$E_{输出热}$——报告主体输出的热力产生的排放量，单位为吨二氧化碳当量（tCO_2e）。

（十二）镁冶炼企业温室气体排放总量核算

镁冶炼 CO_2 排放总量等于：

加和项目：企业所有生产系统的化石燃料燃烧 CO_2 排放量、能源作为原料用途的 CO_2 排放量、过程 CO_2 排放量、企业购入电力和热力消费所对应的 CO_2 排放量。

扣除项目：输出电力和热力所对应的 CO_2 排放量。

具体按式（5-15）计算：

$$E= E_{燃烧}+E_{原材料}+ E_{过程}+E_{购入电}+E_{购入热}-E_{输出电}-E_{输出热} \tag{5-15}$$

式中：E——报告主体的温室气体排放总量，单位为吨二氧化碳（tCO_2）；

　　$E_{燃烧}$——报告主体的燃料燃烧排放量，单位为吨二氧化碳（tCO_2）；

　　$E_{原材料}$——能源作为原材料用途的排放量，单位为吨二氧化碳（tCO_2）；

　　$E_{过程}$——过程排放量，单位为吨二氧化碳（tCO_2）；

　　$E_{购入电}$——报告主体购入的电力消费的排放量，单位为吨二氧化碳（tCO_2）；

　　$E_{购入热}$——报告主体购入的热力消费的排放量，单位为吨二氧化碳（tCO_2）；

　　$E_{输出电}$——报告主体输出的电力排放量，单位为吨二氧化碳（tCO_2）；

　　$E_{输出热}$——报告主体输出的热力排放量，单位为吨二氧化碳（tCO_2）。

（十三）石油天然气生产企业温室气体排放总量核算

石油天然气生产企业的温室气体排放总量等于：

加和项目：核算边界内各个业务环节的化石燃料燃烧 CO_2 排放量、火炬系统燃烧产生的 CO_2 排放量、工艺放空排放量、设备逃逸排放量（其中非 CO_2 气体应按全球增温潜势，即 GWP 值，折算成 CO_2 当量，以下不再赘述）、企业购入电力和热力所对应的 CO_2 排放量。

扣除项目：企业 CH_4 和 CO_2 回收利用量、输出的电力及热力所对应的 CO_2 排放量。

具体按式（5-16）计算：

$$E = \sum_s E_s + E_{购入电} + E_{购入热} - R_{CO_2回收} - R_{CH_4回收} - E_{输出电} - E_{输出热} \qquad (5\text{-}16)$$

式中：E——报告主体不同业务活动的温室气体排放量，单位为吨二氧化碳当量（tCO₂e）；

E_s——报告主体业务活动 s 直接产生的温室气体排放量，业务活动类型包括油气勘探、油气开采、油气处理、油气储运，单位为吨二氧化碳当量（tCO₂e），具体计算按式（5-17）计算；

$R_{CO_2回收}$——报告主体免于排放到大气中的二氧化碳量，单位为吨二氧化碳当量（tCO₂e）；

$R_{CH_4回收}$——报告主体免于排放到大气中的CH₄量，单位为吨二氧化碳当量（tCO₂e）；

$E_{购入电}$——报告主体购入电力对应的二氧化碳排放量，单位为吨二氧化碳当量（tCO₂e）；

$E_{购入热}$——报告主体购入热力对应的二氧化碳排放量，单位为吨二氧化碳当量（tCO₂e）。

$$E_s = E_{燃烧,s} + E_{火炬,s} + E_{放空,s} + E_{逃逸,s} \qquad (5\text{-}17)$$

式中：$E_{燃烧,s}$——业务活动 s 下化石燃料燃烧二氧化碳放量，单位为吨二氧化碳（tCO₂）；

$E_{火炬,s}$——业务活动 s 下通过火炬系统燃烧可燃废气产生的温室气体排放量，单位为吨二氧化碳当量（tCO₂e）；

$E_{放空,s}$——业务活动 s 下人为或设备自动放空引起的温室气体排放量，单位为吨二氧化碳当量（tCO₂e）；

$E_{逃逸,s}$——业务活动 s 下由于设备逃逸产生的温室气体排放量，单位为吨二氧化碳当量（tCO₂e）。

（十四）石油化工企业温室气体排放总量核算

石油化工企业的 CO_2 排放总量等于：

加和项：核算边界内化石燃料燃烧 CO_2 排放量、火炬系统燃烧 CO_2 排放量、石油产品或石油化工产品生产过程 CO_2 排放量、企业购入电力及热力对应的生产环节 CO_2 排放量。

扣除项：CO_2 回收利用量、企业输出电力及热力所对应的 CO_2 排放量。

具体按式（5-18）计算：

$$E = E_{燃烧} + E_{火炬} + E_{过程} + E_{购入电} + E_{购入热} - R_{回收} - E_{输出电} - E_{输出热} \qquad (5\text{-}18)$$

式中：E——报告主体的二氧化碳排放总量，单位为吨二氧化碳（tCO₂）；

$E_{燃烧}$——报告主体的化石燃料燃烧二氧化碳排放量，单位为吨二氧化碳（tCO₂）;

$E_{火炬}$——报告主体的火炬系统燃烧二氧化碳排放量，单位为吨二氧化碳（tCO₂）;

$E_{过程}$——报告主体的石油产品或石油化工产品产生过程的二氧化碳排放量，单位为吨二氧化碳（tCO₂）;

$E_{购入电}$——报告主体购入电力对应的二氧化碳排放量，单位为吨二氧化碳（tCO₂）;

$E_{购入热}$——报告主体购入热力对应的二氧化碳排放量，单位为吨二氧化碳（tCO₂）;

$R_{回收}$——报告主体免于排放到大气中的二氧化碳量，单位为吨二氧化碳（tCO₂）;

$E_{输出电}$——报告主体输出电力对应的二氧化碳排放量，单位为吨二氧化碳（tCO₂）;

$E_{输出热}$——报告主体输出热力对应的二氧化碳排放量，单位为吨二氧化碳（tCO₂）。

（十五）化工企业温室气体排放总量核算

化工生产企业各个核算单元的温室气体排放总量为：

加和项目：化石燃料燃烧产生的 CO_2 排放量、生产过程中的 CO_2 排放量和 N_2O 排放量（如果有）、购入电力、热力产生的 CO_2 排放量。

扣除项目：回收且外供的 CO_2 的量（如果有），以及输出的电力、热力所对应的 CO_2 排放量（如果有）。

具体按式（5-19）计算：

$$E=\sum_i\left(E_{燃烧,i}+E_{过程,i}+E_{购入电,i}+E_{购入热,i}-R_{CO_2回收,i}-E_{输出电,i}-E_{输出热,i}\right) \quad (5-19)$$

式中：E——报告主体的温室气体排放总量，单位为吨二氧化碳当量（tCO₂e）;

$E_{燃烧,i}$——核算单元 i 的燃料燃烧产生的二氧化碳排放量，单位为吨二氧化碳当量（tCO₂e）;

$E_{过程,i}$——核算单元 i 的工业生产过程产生的各种温室气体排放总量，单位为吨二氧化碳当量（tCO₂e）;

$E_{购入电,i}$——核算单元 i 的购入电力产生的二氧化碳排放，单位为吨二氧化碳当量（tCO₂e）;

$E_{购入热,i}$——核算单元 i 的购入热力产生的二氧化碳排放，单位为吨二氧化碳当量（tCO₂e）;

$E_{CO_2回收,i}$——核算单元 i 回收且外供的二氧化碳量，单位为吨二氧化碳当量（tCO₂e）;

$E_{输出电,i}$——核算单元 i 输出电力产生的二氧化碳排放，单位为吨二氧化碳当量（tCO₂e）;

$E_{输出热,i}$——核算单元 i 输出热力产生的二氧化碳排放，单位为吨二氧化碳当量

（tCO$_2$e）；

i——核算单元编号。

（十六）氟化工企业温室气体排放总量核算

氟化工企业核算边界内的温室气体排放总量等于：

加和项目：化石燃料燃烧的 CO$_2$ 排放量、工业过程的 CO$_2$ 当量排放、购入电力、热力所对应的 CO$_2$ 排放量。

扣除项目：输出的电力（如果有）和热力所对应的 CO$_2$ 排放量（如果有）。

具体按式（5-20）计算：

$$E= E_{燃烧}+E_{过程}+E_{购入电}+E_{购入热}-E_{输出电}-E_{输出热} \qquad (5\text{-}20)$$

式中：E——报告主体核算边界内的温室气体排放总量，单位为吨二氧化碳（tCO$_2$）；

$E_{燃烧}$——报告主体的化石燃料燃烧二氧化碳排放量，单位为吨二氧化碳（tCO$_2$）；

$E_{过程}$——报告主体工业过程的二氧化碳当量排放量，单位为吨二氧化碳（tCO$_2$）；

$E_{购入电}$——报告主体购入电力对应的二氧化碳排放量，单位为吨二氧化碳（tCO$_2$）；

$E_{购入热}$——报告主体购入热力对应的二氧化碳排放量，单位为吨二氧化碳（tCO$_2$）；

$E_{输出电}$——报告主体输出电力对应的二氧化碳排放量，单位为吨二氧化碳（tCO$_2$）；

$E_{输出热}$——报告主体输出热力对应的二氧化碳排放量，单位为吨二氧化碳（tCO$_2$）。

（十七）独立焦化企业温室气体排放总量核算

独立焦化企业核算边界内的 CO$_2$ 排放总量等于：

加和项目：化石燃料燃烧 CO$_2$ 排放量、工业过程的 CO$_2$ 排放量、购入电力、热力所对应的 CO$_2$ 排放量。

扣除项目：CO$_2$ 回收利用量（如果有）以及输出的电力（如果有）和热力所对应的 CO$_2$ 排放量（如果有）。

具体按式（5-21）计算：

$$E= E_{燃烧} +E_{过程}+E_{购入电}+E_{购入热}-R_{CO_2回收}-E_{输出电}-E_{输出热} \qquad (5\text{-}21)$$

式中：E——报告主体核算边界内的二氧化碳排放总量，单位为吨二氧化碳（tCO$_2$）；

$E_{燃烧}$——报告主体的化石燃料燃烧二氧化碳排放量，单位为吨二氧化碳（tCO$_2$）；

$E_{过程}$——报告主体工业过程的二氧化碳排放量，单位为吨二氧化碳（tCO$_2$）；

$E_{购入电}$——报告主体购入电力对应的二氧化碳排放量，单位为吨二氧化碳（tCO$_2$）；

$E_{购入热}$——报告主体购入热力对应的二氧化碳排放量，单位为吨二氧化碳（tCO$_2$）；

$R_{CO_2 回收}$——报告主体的二氧化碳回收利用量，单位为吨二氧化碳（tCO_2）；

$E_{输出电}$——报告主体输出电力对应的二氧化碳排放量，单位为吨二氧化碳（tCO_2）；

$E_{输出热}$——报告主体输出热力对应的二氧化碳排放量，单位为吨二氧化碳（tCO_2）。

（十八）造纸和纸制品生产企业温室气体排放总量核算

企业的温室气体排放总量等于：

加和项目：企业边界内所有生产系统的化石燃料燃烧排放量、过程排放量、废水厌氧处理的 CH_4 排放量以及企业购入的电力、热力消费的 CO_2 排放量。

扣除项目：输出的电力、热力所对应的 CO_2 排放量。

具体按式（5-22）计算：

$$E= E_{燃烧} +E_{过程}+E_{甲烷}+E_{购入电}+E_{购入热}-E_{输出电}-E_{输出热} \qquad (5-22)$$

式中：E——报告主体温室气体排放总量，单位为吨二氧化碳当量（tCO_2e）；

$E_{燃烧}$——报告主体的化石燃料燃烧排放量，单位为吨二氧化碳当量（tCO_2e）；

$E_{过程}$——过程排放量，单位为吨二氧化碳当量（tCO_2e）；

$E_{甲烷}$——废水厌氧处理的甲烷排放量，单位为吨二氧化碳当量（tCO_2e）；

$E_{购入电}$——报告主体购入的电力消费排放量，单位为吨二氧化碳当量（tCO_2e）；

$E_{购入热}$——报告主体购入的热力消费的排放量，单位为吨二氧化碳当量（tCO_2e）；

$E_{输出电}$——报告主体输出的电力产生的排放量，单位为吨二氧化碳当量（tCO_2e）；

$E_{输出热}$——报告主体输出的热力产生的排放量，单位为吨二氧化碳当量（tCO_2e）。

（十九）电子设备制造企业温室气体排放总量核算

电子设备制造企业的温室气体排放总量应等于：

加和项目：边界内所有生产系统的化石燃料燃烧所产生的排放量、工业生产过程排放量，以及企业购入的电力、热力消费的排放量。

扣除项目：输出的电力、热力所对应的排放量。

具体按式（5-23）计算：

$$E= E_{燃烧}+E_{过程}+E_{购入电}+E_{购入热}-E_{输出电}-E_{输出热} \qquad (5-23)$$

式中：E——报告主体温室气体排放总量，单位为吨二氧化碳当量（tCO_2e）；

$E_{燃烧}$——报告主体的化石燃料燃烧排放量，单位为吨二氧化碳当量（tCO_2e）；

$E_{过程}$——报告主体工业生产过程排放量，单位为吨二氧化碳当量（tCO_2e）；

$E_{购入电}$——报告主体购入的电力消费排放量，单位为吨二氧化碳当量（tCO_2e）；

$E_{购入热}$——报告主体购入的热力消费的排放量,单位为吨二氧化碳当量(tCO$_2$e);

$E_{输出电}$——报告主体输出的电力产生的排放量,单位为吨二氧化碳当量(tCO$_2$e);

$E_{输出热}$——报告主体输出的热力产生的排放量,单位为吨二氧化碳当量(tCO$_2$e)。

(二十)机械设备制造企业温室气体排放总量核算

机械设备制造企业的温室气体排放总量等于:

加和项目:边界内所有生产系统的化石燃料燃烧所产生的排放量、工业生产过程排放量,以及企业购入的电力、热力消费的排放量。

扣除项目:输出的电力、热力所对应的排放量。

具体按式(5-24)计算:

$$E = E_{燃烧} + E_{过程} + E_{购入电} + E_{购入热} - E_{输出电} - E_{输出热} \tag{5-24}$$

式中:E——报告主体温室气体排放总量,单位为吨二氧化碳当量(tCO$_2$e);

$E_{燃烧}$——报告主体燃料燃烧排放量,单位为吨二氧化碳(tCO$_2$);

$E_{过程}$——报告主体工业生产过程中温室气体的排放量,单位为吨二氧化碳当量(tCO$_2$e);

$E_{购入电}$——报告主体购入的电力消费的排放量,单位为吨二氧化碳(tCO$_2$);

$E_{购入热}$——报告主体购入的热力消费的排放量,单位为吨二氧化碳(tCO$_2$);

$E_{输出电}$——报告主体输出的电力产生的排放量,单位为吨二氧化碳(tCO$_2$);

$E_{输出热}$——报告主体输出的热力产生的排放量,单位为吨二氧化碳(tCO$_2$)。

(二十一)食品、烟草及酒、饮料和精制茶企业温室气体排放总量核算

食品、烟草及酒、饮料和精制茶生产企业温室气体排放总量等于:

加和项目:企业边界内所有化石燃料燃烧排放的 CO$_2$、工业生产过程产生的 CO$_2$ 排放、废水厌氧处理产生的 CO$_2$ 排放当量、购入电力及热力产生的 CO$_2$ 排放量。

扣除项目:输出电力、热力产生的 CO$_2$ 排放量。

具体按式(5-25)计算:

$$E = E_{燃烧} + E_{过程} + E_{废水} + E_{购入电} + E_{购入热} - E_{输出电} - E_{输出热} \tag{5-25}$$

式中:E——报告主体的二氧化碳排放总量,单位为吨二氧化碳(tCO$_2$);

$E_{燃烧}$——报告主体的化石燃料燃烧产生的二氧化碳排放量,单位为吨二氧化碳(tCO$_2$);

$E_{过程}$——工业生产过程中二氧化碳排放量,单位为吨二氧化碳(tCO$_2$);

$E_{废水}$——废水厌氧处理过程产生的甲烷转化为二氧化碳排放当量，单位为吨二氧化碳（tCO_2）；

$E_{购入电}$——报告主体购入的电力消费的排放量，单位为吨二氧化碳（tCO_2）；

$E_{购入热}$——报告主体购入的热力消费的排放量，单位为吨二氧化碳（tCO_2）；

$E_{输出电}$——报告主体输出的电力产生的排放量，单位为吨二氧化碳（tCO_2）；

$E_{输出热}$——报告主体输出的热力产生的排放量，单位为吨二氧化碳（tCO_2）。

（二十二）纺织服装企业温室气体排放总量核算

纺织服装企业温室气体排放总量等于：

加和项目：边界内所有化石燃料燃烧 CO_2 排放量、过程 CO_2 排放量、废水处理排放的 CH_4、企业购入电力和热力消费所对应的 CO_2 排放量。

扣除项目：输出电力和热力所对应的 CO_2 排放量。

具体按式（5-26）计算：

$$E= E_{燃烧} +E_{过程}+E_{废水}+E_{购入电}+E_{购入热}-E_{输出电}-E_{输出热} \tag{5-26}$$

式中：E——报告主体的温室气体排放总量，单位为吨二氧化碳当量（tCO_2e）；

$E_{燃烧}$——报告主体燃料燃烧二氧化碳排放量，单位为吨二氧化碳（tCO_2）；

$E_{过程}$——报告主体过程二氧化碳排放量，单位为吨二氧化碳（tCO_2）；

$E_{废水}$——报告主体废水处理温室气体排放量，单位为吨二氧化碳当量（tCO_2e）；

$E_{购入电}$——报告主体购入的电力对应的二氧化碳排放量，单位为吨二氧化碳（tCO_2）；

$E_{购入热}$——报告主体购入的热力对应的二氧化碳排放量，单位为吨二氧化碳（tCO_2）；

$E_{输出电}$——报告主体输出的电力对应的二氧化碳排放量，单位为吨二氧化碳（tCO_2）；

$E_{输出热}$——报告主体输出的热力对应的二氧化碳排放量，单位为吨二氧化碳（tCO_2）。

（二十三）公共建筑运营企业温室气体排放总量核算

公共建筑运营单位（企业）的 CO_2 排放总量等于：

加和项目：企业边界内所有的化石燃料燃烧排放量、购入电力和热力产生的排放量。

扣除项目：输出的电力和热力对应的排放量。

具体按式（5-27）计算：

$$E= E_{燃烧}+E_{购入电}+E_{购入热}-E_{输出电}-E_{输出热} \tag{5-27}$$

式中：E——报告主体的二氧化碳排放总量，单位为吨二氧化碳（tCO_2）；

$E_{燃烧}$——报告主体的化石燃料燃烧二氧化碳排放量，单位为吨二氧化碳（tCO_2）；

$E_{购入电}$——报告主体购入的电力所产生的二氧化碳排放量，单位为吨二氧化碳（tCO_2）；

$E_{购入热}$——报告主体购入的热力所产生的二氧化碳排放量，单位为吨二氧化碳（tCO_2）；

$E_{输出电}$——报告主体输出的电力所产生的二氧化碳排放量，单位为吨二氧化碳（tCO_2）；

$E_{输出热}$——报告主体输出的热力所产生的二氧化碳排放量，单位为吨二氧化碳（tCO_2）。

（二十四）陆上交通运输企业温室气体排放总量核算

陆上交通运输企业的温室气体排放总量等于：

加和项目：企业运营边界内所有化石燃料燃烧排放量、尾气净化过程排放量以及企业购入对应电力、热力所产生的温室气体排放量。

扣除项目：输出的电力和热力对应的排放量。

具体按式（5-28）计算：

$$E= E_{燃烧}+E_{过程}+E_{购入电}+E_{购入热}-E_{输出电}-E_{输出热} \tag{5-28}$$

式中：E——报告主体的温室气体排放总量，单位为吨二氧化碳（tCO_2）；

$E_{燃烧}$——报告主体净消耗的各种化石燃料燃烧活动产生的温室气体排放量，单位为吨二氧化碳（tCO_2）；

$E_{过程}$——报告主体的运输车辆在尾气净化工程由于使用尿素等还原剂产生的二氧化碳排放量，单位为吨二氧化碳（tCO_2）；

$E_{购入电}$——报告主体购入的电力对应的二氧化碳排放量，单位为吨二氧化碳（tCO_2）；

$E_{购入热}$——报告主体购入的热力对应的二氧化碳排放量，单位为吨二氧化碳（tCO_2）；

$E_{输出电}$——报告主体输出的电力对应的二氧化碳排放量，单位为吨二氧化碳（tCO_2）；

$E_{输出热}$——报告主体输出的热力对应的二氧化碳排放量，单位为吨二氧化碳（tCO_2）。

（二十五）其他工业企业温室气体排放总量核算

报告主体温室气体排放总量包括：

加和项目：化石燃料燃烧 CO_2 排放量、碳酸盐使用过程 CO_2 排放量、废水厌氧处理 CH_4 排放量、企业购入电力或热力隐含的相对应的 CO_2 排放。

扣除项目：CH_4 回收量与火炬销毁 CH_4 量、CO_2 回收利用量（图5-2和表5-4）。

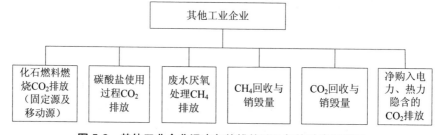

图5-2 其他工业企业温室气体排放源及气体种类示意图

表 5-4 报告主体 20___年温室气体排放量汇总表

源类别		排放量/t	温室气体排放量/tCO$_2$e
化石燃料燃烧 CO$_2$ 排放			
碳酸盐使用过程 CO$_2$ 排放			
工业废水厌氧处理 CH$_4$ 排放量			
CH$_4$ 回收与销毁量	CH$_4$ 回收自用量		
	CH$_4$ 回收外供第三方的量		
	CH$_4$ 火炬销毁量		
CO$_2$ 回收利用量			
企业净购入电力隐含的 CO$_2$ 排放量			
企业净购入热力隐含的 CO$_2$ 排放量			
其他显著存在的排放源（如果有）			
企业温室气体排放总量	不包括净购入电力和热力隐含的 CO$_2$ 排放		
	包括净购入电力和热力隐含的 CO$_2$ 排放		

具体按式（5-29）计算：

$$E_{GHG} = E_{CO_2\text{-燃烧}} + E_{CO_2\text{-碳酸盐}} + (E_{CH_4\text{-废水}} - R_{CH_4\text{-回收销毁}}) \times$$
$$GWP_{CH_4} - R_{CO_2\text{-回收}} + E_{CO_2\text{-净电}} + E_{CO_2\text{-净热}} \qquad (5\text{-}29)$$

式中：E_{GHG}——报告主体的温室气体排放总量，单位为吨二氧化碳当量（tCO$_2$e）；

$E_{CO_2\text{-燃烧}}$——报告主体的化石燃料燃烧 CO$_2$ 排放量，单位为吨二氧化碳当量（tCO$_2$e）；

$E_{CO_2\text{-碳酸盐}}$——报告主体碳酸盐使用过程分解产生的 CO$_2$ 排放量，单位为吨二氧化碳当量（tCO$_2$e）；

$E_{CH_4\text{-废水}}$——报告主体废水厌氧处理产生的 CH$_4$ 排放量，单位为吨甲烷（tCH$_4$）；

$R_{CH_4\text{-回收销毁}}$——报告主体的 CH$_4$ 回收与销毁量，单位为吨甲烷（tCH$_4$）；

GWP_{CH_4}——CH$_4$ 相比 CO$_2$ 的全球变暖潜势（GWP）值，根据 IPCC 第二次评估报告，100 年时间尺度内 1 t CH$_4$ 相当于 21 t CO$_2$ 的增温能力，因此 GWP 等于 21；

$R_{CO_2\text{-回收}}$——报告主体的 CO$_2$ 回收利用量，单位为吨二氧化碳当量（tCO$_2$e）；

$E_{CO_2\text{-净电}}$——报告主体净购入电力隐含的 CO$_2$ 排放量，单位为吨二氧化碳当量（tCO$_2$e）；

$E_{CO_2\text{-净热}}$——报告主体净购入热力隐含的 CO$_2$ 排放量，单位为吨二氧化碳当量（tCO$_2$e）。

报告主体没有上述温室气体排放源的可在式（5-29）中剔除该排放源。

报告主体如果存在式（5-29）之外的温室气体排放源且 CO_2 排放对报告主体温室气体排放总量的贡献大于 1%时，还应分别核算这些排放源的温室气体排放量，并在式（5-29）的加总中。

三、化石燃料燃烧碳（温室气体）排放量核算

不同业务活动下化石燃料燃烧排放的核算方法和数据获取原则相同，皆参考"化石燃料燃烧排放"方法进行核算。

（一）化石燃料产生的 CO_2 排放量计算公式

1. 一般企业化石燃料燃烧 CO_2 排放量

化石燃料燃烧的 CO_2 排放是企业核算和报告年度内各种化石燃料燃烧产生的 CO_2 排放量的加总，其中，对于生物质混合燃料燃烧产生的 CO_2 排放，仅统计混合燃料中化石燃料（如燃煤）的 CO_2 排放。纯生物质燃料燃烧的 CO_2 排放计算为零。

具体按式（5-30）计算：

$$E_{燃烧} = \sum_{i=1}^{n}\left(AD_i \times EF_i\right) \tag{5-30}$$

式中：$E_{燃烧}$——核算和报告年度内化石燃料燃烧产生的二氧化碳排放量，单位为吨二氧化碳（tCO_2）；

　　　AD_i——核算和报告年度内第 i 种化石燃料的活动数据，单位为吉焦（GJ）；

　　　EF_i——第 i 种化石燃料的二氧化碳排放因子，单位为吨二氧化碳每吉焦（tCO_2/GJ）；

　　　i——化石燃料类型代号。

2. 民用航空企业消耗的化石燃料燃烧 CO_2 排放量

民用航空企业的燃料燃烧 CO_2 排放包括：公共航空运输企业和通用航空运输企业在运输飞行中航空器消耗的航空汽油、航空煤油、生物质混合燃料燃烧的 CO_2 排放；民用航空企业地面活动、企业涉及的其他移动源和固定源消耗的燃料燃烧的 CO_2 排放。

民用航空企业燃料燃烧的 CO_2 排放总量按式（5-31）计算：

$$E_{燃烧} = \sum_{i=1}^{n}\left(AD_{化石,i} \times EF_{化石,i}\right) + \sum_{j=1}^{n}\left(AD_{生物质混合,j} \times EF_{化石,j}\right) \tag{5-31}$$

式中：$E_{燃烧}$——核算和报告年度内燃料燃烧产生的二氧化碳排放量，单位为吨二氧化碳（tCO_2）；

　　　$AD_{化石,i}$——核算和报告年度内第 i 种化石燃料的活动数据，单位为吉焦（GJ）；

　　　$EF_{化石,i}$——第 i 种化石燃料的二氧化碳排放因子，单位吨二氧化碳每吉焦（tCO_2/GJ）；

i——化石燃料类型；

AD$_{生物质混合,j}$——核算和报告年度内第j种生物质混合燃料的活动数据，单位为吉焦（GJ）；

EF$_{化石,j}$——生物质混合燃料j全部是化石燃料时的排放因子，单位为吨二氧化碳每吉焦（tCO$_2$/GJ），此处指航空汽油和航空煤油的排放因子；

j——生物质混合燃料类型。

3. 煤炭生产企业、石油天然气生产企业、化工企业化石燃料温室气体排放量计算

报告主体的化石燃料燃烧 CO$_2$ 排放量等于其核算边界内各种化石燃料燃烧设施（锅炉、加热炉、销毁炉、挖掘机、钻井机、采油树等）分品种的化石燃料燃烧量产生的 CO$_2$ 排放量之和，总量按式（5-32）计算：

$$E_{燃烧} = \sum_{i=1}^{n}\left(AD_i \times CC_i \times OF_i \times \frac{44}{12}\right) \tag{5-32}$$

式中：$E_{燃烧}$——报告主体化石燃料燃烧产生的二氧化碳排放量，单位为吨二氧化碳（tCO$_2$）；

AD$_i$——第i种化石燃料的消费量；对固体或液体燃料，单位为吨（t），对气体燃料，单位为万立方米（$10^4 m^3$）；

CC$_i$——第i种化石燃料的含碳量；对固体或液体燃料，单位为吨碳每吨（tC/t），对气体燃料，单位为吨碳每万立方米（tC/$10^4 m^3$）；

OF$_i$——化石燃料i在燃烧设备内的碳氧化率，%；

$\frac{44}{12}$——二氧化碳与碳的相对分子质量之比。

i——化石燃料类型代号。

4. 铝冶炼企业化石燃料温室气体排放量计算

燃料燃烧 CO$_2$ 排放量是企业核算和报告年度内各种燃料燃烧产生的 CO$_2$ 排放量的加和，总量按式（5-33）计算：

$$E_{燃烧} = \sum_{i=1}^{n}\left(AD_i \times EF_i\right) \times GWP_{CO_2} \tag{5-33}$$

式中：$E_{燃烧}$——核算和报告年度内化石燃料燃烧产生的二氧化碳排放量，单位为吨二氧化碳当量（tCO$_2$e）；

AD$_i$——核算和报告年度内第i种化石燃料的活动数据，单位为吉焦（GJ）；

EF$_i$——第i种化石燃料的二氧化碳排放因子，单位为吨二氧化碳每吉焦（tCO$_2$/GJ）；

GWP$_{CO_2}$——二氧化碳全球变暖潜势，取值为1；

i——化石燃料类型代号。

5. 石油化工企业化石燃料燃烧 CO_2 排放

化石燃料燃烧 CO_2 排放量主要基于企业边界内各个燃烧设施分品种的化石燃料燃烧量，乘以相应的燃料含碳量和碳氧化率，再逐层累加汇总得到，总量按式（5-34）计算：

$$E_{燃烧} = \sum_{j=1}^{n}\sum_{i=1}^{n}\left(AD_{i,j} \times CC_{i,j} \times OF_{i,j} \times \frac{44}{12} \right) \tag{5-34}$$

式中：$E_{燃烧}$——核算和报告年度内化石燃料燃烧产生的二氧化碳排放量，单位为吨二氧化碳当量（tCO_2e）；

   i——化石燃料的种类；

   j——燃料设施序号；

   $AD_{i,j}$——燃烧设施 j 内燃烧的化石燃料品种 i 燃料量，对固体或液体燃料以及炼厂干气以吨（t）为单位，对其他气体燃料以万标立方米（10^4 Nm^3）为单位，非标准状况下的体积需转化成标况进行计算；单位为吨（t），对气体燃料，单位为万立方米（10^4 m^3）；

   $CC_{i,j}$——设施 j 内燃烧的化石燃料 i 的含碳量，对固体和液体燃料以吨碳每吨燃料（tC/t）为单位，对气体燃料以吨碳每万标立方米（$tC/10^4$ Nm^3）为单位；

   $OF_{i,j}$—— 燃烧的化石燃料 i 的碳氧化率，以%表示。

6. 独立焦化企业化石燃料燃烧 CO_2 排放量

报告主体的化石燃料燃烧 CO_2 排放量等于其核算边界内各种焦炉（常规机焦炉、半焦炉、热回收焦炉）的燃料燃烧 CO_2 排放量以及其他燃烧设备化石燃料燃烧的 CO_2 排放量之和，总量按式（5-35）计算：

$$E_{燃烧} = E_{燃烧-常规机焦炉} + E_{燃烧-热回收焦炉} + E_{燃烧-其他燃烧设备} \tag{5-35}$$

式中：$E_{燃烧-常规机焦炉}$——报告主体常规机焦炉（半焦炉）燃料燃烧产生的二氧化碳排放量，单位为吨二氧化碳（tCO_2）；

   $E_{燃烧-热回收焦炉}$——报告主体热回收焦炉化石燃料燃烧产生的二氧化碳排放量，单位为吨二氧化碳（tCO_2）；

   $E_{燃烧-其他燃烧设备}$——报告主体除炼焦炉之外的其他燃烧设备化石燃料燃烧产生的二氧化碳排放量，单位为吨二氧化碳（tCO_2）。

（1）常规机焦炉（半焦炉）燃料燃烧 CO_2 排放量计算

按式（5-36）进行计算：

$$E_{燃烧-常规机焦炉} = \sum_{i=1}^{n}\left(AD_i \times CC_i \times OF_i \times \frac{44}{12} \right) \tag{5-36}$$

式中：$E_{燃烧-常规机焦炉}$——报告主体常规机焦炉（半焦炉）燃料燃烧产生的二氧化碳排放量，单位为吨二氧化碳（tCO_2）；

　　　AD_i——进入常规机焦炉（半焦炉）燃烧室的各个燃气品种 i（包括焦炉煤气、高炉煤气、转炉煤气等）的消费量，单位为万标立方米（$10^4 Nm^3$）；

　　　CC_i——燃气品种 i 的含碳量，单位为吨碳每万标立方米（$tC/10^4 Nm^3$）；

　　　OF_i——燃料品种 i 的碳氧化率，以%表示；

　　　i——燃气品种类型代号。

（2）热回收焦炉化石燃料燃烧 CO_2 排放量计算

按式（5-37）计算：

$$E_{燃烧-热回收焦炉} = \left[\sum_{r=1}^{n} \left(PM_r \times CC_r \right) - COK \times CC_{COK} \right] \times \frac{44}{12} \tag{5-37}$$

式中：$E_{燃烧-热回收焦炉}$——报告主体热回收焦炉化石燃料燃烧产生的二氧化碳排放量，单位为吨二氧化碳（tCO_2）；

　　　PM_r——进入热回收焦炉炭化室的炼焦原料 r（分别指炼焦煤及各种配料）的消费量，单位为吨（t）；

　　　CC_r——炼焦原料 r 的含碳量，单位为吨碳每吨（tC/t）；

　　　COK——热回收焦炉产出的焦炭量，单位为吨（t）；

　　　CC_{COK}——焦炭的含碳量，单位为吨碳每吨（tC/t）；

　　　r——燃气品种类型代号。

（3）其他焦炉燃烧设备化石燃料燃烧 CO_2 排放量计算

报告主体除常规机焦炉（半焦炉）和热回收焦炉之外的其他燃烧设备化石燃料燃烧 CO_2 排放量按式（5-38）计算：

$$E_{燃烧-其他燃烧设备} = \sum_{j=1}^{n} \sum_{i=1}^{m} \left(AD_{i,j} \times CC_{i,j} \times OF_{i,j} \times \frac{44}{12} \right) \tag{5-38}$$

式中：$E_{燃烧-其他燃烧设备}$——报告主体除炼焦炉之外的其他燃烧设备化石燃料燃烧产生的二氧化碳排放量，单位为吨二氧化碳（tCO_2）；

　　　$AD_{i,j}$——进入燃烧设备 j 的第 i 种化石燃料的燃烧量；对固体或液体燃料，单位为吨（t）；对气体燃料，单位为万标立方米（$10^4 Nm^3$）；

　　　$CC_{i,j}$——进入燃烧设备 j 的第 i 种化石燃料的含碳量；对固体和液体燃料，单位为吨碳每吨（tC/t）；对气体燃料，单位为吨碳每万标立方米（$tC/10^4 Nm^3$）；

　　　$OF_{i,j}$——化石燃料 i 在燃烧设备 j 内的碳氧化率，以%表示；

　　　i——化石燃料类型代号；

j——燃烧设备的序号。

7. 陆上交通运输企业化石燃料燃烧 CO_2 排放量

陆上交通运输企业燃料燃烧活动产生的温室气体排放量是企业在核算和报告期内各种化石燃料燃烧产生的温室气体排放量之和，总量按式（5-39）计算：

$$E_{燃烧} = E_{燃烧-CO_2} + E_{燃烧-CH_4} + E_{燃烧-N_2O} \tag{5-39}$$

式中：$E_{燃烧}$——核算和报告期内化石燃料燃烧产生的温室气体排放量，单位为吨二氧化碳当量（tCO_2e）；

$E_{燃烧-CO_2}$——核算和报告期内运输车辆燃烧化石燃料产生的 CO_2 排放量，单位为吨二氧化碳（tCO_2）；

$E_{燃烧-CH_4}$——核算和报告期内运输车辆燃烧化石燃料产生的 CH_4 排放量，单位为吨二氧化碳当量（tCO_2e）；

$E_{燃烧-N_2O}$——核算和报告期内运输车辆燃烧化石燃料产生的 N_2O 排放量，单位为吨二氧化碳当量（tCO_2e）。

（二）活动数据获取

1. 化石燃料活动数据获取

化石燃料的活动数据是核算和报告年度内各种化石燃料的消耗量与低位发热量的乘积，按式（5-40）计算：

$$AD_i = NCV_i \times FC_i \tag{5-40}$$

式中：AD_i——核算和报告年度内第 i 种化石燃料的活动数据，单位为吉焦（GJ）；

NCV_i——核算和报告年度内第 i 种化石燃料的平均低位发热量；对固体和液体化石燃料，单位为吉焦每吨（GJ/t）；对气体化石燃料，单位为吉焦每万标立方米（$GJ/10^4 Nm^3$）；

FC_i——核算和报告年度内第 i 种化石燃料的净消耗量；对固体和液体化石燃料，单位为吨（t）；对气体化石燃料，单位为万标立方米（$10^4 Nm^3$）。

化石燃料消耗量获取：

（1）化石燃料燃烧消耗量包括的项目

化石燃料入炉消耗量：是指各燃烧设备分品种的化石燃料入炉量（对热回收焦炉，活动数据还应包括焦炭出炉量）。

油田伴生气入炉消耗炉量：是指进入各燃烧设备燃烧的油田伴生气。

回收甲烷气入炉消耗炉量：是指进入各燃烧设备燃烧的回收甲烷气等。

其他可燃气入炉消耗炉量：是指进入燃烧设备燃烧的其他可燃气。

以上各消耗量应根据企业能源消费台账或统计报表来确定，企业应保留化石燃料入炉量的原始数据记录或在企业能源消费台账或统计报表中有所体现，测量（计量）应符合《用能单位能源计量器具配备和管理通则》（GB 17167—2006）的相关规定。

（2）化石燃料燃烧活动数不包括的项目

化石燃料燃烧活动数不包括生产过程产生的副产品的部分，不包括可燃废气被回收并被本核算单元作为燃料燃烧的部分。

（3）化石燃料实际消耗量

核算期内化石燃料实际消耗量根据化石燃料购入量、销售量和库存量的变化来确定。化石燃料购入量采用采购单结算凭证的数据。化石燃料销售量采用销售结算凭证的数据。化石燃料库存变化量采用计量工具读数或其他符合要求的方法确定。生产之外的其他能源消耗量依据企业能源平衡表获取。

（4）一般企业的燃料燃烧消耗量核算

核算期内企业分品种化石燃料消耗量采用式（5-41）计算：

$$FC_i = Q_{燃料,1} + (Q_{燃料,2} - Q_{燃料,3}) + Q_{燃料,4} \tag{5-41}$$

式中：FC_i——核算期内化石燃料消耗量，固体和液体燃料单位为吨（t），气体燃料单位为万标立方米（$10^4\,Nm^3$）；

$Q_{燃料,1}$——核算期内化石燃料购入量，固体和液体燃料单位为吨（t），气体燃料单位为万标立方米（$10^4\,Nm^3$）；

$Q_{燃料,2}$——核算期内化石燃料初期库存量，固体和液体燃料单位为吨（t），气体燃料单位为万标立方米（$10^4\,Nm^3$）；

$Q_{燃料,3}$——核算期内化石燃料末期库存量，固体和液体燃料单位为吨（t），气体燃料单位为万标立方米（$10^4\,Nm^3$）；

$Q_{燃料,4}$——核算期内化石燃料外销量，固体和液体燃料单位为吨（t），气体燃料单位为万标立方米（$10^4\,Nm^3$）。

（5）钢铁生产企业的燃料燃烧消耗量核算

燃料燃烧消耗量采用式（5-42）计算：

$$消耗量＝购入量+（期初库存量-期末库存量）-钢铁生产之外的其他消耗量-外销量 \tag{5-42}$$

（6）航空运输飞行航空燃油消耗量获取

民用航空企业运输用于运输飞行的航空燃油量按航班飞行任务统计的数据进行汇总，航空燃油应包括企业运营的所有飞机（包括企业自有与租借的飞机）的燃油消耗。企业应分别统计国内航班和国际航班的航空燃油消耗量。

2. 生物质混合燃料的活动数据获取

民用航空企业用于运输飞行的生物质混合燃料的活动数据按式（5-43）计算：

$$AD_{生物质混合, j} = FC_{生物质混合, j} \times NCV_{生物质混合, j} \times (1 - BF_j) \qquad (5-43)$$

式中：$AD_{生物质混合, j}$——核算和报告年度内第 j 种生物质混合燃料的活动数据，单位为吉焦（GJ）；

$FC_{生物质混合, j}$——核算和报告年度内第 j 种生物质混合燃料的净消耗量；对固体和液体燃料，单位为吨（t）；对气体燃料，单位为万标立方米（10^4 Nm³）；

$NCV_{生物质混合, j}$——核算和报告年度内第 j 种生物质混合燃料的活动数据，单位为吉焦每万标立方米（GJ/10^4 Nm³）；

BF_j——第 j 种生物质混合燃料中生物质含量，以%表示；

j——生物质混合燃料的种类。

生物质混合燃料的消耗量应根据企业能源消耗台账或统计报表来确定，企业应统计国内航班和国际航班。燃料消耗量具体测量仪器的标准应符合 GB 17167 的相关规定。

生物质混合燃料的低位发热量通过购买记录确定，企业应对国内航班和国际航班分别统计。

混合燃料中生物质含量通过购买记录确定，企业应对国内航班和国际航班分别统计。

（三）排放因子数据获取

1. 燃料燃烧低位发热量因子获取

（1）燃煤低位发热值（量）获取

1）燃煤低位发热值检测方法要求

具备条件的企业可以开展实测，或委托有资质的专业机构进行检测，或采用相关方结算凭证中提供的检测值。

燃煤低位发热值的具体测量方法和实验室及设备仪器标准应符合《煤的发热量测量方法》（GB/T 213—2008）的相关规定。实测燃料低位发热值应遵循 GB/T 213、GB 384、GB/T 22723 的相关规定。

2）燃煤低位发热值检测时限

①燃煤低位发热值测量频率为每天至少一次；②煤炭应在每批次燃料入厂时进行一次检测；③煤炭应在每月至少进行一次检测。均以燃料入厂量或月消费量加权平均作为该燃料品种的低位发热量。

3）燃煤年平均低位发热值获取

燃煤年平均低位发热值由日平均低位发热值加权平均计算获得，其权重是燃煤日消耗量。

（2）燃油低位发热值（量）获取

1）燃油低位发热值测量方法

具备条件的企业可以开展实测，或委托有资质的专业机构进行检测，或采用相关方结算凭证中提供的检测值。

燃油低位发热值的具体测量方法和实验室及设备仪器标准应符合《燃油发热量的测定》（DL/T 567.8—2016）的相关规定。实测燃料低位发热值应遵循 GB/T 213、GB 384、GB/T 22723 的相关规定。

燃油年平均低位发热值计算：燃油年平均低位发热值由每批次燃油平均低位发热值加权平均计算获得，其权重为每批次燃油消耗量。

2）燃油低位发热值检测时限

①按每批（每批次燃料入厂时）次测量；②按每季度进行一次检测。均取算术平均值作为该油品的含碳率，或采用供应商交易结算合同中的年度平均低位发热值。

（3）天然气低位发热值（量）获取

1）天然气低位发热值测量方法

①企业可以开展实测，或委托有资质的专业机构进行检测，或采用相关方结算凭证中提供的检测值。

燃气低位发热值的具体测量方法和实验室及设备仪器标准应符合《天然气发热量、密度、相对密度沃泊指数的计算方法》（GB/T 11062—2020）的相关规定。实测燃料低位发热值应遵循 GB/T 213、GB 384、GB/T 22723 的相关规定。

②天然气月低位发热值获取：如果企业某月有几个低位发热值数据，取几个低位发热值的加权平均值作为该月的低位发热值。

③天然气年平均低位发热值获取：天然气年平均低位发热值由月平均低位发热值加权平均计算获得，其权重是天然气月消耗量。

2）天然气低位发热值检测时限

①对天然气等气体燃料可在每批次或每半年至少检测一次气体组分，取算术平均值作为低位发热值。

②如果某种燃料热值变动范围较大，则应每月至少进行一次检测，并按月消费量加权平均作为该种燃料的低位发热值。

（4）生物质混合燃料及垃圾焚烧发电机组中化石燃料低位发热值获取

按燃煤、燃油、燃气机组低位发热值测量和计算方法获得。

（5）缺省燃料低位发热值（量）获取

燃料平均低位发热值数量见表 4-5。没有条件实测燃料热值的企业，低位发热量也可以参考表 4-5 中的缺省值。

2. 化石燃料燃烧 CO₂ 排放因子获取

化石燃料燃烧的 CO₂ 排放因子按式（5-44）计算：

$$EF_i = CC_i \times OF_i \times \frac{44}{12} \tag{5-44}$$

式中：EF_i——第 i 种化石燃料的二氧化碳排放因子，单位为吨二氧化碳每吉焦（tCO_2/GJ）；

CC_i——第 i 种化石燃料的单位热值含碳量，单位为吨碳每吉焦（tC/GJ）；

OF_i——第 i 种化石燃料的碳氧化率，以%表示；

$\frac{44}{12}$——二氧化碳与碳的相对分子质量之比。

燃料消耗量根据报告期内各种燃料消耗的计量数据来确定各种燃料的消耗量。

3. 化石燃料含碳量因子获取

（1）燃煤含碳量获取

1）燃煤含碳量检测时限

煤炭应每批次或每月的频率按照 GB 474 取样要求进行取样与检测，并根据燃料入厂量或月消费量加权平均作为该煤种的含碳量。

2）燃煤含碳量检测方法

①有条件的企业可委托有资质的专业机构定期检测燃料的含碳率，企业如果有满足资质标准的检测单位也可自行检测，燃料含碳率的测定应遵循 GB/T 476、NB/SH/T 0656、GB/T 13610、GB/T 8984 等相关标准。

②企业每天采集缩分样品，每月的最后一天将该月的每天获得的缩分样品混合，测量其元素碳含量与低位发热值，入炉的缩分样品制备应符合 GB 747 要求。

③燃煤碳元素含碳量的具体测量标准应符合《煤中碳和氢的测量方法》（GB/T 476—2008）要求，燃煤低位发热量的具体测量标准应符合 GB/T 213 的要求（表 5-5）。

3）燃煤月平均含碳量

燃煤月平均单位热值含碳量按式（5-45）计算。

$$CC_{煤} = \frac{C_{煤}}{NCV_{煤}} \tag{5-45}$$

式中：$CC_{煤}$——燃煤的月平均单位热值含碳量，单位为吨碳每吉焦（tC/GJ）；

$NCV_{煤}$——燃煤的月平均低位发热量，单位为吉焦每吨（GJ/t）；

$C_{煤}$——燃煤的月平均元素碳含量，以%表示。

燃煤年平均值单位热值含碳量通过燃煤的月单位热值含碳量加权平均计算得出，其权重为入炉煤月消耗量（活动水平）。

表 5-5 煤炭生产企业化石燃料含碳量和低位发热量检测要求

燃料品种	检测频次	数据处理	遵循标准	
			含碳量	低位发热量
固体燃料	每批次燃料入厂时或每月至少检测一次	根据燃料入厂量或月消费量加权平均	GB 474、GB/T 476 或 GB/T 30733 等	GB 474、GB/T 213 等
液体燃料	每批次燃料入厂时或每季度至少检测一次	根据燃料入厂量或季度消费量加权平均	NB/SH/T 0656 等	GB 384 等
气体燃料	每批次燃料入厂时或每半年至少检测一次	根据燃料入厂量或半年消费量加权平均	GB/T 12208、GB/T 13610 等	GB/T 11062、GB/T 12206、GB/T 22723 等

（2）燃油含碳量获取

1）燃油含碳量检测方法

有条件的企业可委托有资质的专业机构定期检测燃料的含碳率，企业如果有满足资质标准的检测单位也可自行检测，燃料含碳率的测定应遵循 GB/T 476、NB/SH/T 0656、GB/T 13610、GB/T 8984 等相关标准。

2）燃油含碳量检测时限

对油品可在每批次燃料入厂时进行一次检测，取算术平均值作为该油品的含碳量。若某种燃料的含碳量变动范围较大，则应每月至少检测一次，并按月消费量加权平均作为该燃料的含碳量。对油品可在每季度进行一次检测，取算术平均值作为该油品的含碳量。

燃油的单位热值含碳量检测时限见表 5-5。

（3）气体燃料含碳量获取

1）燃气含碳量获取

根据每种气体组分的体积浓度及该组分化学分子式中碳原子的数目按式（5-46）计算含碳量，并取算术平均值作为该气体燃料的含碳量。但如果某种燃料的含碳量变动范围较大，则应每月至少进行一次检测，并按月消费量加权平均作为该种燃料的含碳量。

$$CC_g = \sum_n \left(\frac{12 \times CN_n \times V\%_n}{22.4} \times 10 \right) \tag{5-46}$$

式中：CC_g——待测气体 g 的含碳量，单位为吨碳每万标立方米（$tC/10^4\ Nm^3$）；

CN_n——气体组分 n 化学分子式中碳原子的数目；

$V\%_n$——待测气体每种气体组分 n 的体积浓度，取值为 0～1，如 95% 的体积浓度取值为 0.95；

12——碳的摩尔质量，单位为千克每千摩尔（kg/kmol）；

22.4——标准状况下理想气体摩尔体积，单位为标立方米每千摩尔（Nm³/kmol）。

2）燃气含碳量检测方法

①检测法

有条件的企业可委托有资质的专业机构定期检测燃料的含碳率，企业如果有满足资质标准的检测单位也可自行检测。燃料含碳率的测定应遵循 GB/T 476、NB/SH/T 0656、GB/T 13610、GB/T 8984 等相关标准。

②燃气含碳量计算法

对于人工煤气、天然气等气体燃料，根据检测到的气体组分、每种气体组分的体积浓度及该组分化学分子式中碳原子的数目按式（5-47）计算含碳量。

$$CC_g = \sum_n \left(\frac{12 \times CN_n \times \varphi_n}{22.4} \times 10 \right) \qquad (5\text{-}47)$$

式中：CC_g——待测气体 g 的含碳量，单位为吨碳每万标立方米（tC/10⁴ Nm³）；

CN_n——气体组分 n 化学分子式中碳原子的数目；

φ_n——待测气体每种气体组分 n 的体积分数，%；

12——碳的摩尔质量，单位为千克每千摩尔（kg/kmol）；

22.4——标准状况下理想气体摩尔体积，单位为立方米每千摩尔（m³/kmol）。

③燃气含碳量系数法

燃气的单位热值含碳量检测时限见表 5-5。

3）燃气含碳量检测时限

①对天然气等气体燃料可在每批次燃料入厂时进行气体组分检测。

②若某种燃气的含碳量变动范围较大，则应每月至少检测一次，并按月消费量加权平均作为该燃料的含碳量。

③对天然气等气体燃料可每半年至少检测一次气体组分。

燃油的单位热值含碳量检测时限见表 5-5。

（4）生物质混合燃料值含碳量获取

对于生物质混合燃料发电机组及垃圾焚烧发电机组中石化燃料的单位热值含碳量，应采用燃煤和燃油、燃气的单位热值含碳量测量和计算方法。

（5）通过检测低位发热量获取含碳量

没有条件实测燃料含碳量的，可定期检测燃料的低位发热量，并按式（5-48）估算燃料的含碳量：

$$CC_i = NCV_i \times EF_i \qquad (5\text{-}48)$$

式中：CC_i——化石燃料品种 i 的含碳量，对固体和液体燃料，单位为吨碳每吨（tC/t）；

　　　　对气体燃料，单位为吨碳每万立方米（tC/10^4 m^3）；

　　NCV_i——化石燃料品种 i 的低位发热量，对固体和液体燃料，单位为吉焦每吨

　　　　（GJ/t）；对气体燃料，单位为吉焦每万立方米（GJ/10^4 m^3）；

　　EF_i——化石燃料品种 i 的单位热值含碳量，单位为吨碳每吉焦（tC/GJ）。

燃料低位发热量的测定要求：燃料低位发热量的测定应遵循 GB 474、GB/T 213、GB/T 384、GB/T 22723 等相关标准中的有关规定要求。

燃料低位发热量检测时限要求：

①对煤炭应在每批次燃料入厂时或每月至少进行一次检测，以燃料入厂量或月消费量加权平均作为该燃料品种的低位发热量；但如果某种燃料热值变动范围较大，则应每月至少进行一次检测，并按月消费量加权平均作为该种燃料的低位发热量。

②对油品可在每批次燃料入厂时或每季度进行一次检测，取算术平均值作为该油品的低位发热量；但如果某种燃料热值变动范围较大，则应每月至少进行一次检测，并按月消费量加权平均作为该种燃料的低位发热量。

③对天然气等气体燃料可在每批次燃料入厂时或每半年进行一次检测，取算术平均值作为低位发热量；但如果某种燃料热值变动范围较大，则应每月至少进行一次检测，并按月消费量加权平均作为该种燃料的低位发热量。

（6）通过燃料低位发热量系数估算含碳量

没有条件实测燃料热值的企业，低位发热量直接参考表 4-5 中的缺省值，然后按式（5-48）估算燃料的含碳量。其中，炼焦洗精煤或焦炭的低位发热量，可参考 GB 21342，即干洗精煤灰分以 10% 为基准，洗精煤灰分每增（减）1%，热值相应减（增）334 kJ/kg；焦炭（干全焦）以灰分 13.5% 为基准，焦炭灰分每增（减）1%，热值相应减（增）334 kJ/kg。

4. 化石燃料碳氧化率因子获取

（1）燃煤机组的碳化率

燃煤机组的碳化率按式（5-49）计算：

$$OF_{煤} = 1 - \frac{G_{渣} \times C_{渣} + G_{灰} \times C_{灰} / \eta_{除尘}}{FC_{煤} \times NCV_{煤} \times CC_{煤}} \qquad (5\text{-}49)$$

式中：$OF_{煤}$——燃煤的碳氧化率，以% 表示；

　　$G_{渣}$——全年的炉渣产量，单位为吨（t）；

　　$C_{渣}$——炉渣的平均含碳量，以% 表示；

　　$G_{灰}$——全年的飞灰产量，单位为吨（t）；

　　$C_{灰}$——飞灰的平均含碳量，以% 表示；

$\eta_{除尘}$——除尘系统平均除尘效率，以%表示；

$FC_{煤}$——燃煤的消耗量，单位为吨（t）；

$NCV_{煤}$——燃煤的平均低位发热量，单位为吉焦每吨（GJ/t）；

$CC_{煤}$——燃煤单位热值含碳量，单位为吨碳每吉焦（tC/GJ）。

燃料碳氧化率可参考表 4-5 取缺省值。有条件的企业也可按照 GB/T 32151.1 中 5.2.2.3.3 的相关规定检测固体燃料在大型燃烧设备上的碳氧化率。

生物质混合燃料及垃圾焚烧发电机组中化石燃料的碳转化率：按燃煤、燃油、燃气机组碳转化率计算方法获得。

（2）炉渣产生量和飞灰产生量

炉渣产生量和飞灰产生量应采用实际称量值，按月记录。

在不能获取实际称量值时，可采用《火力发电厂除灰设计规程》（DL/T 5142—2002）中的估算方法估算。其中燃煤收到基灰分的测量标准应符合《煤的工业分析方法》（GB/T 212—2008）。锅炉固体未完全燃烧的热值损失 q_4 应按锅炉厂提供的数据进行计算，在锅炉厂未提供数据时，可采用表 5-6 的推荐值。

锅炉各部分排放的灰渣量应按锅炉厂提供的灰渣分配比例进行计算，在未提供时，可采用表 5-7 的推荐值。

飞灰和炉渣样本的检测需遵循《火力发电厂燃料试验方法 第 6 部分：飞灰和炉渣可燃物测定方法》（DL/T 567.6—2016）的要求。

表 5-6　固体未完全燃烧热损失值

锅炉型式	燃料种类	q_4/%
固态排渣煤粉炉	无烟煤	4
	贫煤	2
	烟煤（$V_{daf} \leqslant 25\%$）	2
	烟煤（$V_{daf} > 25\%$）	1.5
	褐煤	0.5
	洗煤（$V_{daf} \leqslant 25\%$）	3
	洗煤（$V_{daf} > 25\%$）	2.5
液态排渣炉	烟煤	1
	无烟煤	3
循环流化床炉	烟煤	2.5
	无烟煤	3

注：上述数据取值来源：DL/T 5412。

表 5-7　不同类型锅炉的灰渣分配表 单位：%

锅炉形式	煤粉炉	W 型火焰炉	液态排渣炉	循环流化床炉
渣	10	15	40	40
灰	90	85	60	60

注：①当设有省煤器灰斗时，其灰量可为灰渣量的 5%；当磨煤机采用中速磨时，石子煤可在锅炉最大连续蒸发量时燃煤量的 0.5%～1%范围内选取；

　　②数据来源：DL/T 5412。

（3）炉渣和飞灰的含碳量

炉渣和飞灰的含碳量根据该月中每次样本检测值取算术平均值，且每月检测次数不低于 1 次。

（4）电除尘的效率

电除尘器的效率应采用制造厂提供的数据，在没有提供数据时，除尘效率取 100%。见表 4-5。

表 5-8　报告主体化石燃料燃烧的活动水平和排放因子数据一览表

燃料品种	燃烧量/（t 或万 Nm³）	含碳量/（tC/万 Nm³）	数据来源	低位发热量[a]/（GJ/t 或 GJ/万 Nm³）	数据来源	单热值碳量[a]/（tC/GJ）	碳氧化率/%	数据来源
无烟煤			□检测值 □计算值		□检测值 □缺省值			□检测值 □缺省值
烟煤			□检测值 □计算值		□检测值 □缺省值			□检测值 □缺省值
褐煤			□检测值 □计算值		□检测值 □缺省值			□检测值 □缺省值
洗精煤			□检测值 □计算值		□检测值 □缺省值			□检测值 □缺省值
其他洗煤			□检测值 □计算值		□检测值 □缺省值			□检测值 □缺省值
型煤			□检测值 □计算值		□检测值 □缺省值			□检测值 □缺省值
焦炭			□检测值 □计算值		□检测值 □缺省值			□检测值 □缺省值
原油			□检测值 □计算值		□检测值 □缺省值			□检测值 □缺省值
燃料油			□检测值 □计算值		□检测值 □缺省值			□检测值 □缺省值
汽油			□检测值 □计算值		□检测值 □缺省值			□检测值 □缺省值

燃料品种	燃烧量/(t 或 万 Nm³)	含碳量/(tC/万 Nm³)	数据来源	低位发热量 ᵃ/(GJ/t 或 GJ/万 Nm³)	数据来源	单热值碳量 ᵃ/(tC/GJ)	碳氧化率/%	数据来源
柴油			□检测值 □计算值		□检测值 □缺省值			□检测值 □缺省值
喷气煤油			□检测值 □计算值		□检测值 □缺省值			□检测值 □缺省值
一般煤油			□检测值 □计算值		□检测值 □缺省值			□检测值 □缺省值
石脑油			□检测值 □计算值		□检测值 □缺省值			□检测值 □缺省值
石油焦			□检测值 □计算值		□检测值 □缺省值			□检测值 □缺省值
液化天然气			□检测值 □计算值		□检测值 □缺省值			□检测值 □缺省值
液化石油气			□检测值 □计算值		□检测值 □缺省值			□检测值 □缺省值
其他石油制品			□检测值 □计算值		□检测值 □缺省值			□检测值 □缺省值
焦炉煤气			□检测值 □计算值		□检测值 □缺省值			□检测值 □缺省值
高炉煤气			□检测值 □计算值		□检测值 □缺省值			□检测值 □缺省值
转炉煤气			□检测值 □计算值		□检测值 □缺省值			□检测值 □缺省值
其他煤气			□检测值 □计算值		□检测值 □缺省值			□检测值 □缺省值
天热气			□检测值 □计算值		□检测值 □缺省值			□检测值 □缺省值
炼厂干气			□检测值 □计算值		□检测值 □缺省值			□检测值 □缺省值
其他能源品种 ᵇ			□检测值 □计算值		□检测值 □缺省值			□检测值 □缺省值

注：a 对于通过燃料低位发热量及单位热值含碳量来估算燃料含碳量的情景请填报本栏。

　　b 报告主体实际燃烧的能源品种如未在表中列出请自行加行——列明。

四、工艺过程碳（温室气体）排放量核算

（一）发电企业过程温室气体排放核算

过程排放计算见"化石燃料燃烧温室气体排放计算方法"。

（二）电网企业过程温室气体排放核算

1. 使用 SF_6 设备检修与退役过程产生的温室气体排放量计算

电网企业使用 SF_6 设备检修与退役过程产生的 SF_6 折算成 CO_2 当量按式（5-50）计算：

$$E_{SF_6} = \left[\sum_i (REC_{容量,i} - REC_{回收,i}) + \sum_j (REP_{容量,j} - REP_{回收,j}) \right] \times GWP_{SF_6} \times 10^{-3} \quad （5\text{-}50）$$

式中：E_{SF_6}——使用 SF_6 设备检修与退役过程中产生的排放，单位为吨 CO_2 当量（tCO_2e）；

$REC_{容量,i}$——退役设备 i 的 SF_6 容量，以铭牌数据表示，单位为千克（kg）；

$REC_{回收,i}$——退役设备 i 的 SF_6 实际回收量，单位为千克（kg）；

$REP_{容量,j}$——检修设备 j 的 SF_6 容量，以铭牌数据表示，单位为千克（kg）；

$REP_{回收,j}$——检修设备 j 的 SF_6 实际回收量，单位为千克（kg）；

GWP_{SF_6}——SF_6 的全球变暖潜势，23 900。

2. 输配电损失引起的 CO_2 排放量计算

电网企业的 CO_2 排放主要来自由于输配电线路上电量损耗而产生的温室气体排放，该损耗由供电量和售电量计算得出，以 $MW \cdot h$ 为单位。电量的测量方法和计量设备标准应遵循 GB 16934、GB 7215、GB/T 2509 和 DL/T 448 的相关规定。

电网企业输配电线路上电量损耗而产生的 CO_2 排放量计算按式（5-51）计算：

$$E_{网损} = AD_{网损} \times EF_{电网} \times GWP_{CO_2} \quad （5\text{-}51）$$

式中：$E_{网损}$——输配电损失引起的 CO_2 排放总量，单位为吨 CO_2 当量（tCO_2e）；

$AD_{网损}$——输配电损耗的电量，单位为兆瓦时（$MW \cdot h$）；

$EF_{电网}$——区域电网年平均供电排放因子，单位为吨 CO_2 当量每兆瓦时 [$tCO_2e/$ $（MW \cdot h）$]；

GWP_{CO_2}—— CO_2 的全球变暖潜势，取值为 1。

输配电损耗的电量计算按式（5-52）计算：

$$AD_{网损} = EL_{供电} - EL_{售电} \quad （5\text{-}52）$$

式中：$AD_{网损}$——输配电损耗的电量，单位为兆瓦时（MW·h）；

　　　$EL_{供电}$——供电量，单位为兆瓦时（MW·h）；

　　　$EL_{售电}$——售电量，即终端用户用电量，单位为兆瓦时（MW·h）。

供电量计算式按（5-53）计算：

$$EL_{供电}=EL_{上网}+EL_{输入}-EL_{输出} \tag{5-53}$$

式中：$EL_{供电}$——供电量，单位为兆瓦时（MW·h）；

　　　$EL_{上网}$——电厂上网电量，单位为兆瓦时（MW·h）；

　　　$EL_{输入}$——自外省输入电量，单位为兆瓦时（MW·h）；

　　　$EL_{输出}$——向外省输出电量，单位为兆瓦时（MW·h）。

输配电损耗的电量由供电量和售电量计算得出，以兆瓦时为单位。

电量的测量方法与计量设备均应遵循 GB 16934、GB 7215、GB/T 2509 和 DL/T 448 的相关规定。

（三）民用航空业过程温室气体排放核算

过程排放计算见"化石燃料燃烧温室气体排放计算方法"。

（四）煤炭生产企业过程温室气体排放核算

1. CH_4 逃逸排放总量计算

（1）CH_4 逃逸排放总量计算

煤炭企业 CH_4 的逃逸排放总量等于井工开采、露天开采和矿后活动 CH_4 逃逸排放量之和，减去 CH_4 火炬燃烧或催化氧化销毁量和 CH_4 的回收利用量，按式（5-54）计算：

$$E_{CH_4-逃逸}=\left(E_{CH_4-井工}+E_{CH_4-露天}+E_{CH_4-矿后}-E_{CH_4-销毁}-E_{CH_4-利用}\right)\times0.67\times10\times GWP_{CH_4} \tag{5-54}$$

式中：$E_{CH_4-逃逸}$——煤炭生产企业的甲烷逃逸排放总量，单位为吨二氧化碳当量（tCO_2e）；

　　　$E_{CH_4-井工}$——井工开采的甲烷逃逸排放量，单位为万立方米（$10^4 m^3$，指常温常压下）；

　　　$E_{CH_4-露天}$——露天开采的甲烷逃逸排放量，单位为万立方米（$10^4 m^3$，指常温常压下）；

　　　$E_{CH_4-矿后}$——矿后活动的甲烷逃逸排放量，单位为万立方米（$10^4 m^3$，指常温常压下）；

　　　$E_{CH_4-销毁}$——甲烷的火炬燃烧或催化氧化销毁量，单位为万立方米（$10^4 m^3$，指常温常压下）；

　　　$E_{CH_4-利用}$——甲烷的回收利用量，单位为万立方米（$10^4 m^3$，指常温常压下）；

　　　0.67——甲烷在20℃、1个大气压下的密度，单位为千克每立方米（kg/m^3）；

　　　GWP_{CH_4}——CH_4 相比 CO_2 的全球变暖潜势（GWP）值，缺省值为21。

（2）井工开采的 CH_4 逃逸排放量计算

煤炭企业井工开采 CH_4 逃逸排放量按式（5-55）计算：

$$Q_{CH_4-井工} = \sum_i AD_{井工i} \times q_{相CH_4i} \times 10^{-4} \tag{5-55}$$

式中：$Q_{CH_4-井工}$——井工开采的甲烷逃逸排放量，单位为万立方米（$10^4\ m^3$，指常温常压下）；

　　　i——以井工方式开采的各个矿井的编号；

　　　$AD_{井工i}$——矿井 i 当年的原煤产量，单位为吨（t）；

　　　$q_{相CH_4i}$——矿井 i 当年的相对瓦斯涌出量（甲烷的折纯量），单位为立方米甲烷每吨（m^3CH_4/t）。

矿井当年的原煤产量可以从企业统计台账、统计报表获取。

矿井的相对瓦斯涌出量可以从当年瓦斯等级鉴定结果直接获得。若矿井在报告期内未开展瓦斯等级鉴定工作，可根据最近年份鉴定结果来确定其相对瓦斯涌出量。

（3）露天开采 CH_4 逃逸排放量计算

按式（5-56）计算：

$$Q_{CH_4-露天} = \sum_i AD_{露天i} \times EF_{露天i} \times 10^{-4} \tag{5-56}$$

式中：$Q_{CH_4-露天}$——露天开采的甲烷逃逸排放量，单位为万立方米（$10^4 m^3$，指常温常压下）；

　　　i——煤炭生产企业露天煤矿的编号；

　　　$AD_{露天i}$——露天煤矿 i 当年的原煤产量，单位为吨（t）；

　　　$EF_{露天i}$——露天煤矿 i 的甲烷排放因子，单位为立方米每吨（m^3/t）。

露天开采的原煤产量可以从企业的统计台账或统计报表获得。

企业可以实测露天煤矿的 CH_4 排放因子，也可以采用缺省取值 2 m^3/t。

（4）矿后活动 CH_4 逃逸排放量计算

矿后活动的 CH_4 逃逸排放量仅考虑井工煤矿的排放，见式（5-57）计算：

$$Q_{CH_4-矿后} = \sum_i AD_{矿后i} \times EF_{矿后i} \times 10^{-4} \tag{5-57}$$

式中：$Q_{CH_4-矿后}$——矿后活动的 CH_4 逃逸排放量，单位为万立方米（$10^4 m^3$，指常温常压下）；

　　　i——煤炭生产企业井工矿的瓦斯等级，包括突出矿井、高瓦斯矿井、瓦斯矿井；

　　　$AD_{矿后i}$——瓦斯等级为 i 的所有矿井的原煤产量之和，单位为吨（t）；

　　　$EF_{矿后i}$——瓦斯等级为 i 的矿井的矿后活动 CH_4 排放因子，单位为立方米每吨（m^3/t）。

不同瓦斯等级的井工矿的原煤产量数据可以从企业统计台账或统计报表获取。

矿井和高瓦斯矿井的矿后活动 CH_4 排放因子：都采用缺省值 3 m^3/t，瓦斯矿井排放因子缺省为 0.94 m^3/t（本部分中相对瓦斯涌出量、CH_4 排放因子等均为 CH_4 的折纯量）。

（5）CH_4 的火炬燃烧或催化氧化销毁量计算

按式（5-58）计算：

$$Q_{CH_4-销毁} = Q_{瓦斯、火炬/催化氧化} \times \varphi_{CH_4} \times OF_{火炬/催化氧化} \qquad (5-58)$$

式中：$Q_{CH_4-销毁}$——甲烷的火炬燃烧或催化氧化销毁量，单位为万立方米（$10^4\,m^3$，指常温常压下）；

$Q_{瓦斯、火炬/催化氧化}$——煤层气（煤矿瓦斯）的火炬燃烧量及催化氧化量之和，单位为万立方米（$10^4\,m^3$，指常温常压下）；

φ_{CH_4}——用于火炬燃烧或催化氧化的煤层气（煤矿瓦斯）中 CH_4 的平均体积分数，%；

$OF_{火炬/催化氧化}$——甲烷火炬燃烧或催化氧化的碳氧化率，%。

煤气层（煤气瓦斯）的火炬燃烧量和催化氧化量：可根据煤气层（煤气瓦斯）输送管线、泵站的记录数据或火炬监测的数据获得。

用于火炬燃烧煤层（煤气瓦斯）中 CH_4 的平均体积浓度获取：

根据输送管线、泵站的记录数据获得：根据各个输送管线、泵站的流量比例对 CH_4 体积浓度进行加权平均。

根据火炬监测的数据获得：根据各个输送管线、泵站的流量比例对 CH_4 体积浓度进行加权平均。

用于催化氧化的煤层（煤气瓦斯）中 CH_4 的平均体积浓度获取：

根据输送管线、泵站的记录数据获得：并根据各个输送管线、泵站的流量比例对 CH_4 体积浓度进行加权平均。

CH_4 火炬燃烧的碳化率和 CH_4 催化氧化的碳化率如无实测数据可取缺省值98%。

（6）CH_4 回收量计算

按式（5-59）计算：

$$Q_{CH_4-利用} = Q_{瓦斯-利用} \times \varphi_{CH_4} \qquad (5-59)$$

式中：$Q_{CH_4-利用}$——甲烷的回收利用量，单位为万立方米（$10^4\,m^3$，指常温常压下）；

$Q_{瓦斯-利用}$——煤层气（煤矿瓦斯）回收利用量包括回收自用和回收外供的量（火炬燃烧和催化氧化除外），单位为万立方米（$10^4\,m^3$，指常温常压下）；

φ_{CH_4}——回收利用的煤层气（煤矿瓦斯）中 CH_4 的平均体积分数，%。

煤气层（煤气瓦斯）的回收利用量的获取有三种方式：①根据各个输送管线、泵站的统计数据获取；②根据台账记录数据获取；③从煤炭企业与下游管道输送企业的计算凭证获取。

回收利用煤气（煤气瓦斯）中 CH_4 的平均体积浓度，可以根据各个输送管线、泵站

的输送比例对 CH_4 体积浓度数据进行加权平均。

2. CO_2 逃逸排放量计算

（1）CO_2 逃逸排放总量计算

煤炭企业 CO_2 逃逸排放总量等于井工开采的 CO_2 逃逸排放量与 CH_4 火炬燃烧或催化氧化产生的 CO_2 排放量之和，按式（5-60）计算：

$$E_{CO_2-逃逸} = Q_{CO_2-井工} \times 1.84 \times 10 \times E_{CO_2-火炬/催化氧化} \tag{5-60}$$

式中：$E_{CO_2-逃逸}$ ——煤炭生产企业的 CO_2 逃逸排放总量，单位为吨二氧化碳（tCO_2）；

$Q_{CO_2-井工}$ ——井工开采的 CO_2 逃逸排放量，单位为万立方米（$10^4\,m^3$，指常温常压下）；

1.84 ——CO_2 在 20℃、1 个大气压的密度，单位为千克每立方米（kg/m^3）；

$E_{CO_2-火炬/催化氧化}$ ——甲烷火炬燃烧或催化氧化产生的 CO_2 排放量，单位为吨二氧化碳（tCO_2）。

（2）井工开采 CO_2 逃逸排放量计算

煤炭企业井工开采 CO_2 逃逸排放量按式（5-61）计算：

$$Q_{CO_2-井工} = \sum_i AD_{井工i} \times Q_{相CO_2i} \times 10^{-4} \tag{5-61}$$

式中：$Q_{CO_2-井工}$ ——井工开采的 CO_2 逃逸排放量，单位为万立方米（$10^4\,m^3$，指常温常压下）；

i ——以井工方式开采的各个矿井的编号，$i=1$，2，…，n；

$AD_{井工i}$ ——矿井 i 当年的原煤产量，单位为吨（t）；

$Q_{相CO_2i}$ ——矿井 i 的相对 CO_2 涌出量，单位为立方米二氧化碳每吨（m^3CO_2/t）。

矿井当年的原煤产量可以从企业体积台账、统计报表获得。

矿井相对 CO_2 涌出量可以从当年瓦斯等级鉴定结果中直接获得。若矿井在核算期内未开展瓦斯等级鉴定工作，可根据最近年份的鉴定结果来确定其相对 CO_2 涌出量。

（3）CH_4 火炬燃烧或催化氧化产生的 CO_2 排放量计算

按式（5-62）计算：

$$E_{CO_2-火炬/催化氧化} = Q_{瓦斯-火炬/催化氧化} \times CC_{非CO_2} \times OF_{火炬/催化氧化} \times \frac{44}{12} \tag{5-62}$$

式中：$E_{CO_2-火炬/催化氧化}$ ——甲烷火炬燃烧或催化氧化产生的 CO_2 排放量，单位为吨二氧化碳（tCO_2）；

$Q_{瓦斯-火炬/催化氧化}$ ——煤层气（煤矿瓦斯）的火炬燃烧量及催化氧化量之和，单位为万立方米（$10^4\,m^3$，指常温常压下）；

$CC_{非CO_2}$ ——煤层气（煤矿瓦斯）中除 CO_2 外其他含碳化合物的总含碳量，单位为吨碳每万立方米（$tC/10^4\,m^3$）；

$OF_{火炬/催化氧化}$——甲烷火炬燃烧或催化氧化的碳氧化率，%。

煤气层（煤气瓦斯）的火炬燃烧量和催化氧化量：可根据煤气层（煤气瓦斯）输送管线、泵站的统计数据或火炬监测数据获得。

计算煤气层中除 CO_2 外气体含碳化合物的总含碳量：应遵循 GB/T 12208、GB/T 13610 等相关标准，按式（5-63）计算：

$$CC_{非CO_2} = \sum_n \left(\frac{12 \times CN_n \times \varphi_n \times 10}{22.4} \right) \tag{5-63}$$

式中：$CC_{非CO_2}$——煤层气（煤矿瓦斯）中除 CO_2 外其他含碳化合物的总含碳量，单位为吨碳每万立方米（$tC/10^4\,m^3$）；

$\quad\quad n$——煤层气（煤矿瓦斯）中除 CO_2 外的含碳气体组分；

$\quad\quad CN_n$——煤层气（煤矿瓦斯）中组分 n 化学分子式中碳原子的数目；

$\quad\quad \varphi_n$——组分 n 的体积分数，%。

CH_4 火炬燃烧或催化氧化的碳氧化率，如无实测数据可取缺省值 98%。

（五）平板玻璃生产企业过程温室气体排放核算

1. 原料配料中碳粉氧化的 CO_2 排放量计算

平板玻璃生产过程中，原料碳粉氧化产生的 CO_2 排放量按式（5-64）计算：

$$E_{碳粉} = Q_c \times C_c \times \frac{44}{12} \tag{5-64}$$

式中：$E_{碳粉}$——核算和报告期内碳粉氧化产生的 CO_2 排放量，单位为吨二氧化碳（tCO_2）；

$\quad\quad Q_c$——原料配料中碳粉消耗量，单位为吨（t）；

$\quad\quad C_c$——碳粉含碳量的加权平均值，以%表示，如缺少测量数据，可按照 100%计算；

$\quad\quad \dfrac{44}{12}$——$CO_2$ 与 C 的相对分子质量之比。

碳粉投入消耗量取企业计量数据，单位为吨（t）。

2. 原料分解产生的 CO_2 排放量计算

平板玻璃生产过程，原材料中的石灰石、白云石、纯碱等碳酸盐在高温熔融状态将分解产生 CO_2，按式（5-65）计算：

$$E_{分解} = \sum_i \left(MF_i \times M_i \times EF_i \times F_i \right) \tag{5-65}$$

式中：$E_{分解}$——核算和报告期内，原料碳酸盐分解产生的二氧化碳（CO_2）排放量，单位为吨二氧化碳（tCO_2）；

$\quad\quad MF_i$——碳酸盐 i 的质量含量，以%表示；

M_i——碳酸盐矿石 i 的质量，单位为吨（t）；

EF_i——第 i 种碳酸盐排放因子，单位为吨二氧化碳每吨（tCO_2/t）；

F_i——第 i 种碳酸盐的煅烧比例，以%表示，如缺少测量数据，可按照 100%计算；

i——碳酸盐的种类。

平板玻璃生产企业原材料（碳酸盐）的消耗量，按照生产操作记录的数据确定；碳酸盐的煅烧比例采用企业测量的数据，也可取 100%；常见碳酸盐原料的排放因子可采用表 4-9 数据。

（六）水泥生产企业过程温室气体排放核算

过程排放的 CO_2 排放量计算

水泥企业生产过程排放主要指原料碳酸盐分解产生的 CO_2 排放量，按式（5-66）计算：

$$E_{工艺}=Q\times\left[(FR_1-FR_{10})\times\frac{44}{56}+(FR_2-FR_{20})\times\frac{44}{40}\right] \tag{5-66}$$

式中：$E_{工艺}$——核算和报告期内，原料碳酸盐分解产生的 CO_2 排放量，单位为吨二氧化碳（tCO_2）；

Q——生产的水泥熟料产量，单位为吨（t）；

FR_1——熟料中氧化钙（CaO）的含量，以%表示；

FR_{10}——熟料中不是来源于碳酸盐分解的氧化钙（CaO）的含量，以%表示；

FR_2——熟料中氧化镁（MgO）的含量，以%表示；

FR_{20}——熟料中不是来源于碳酸盐分解的氧化镁（MgO）的含量，以%表示；

$\dfrac{44}{56}$——CO_2 与 CaO 之间的相对分子质量换算；

$\dfrac{44}{40}$——CO_2 与 MgO 之间的相对分子质量换算。

水泥企业生产的水泥熟料产量，采用核算和报告期内企业的生产记录数量。

熟料中氧化钙和氧化镁的含量，采用企业测量的数据。

熟料中氧化钙和氧化镁的含碳量，熟料中不是来源于碳酸盐分解的氧化钙和氧化镁的含碳量，采用企业测量的数据计算，按式（5-67）和式（5-68）计算：

$$FR_{10}=\frac{FS_{10}}{(1-L)\times F_c} \tag{5-67}$$

$$FR_{20}=\frac{FS_{20}}{(1-L)\times F_c} \tag{5-68}$$

式中：L——生料烧失量，以%表示；

F_c——熟料中燃煤灰分掺入量换算因子，取值为 1.04（注：数据引自 HJ 2519—2012）；

FS_{10}——生料中不是以碳酸盐形式存在的氧化钙（CaO）的含量，以%表示；

FS_{20}——生料中不是以碳酸盐形式存在的氧化镁（MgO）的含量，以%表示。

（七）陶瓷生产企业过程温室气体排放核算

1. 过程产生的 CO_2 排放量计算

陶瓷生产过程中产生的 CO_2 排放量主要来自陶瓷工序。在陶瓷烧成工序中，原料中所消耗的碳酸钙和碳酸镁在高温下分解产生 CO_2，其排放量按式（5-69）计算：

$$E_{过程} = \Sigma \left[F_{原料} \times \eta_{原料} \times \left(C_{CaCO_3} \times \frac{44}{100} + C_{MgCO_3} \times \frac{44}{84} \right) \right] \tag{5-69}$$

式中：$E_{过程}$——核算期内 CO_2 过程排放量，单位为吨二氧化碳（tCO_2）；

$F_{原料}$——核算期内原料消耗量（扣除含水量），单位为吨（t）；

$\eta_{原料}$——核算期内原料利用率，以%表示；

C_{CaCO_3}——核算期内使用原料中 $CaCO_3$ 的质量分数，以%表示；

C_{MgCO_3}——核算期内使用原料中 $MgCO_3$ 的质量分数，以%表示；

$\frac{44}{100}$——CO_2 与 $CaCO_3$ 的相对分子质量换算；

$\frac{44}{84}$——CO_2 与 $MgCO_3$ 的相对分子质量换算。

2. 核算期内原料消耗量计算

原料消耗量根据核算期内原料购入量、外销量以及库存量的变化来确定。原料消耗量按式（5-70）计算：

$$F_{原料} = Q_{原料,1} + \left(Q_{原料,2} - Q_{原料,3} \right) - Q_{原料,4} \tag{5-70}$$

式中：$F_{原料}$——核算期内原料消耗量，单位为吨（t）；

$Q_{原料,1}$——核算期内原料购入量，单位为吨（t）；

$Q_{原料,2}$——核算期内原料初期库存量，单位为吨（t）；

$Q_{原料,3}$——核算期内原料末期库存量，单位为吨（t）；

$Q_{原料,4}$——核算期内原料外销量，单位为吨（t）。

原料利用率由陶瓷生产企业根据实际生产情况确定，推荐值为 90%。

原料购入量：采用采购单结算凭证的数据。

原料外销量：采用销售结算凭证的数据。

原料库存量：采用企业的定期库存记录或其他符合要求的方法确定。

3. 原料中碳酸盐（碳酸钙、碳酸镁）含量计算

（1）原料中碳酸钙、碳酸镁含量检测时限

①对于有条件的企业，原料中碳酸钙（$CaCO_3$）、碳酸镁（$MgCO_3$）含量每批次原料应检测一次，然后统一计算期内原料中碳酸钙（$CaCO_3$）、碳酸镁（$MgCO_3$）的加权平均值含量用于计算。

②对于没有条件的企业，宜按年度检测一次。

（2）原料中碳酸钙、碳酸镁含量检测方法

检测原料中碳酸钙（$CaCO_3$）、碳酸镁（$MgCO_3$）含量应遵循以下过程：首先按照GB/T 4734、GB/T 2587 等标准分析氧化钙、氧化镁的含量，然后按式（5-71）、式（5-72）分别计算碳酸钙（$CaCO_3$）、碳酸镁（$MgCO_3$）的含量。

$$C_{CaCO_3} = \frac{C_{CaO}}{\left(1 - \frac{44}{100}\right)} \tag{5-71}$$

$$C_{MgCO_3} = \frac{C_{MgO}}{\left(1 - \frac{44}{84}\right)} \tag{5-72}$$

式中：C_{CaCO_3}——原料中 $CaCO_3$ 的质量分数，以%表示；

$\quad\quad C_{CaO}$——原料中 CaO 的质量分数，以%表示；

$\quad\quad C_{MgCO_3}$——原料中 $MgCO_3$ 的质量分数，以%表示；

$\quad\quad C_{MgO}$——原料中 MgO 的质量分数，以%表示。

各种（批）碳酸盐原料的消费量应根据企业生产记录、台账或统计报表确定。

各种（批）碳酸盐原料中不同碳酸盐组分的分解率可采用缺省值 100%。如采用其他数据，需说明数据来源。

碳酸盐组分的 CO_2 质量分数：具备条件的企业可委托有资质的专业机构定期检测碳酸盐原料的化学组分和纯度，碳酸盐化学组分的检测应遵循 GB/T 3286.1、GB/T 3286.9 等标准。碳酸盐组分的 CO_2 质量分数等于 CO_2 的分子量乘以碳酸根离子数目，除以碳酸盐组分的分子量，一些常见碳酸盐组分的 CO_2 质量分数可参考表 4-11 取缺省值。没有条件实测的企业，可采用供应商提供的数据。

（八）矿山（含石灰石）企业过程温室气体排放核算

1. 碳酸盐分解（含石灰石）CO_2 量排放计算

报告主体的碳酸盐分解 CO_2 排放量等于核算边界内各种碳酸盐原料分解的 CO_2 排放

量之和，按式（5-73）计算：

$$E_{CO_2-碳酸盐} = \sum_i \sum_j \left(AD_i \times PUR_{i,j} \times F_j \times \eta_{i,j} \right) \tag{5-73}$$

式中：$E_{CO_2-碳酸盐}$——盐酸盐原料分解的 CO_2 排放量，单位为吨二氧化碳（tCO_2）；

AD_i——第 i 种（批）碳酸盐原料的消费量，单位为吨（t）；

$PUR_{i,j}$——第 i 种（批）碳酸盐原料中碳酸盐组分 j 的纯度，以%表示；

F_j——碳酸盐组分 j 的 CO_2 质量分数；

$\eta_{i,j}$——第 i 种（批）碳酸盐原料中碳酸盐组分 j 的分解率，以%表示；

i——碳酸盐原料的种类或批次；

j——碳酸盐组分的种类。

各种（批）碳酸盐原料的消费量应根据企业生产记录、台账或统计报表确定。

各种（批）碳酸盐原料中不同碳酸盐组分的分解率可采用缺省值 100%。如采用其他数据，需说明数据来源。

碳酸盐组分的 CO_2 质量分数：①具备条件的企业可委托有资质的专业机构定期检测碳酸盐原料的化学组分和纯度，碳酸盐化学组分的检测应遵循 GB/T 3286.1、GB/T 3286.9 等标准。碳酸盐组分的 CO_2 质量分数等于 CO_2 的分子量乘以碳酸根离子数目，除以碳酸盐组分的分子量，一些常见碳酸盐组分的 CO_2 质量分数可参考表 4-11 取缺省值。②没有条件实测的企业，可采用供应商提供的数据。

2. 碳化工艺吸收的二氧化碳量计算

报告主体碳化工艺吸收的 CO_2 量等于核算边界内各种碳化产物的碳化工艺 CO_2 吸收量之和，按式（5-74）计算：

$$E_{CO_2-碳化} = \sum_i \sum_j \left(AD_i \times PUR_{i,j} \times F_j \right) \tag{5-74}$$

式中：$E_{CO_2-碳化}$——碳化工艺吸收的 CO_2 量，单位为吨二氧化碳（tCO_2）；

AD_i——碳化产物 i 的产量，单位为吨（t）；

$PUR_{i,j}$——碳化产物中碳酸盐组分 j 的纯度，以%表示；

F_j——碳酸盐组分 j 的 CO_2 质量分数；

i——碳化产物的种类；

j——碳化产物中碳酸盐组分的种类。

各种碳化产物的产量应根据企业生产记录、台账或统计报表确定。

具备条件的企业可委托有资质的专业机构定期检测碳化产物的化学组分和纯度，化学组分的检测应遵循 GB/T 3286.1、GB/T 3286.9 等标准。碳酸盐组分的 CO_2 质量分数等于 CO_2 的分子量乘以碳酸根离子数目，除以碳酸盐组分的分子量。

没有条件实测的企业，可采用供应商提供的数据。

（九）钢铁生产企业过程温室气体排放核算

1. 熔剂消耗产生的 CO_2 排放量计算

按式（5-75）计算：

$$E_{熔剂} = \sum_{i=1}^{n} P_i \times DX_i \times EF_i \qquad (5\text{-}75)$$

式中：$E_{熔剂}$——熔剂消耗产生的 CO_2 排放量，单位为吨二氧化碳（tCO_2）；

P_i——核算和报告期内第 i 种熔剂的消耗量，单位为吨（t）；

DX_i——核算和报告年度内，第 i 种熔剂的平均纯度，以%表示；

EF_i——第 i 种熔剂的 CO_2 排放因子，单位为吨二氧化碳每吨（tCO_2/t）；

i——消耗熔剂的种类（白云石、石灰石等）。

熔剂的消耗量采用式（5-76）计算：

$$消耗量 = 购入量+（期初库存量-期末库存量）-$$
$$钢铁生产之外的其他消耗量-外销量 \qquad (5\text{-}76)$$

消耗的熔剂包括石灰石、白云石等，含碳源的购入量采用采购单结算凭证上的数据。

熔剂 CO_2 排放因子参见表 4-35。

石灰石、白云石排放因子检测应遵循《石灰石、白云石化学分析方法 二氧化碳量的测定》（GB/T 3286.9—2014）。具备条件的企业可以委托有资质的专业机构进行检测，也可采用与相关供应商结算凭证中提供的检测值。

2. 电极消耗产生的 CO_2 排放量计算

按式（5-77）计算：

$$E_{电极} = P_{电极} \times EF_{电极} \qquad (5\text{-}77)$$

式中：$E_{电极}$——电极消耗产生的 CO_2 排放量，单位为吨二氧化碳（tCO_2）；

$P_{电极}$——核算和报告期内电炉炼钢及精炼炉等消耗的电极量，单位为吨（t）；

$EF_{电极}$——电炉炼钢及精炼炉等所消耗电极的 CO_2 排放因子，单位为吨二氧化碳每吨（tCO_2/t）。

电极的消耗量采用式（5-78）计算：

消耗量=购入量+（期初库存量-期末库存量）-钢铁生产之外的其他消耗量-外销量

$$(5\text{-}78)$$

含碳源的购入量采用采购单结算凭证上的数据。

电极 CO_2 因子参见表 4-35。

3．外购生铁及精炼炉等所消耗的 CO_2 排放量计算

按式（5-79）计算：

$$E_{原料} = \sum_{i=1}^{n} M_i \times EF_i \qquad (5\text{-}79)$$

式中：$E_{原料}$——外购生铁、铁合金、直接还原铁等其他含碳原料消耗而产生的 CO_2 排放量，单位为吨二氧化碳（tCO_2）；

M_i——核算和报告期内第 i 种含碳原料的购入量，单位为吨（t）；

EF_i——第 i 种购入含碳原料的 CO_2 排放因子，单位为吨二氧化碳每吨（tCO_2/t）；

i——外购含碳原料类型（如生铁、铁合金、直接还原铁等）。

生铁、直接还原铁、铁合金 CO_2 排放因子参见表 4-35。

含铁物质排放因子可由相对应的含碳量换算而得，含铁物质含碳量检测应遵循 GB/T 223.69、GB/T 223.86、GB/T 4699.4、GB/T 4333.10、GB/T 7731.10、GB/T 8704.1、YB/T 5339、YB/T 5340 等标准的相关要求。

4．生产过程中产生的 CO_2 排放量计算

按式（5-80）计算：

$$E_{过程} = E_{熔剂} + E_{电极} + E_{原料} \qquad (5\text{-}80)$$

式中：$E_{过程}$——钢铁企业生产过程 CO_2 排放量，单位为吨二氧化碳（tCO_2）；

$E_{熔剂}$——熔剂消耗产生的 CO_2 排放量，单位为吨二氧化碳（tCO_2）；

$E_{电极}$——电极消耗产生的 CO_2 排放量，单位为吨二氧化碳（tCO_2）；

$E_{原料}$——外购生铁、钛合金、直接还原铁的其他含碳原料消耗的 CO_2 排放量，单位为吨二氧化碳（tCO_2）。

5．固碳产品隐含的 CO_2 排放量计算

按式（5-81）计算：

$$R_{固碳} = \sum_{i=1}^{n} AD_{固碳} \times EF_{固碳} \qquad (5\text{-}81)$$

式中：$R_{固碳}$——固碳产品所隐含的 CO_2 排放量，单位为吨二氧化碳（tCO_2）；

$AD_{固碳}$——第 i 种固碳产品的产量，单位为吨（t）；

$EF_{固碳}$——第 i 种固碳产品的 CO_2 排放因子，单位为吨二氧化碳每吨（tCO_2/t）；

i——固碳产品的种类（如粗钢、甲醇等）。

钢铁生产企业的固碳产品包括粗钢、甲醇。

粗钢固碳产品根据核算和报告期内粗钢固碳产品的销售量、库存变化量来确定各自的产量。

甲醇固碳产品根据核算和报告期内甲醇固碳产品的销售量、库存变化量来确定各自的产量。

钢铁生产企业固碳产品销售量采用销售单等结算凭证数据。

钢铁生产企业固碳产品库存变化量采用计量工具读数或其他符合要求的方法确定，采用式（5-82）计算获得：

$$产量 = 销售量 + （期末库存量 - 期初库存量）\tag{5-82}$$

生铁的 CO_2 排放因子宜参考表 4-35。

粗钢的 CO_2 排放因子宜参考表 4-36 的推荐值。

甲醇的 CO_2 排放因子采用理论摩尔质量比计算得出，为 1.375 tCO_2/t 甲醇。

（十）有色金属冶炼和加工企业过程温室气体排放核算

1. 能源作为原材料用途排放的 CO_2 排放量计算

按式（5-83）计算：

$$E_{原材料} = AD_{还原剂} \times EF_{还原剂}\tag{5-83}$$

式中：$E_{原材料}$——核算和报告年度内，能源作为原材料用途导致的 CO_2 排放量，单位为吨二氧化碳（tCO_2）；

$\quad AD_{还原剂}$——活动水平，即核算和报告年度内能源产品作为还原剂的消耗量；对固体或液体能源，单位为吨（t）；对气体能源，单位为万标准立方米（$10^4\,Nm^3$）；

$\quad EF_{还原剂}$——能源产品作为还原剂用途的 CO_2 排放因子，单位为吨二氧化碳每吨（tCO_2/t）。

所需的活动水平是核算和报告年度内能源产品作为还原剂的消耗量，采用企业计量数据或企业物料消费台账或统计报表来确定。对固体或液体能源，单位为吨（t），对气体能源单位为万标准立方米（$10^4\,Nm^3$）。

排放因子采用表 4-37 所提供的缺省值。

2. 碳酸盐及草酸分解反应导致的 CO_2 排放量计算

企业消耗的各种碳酸盐以及草酸发生分解反应导致的 CO_2 排放量计算，按式（5-84）、式（5-85）或式（5-86）计算：

$$E_{过程} = E_{草酸} + \sum E_{碳酸盐}\tag{5-84}$$

$$E_{草酸} = AD_{草酸} \times EF_{草酸}\tag{5-85}$$

$$\sum E_{碳酸盐} = \sum \left(AD_{碳酸盐} \times EF_{碳酸盐} \right)\tag{5-86}$$

式中：$E_{过程}$——核算和报告年度内的过程排放量，单位为吨二氧化碳（tCO_2）；

$E_{草酸}$——草酸分解所导致的过程排放量，单位为吨二氧化碳（tCO_2）；

$E_{碳酸盐}$——某种碳酸盐分解所导致的过程排放量，单位为吨二氧化碳（tCO_2）；

$AD_{草酸}$——核算和报告年度内的草酸消耗量，单位为吨（t）；

$AD_{碳酸盐}$——核算和报告年度内某种碳酸盐的消耗量，单位为吨（t）；

$EF_{草酸}$——草酸分解的 CO_2 排放因子，单位为吨二氧化碳每吨（tCO_2/t）；

$EF_{碳酸盐}$——某种碳酸盐分解的 CO_2 排放因子，单位为吨二氧化碳每吨（tCO_2/t）。

排放因子采用表 4-38 所提供的缺省值。

（十一）铝冶炼企业过程温室气体排放核算

1. 能源作为原料 CO_2 排放量计算

作为原材料用途（炭阳极消耗）的 CO_2 排放量按式（5-87）计算：

$$E_{原材料}=EF_{炭阳极}\times P\times GWP_{CO_2} \tag{5-87}$$

式中：$E_{原材料}$——核算和报告年度内，炭阳极消耗导致的 CO_2 排放量，单位为吨二氧化碳当量（tCO_2e）；

$EF_{炭阳极}$——炭阳极消耗的 CO_2 排放因子，单位为吨二氧化碳每吨铝（tCO_2/tAl）；

P——核算和报告年度内原铝产量，单位为吨（t）；

GWP_{CO_2}——CO_2 全球变暖潜势，取值为 1。

炭阳极消耗的 CO_2 排放因子按式（5-88）计算：

$$EF_{炭阳极}=NC_{炭阳极}\times (1-S_{炭阳极}-A_{炭阳极})\times \frac{44}{12} \tag{5-88}$$

式中：$EF_{炭阳极}$——炭阳极消耗的 CO_2 排放因子，单位为吨二氧化碳每吨铝（tCO_2/tAl）；

$NC_{炭阳极}$——核算和报告年度内的每吨铝炭阳极净耗量，单位为吨碳每吨铝（tC/tAl）；

$S_{炭阳极}$——核算和报告年度内的炭阳极平均含硫量；

$A_{炭阳极}$——核算和报告年度内的平均灰分含量。

吨铝炭阳极净耗量可采用中国有色金属工业协会的推荐值 0.42 tC/tAl；具备条件的企业可以按月称重检测，取年度平均值。

炭阳极平均含硫量可采用推荐值 2%；具备条件的企业可以按照 YS/T 20 标准，对每批次的炭阳极进行抽样检测，取年度平均值。

炭阳极平均灰含量可以采用推荐值 0.4%；具备条件的企业可以按照 YS/T 63.19 对每批次的炭阳极进行抽样检测，取年度平均值（表 5-9）。

表 5-9　能源作为原材料用途的排放因子相关推荐值

参数名称	量值
吨铝炭阳极净耗/（tC/tAl）	0.42
炭阳极平均含硫量/%	2
炭阳极平均灰分含量/%	0.4

数据来源：中国有色金属工业协会统计数据。

2. 铝冶炼生产过程温室气体计算

铝冶炼企业过程排放量是其阳极效应排放量和碳酸盐分解产生的排放量之和，扣除 CO_2 回收利用量，按式（5-89）计算：

$$E_{过程} = E_{PFCs} + \sum_{i=0}^{n} \left(E_{碳酸盐,\,i} \right) - R_{CO_2} \tag{5-89}$$

式中：$E_{过程}$——核算和报告年度内的过程排放量，单位为吨二氧化碳当量（tCO$_2$e）；

E_{PFCs}——核算和报告年度内的阳极效应全氟化碳排放量，单位为吨二氧化碳当量（tCO$_2$e）；

$E_{碳酸盐,\,i}$——核算和报告年度内第 i 种碳酸盐分解导致的生产过程排放量，单位为吨二氧化碳当量（tCO$_2$e）；

R_{CO_2}——核算和报告年度内的 CO_2 回收利用量，单位为吨二氧化碳当量（tCO$_2$e）。

（1）阳极效应全氟化碳排放量计算

铝冶炼企业在发生阳极效应时会排放 CF_4 和 C_2F_6 两种全氟化碳。阳极效应温室气体排放量按式（5-90）计算：

$$E_{PFCs} = EF_{CF_4} \times P \times GWP_{CF_4} \times 10^{-3} + EF_{C_2F_6} \times P \times GWP_{C_2F_6} \times 10^{-3} \tag{5-90}$$

式中：E_{PFCs}——核算和报告年度内的阳极效应全氟化碳排放量，单位为吨二氧化碳当量（tCO$_2$e）；

EF_{CF_4}——阳极效应的 CF_4 排放因子，单位为千克四氟化碳每吨铝（kgCF$_4$/tAl）；

P——阳极效应的活动数据，即核算和报告年度内的原铝产量，单位为吨铝（tAl）；

GWP_{CF_4}——四氟化碳（CF_4）的全球变暖潜势，取值为 6 500；

$EF_{C_2F_6}$——阳极效应的 C_2F_6 排放因子，单位为千克六氟化二碳每吨铝（kgC$_2$F$_6$/tAl）；

$GWP_{C_2F_6}$——六氟化二碳（C_2F_6）的全球变暖潜势，取值为 9 200。

CF_4 的排放因子可选择推荐值 0.034 kgCF$_4$/tAl；

C_2F_6 的排放因子可选择推荐值 0.003 4 kgC$_2$F$_6$/tAl。

排放因子采用表 4-39 所提供的缺省值。

具备条件的企业：可采用国际通用的斜率法经验公式，按式（5-91）式（5-92）测算本企业的阳极效应排放因子：

$$EF_{CF_4} = 0.143 \times AEM \qquad (5\text{-}91)$$

$$EF_{C_2F_6} = 0.1 \times EF_{CF_4} \qquad (5\text{-}92)$$

式中：EF_{CF_4}——阳极效应的 CF_4 排放因子，单位为千克四氟化碳每吨铝（$kgCF_4/tAl$）；

      $EF_{C_2F_6}$——阳极效应的 C_2F_6 排放因子，单位为千克六氟化二碳每吨铝（kgC_2F_6/tAl）；

      AEM——平均每天每槽阳极效应持续时间，企业自动化生产控制系统的实时监测数据，单位为分钟（min）。

（2）碳酸盐分解产生的 CO_2 排放量计算

按式（5-93）计算碳酸盐分解过程的 CO_2 排放量：

$$E_{碳酸盐} = \sum_{i=0}^{n} \left(AD_{碳酸盐} \times EF_{碳酸盐} \right) \times GWP_{CO_2} \qquad (5\text{-}93)$$

式中：$E_{碳酸盐}$——核算和报告年度内某种碳酸盐分解所导致的工业生产过程排放量，单位为吨二氧化碳当量（tCO_2e）；

      $AD_{碳酸盐}$——核算和报告年度内某种碳酸盐的消耗量，单位为吨（t）；

      $EF_{碳酸盐}$——某种碳酸盐分解的 CO_2 排放因子，单位为吨二氧化碳每吨碳酸盐（tCO_2/t 碳酸盐）；

      GWP_{CO_2}—— CO_2 全球变暖潜势，取值为 1；

      i——碳酸盐种类代号。

碳酸盐分解的 CO_2 排放因子：采用表 4-39 所提供的推荐值。

（3）CO_2 回收利用量计算

企业回收利用的 CO_2 按式（5-94）计算：

$$R_{CO_2} = Q \times PUR_{CO_2} \times 19.7 \times GWR_{CO_2} \qquad (5\text{-}94)$$

式中：R_{CO_2}——核算和报告年度内的 CO_2 回收利用量，单位为吨二氧化碳当量（tCO_2e）；

      Q——回收利用的 CO_2 气体体积，单位为万标准立方米（$10^4\,Nm^3$）；

      PUR_{CO_2}——回收利用的 CO_2 气体的纯度；

      19.7—— CO_2 气体的密度，单位为吨每万标准立方米（$t/10^4\,Nm^3$）。

对于 CO_2 回收利用无计量时可按式（5-95）计算：

$$R_{CO_2} = \frac{44}{102} \times Al_2O_{3(碳分)} \qquad (5\text{-}95)$$

式中：$Al_2O_{3(碳分)}$——碳分氧化铝（含碳酸分解工艺生产的化学品氧化铝）产量，单位为吨（t）。

（十二）镁冶炼企业过程温室气体排放核算

1. 能源作为原料 CO_2 排放量计算

镁冶炼企业有硅铁生产工序消耗兰炭（能源作为原材料用途）的 CO_2 排放量按式（5-96）计算：

$$E_{原材料}=S \times EF_{硅铁} \qquad (5\text{-}96)$$

式中：$E_{原材料}$——核算和报告年度内，报告主体自有硅铁生产工序消耗兰炭还原剂所导致的 CO_2 排放量，单位为吨二氧化碳（tCO_2）；

$EF_{硅铁}$——硅铁生产消耗兰炭的 CO_2 排放因子，单位为吨二氧化碳每吨硅铁（$tCO_2/tFeSi$）；

S——核算和报告年度内报告主体自产的硅铁含量，单位为吨硅铁（$tFeSi$）。

硅铁生产消耗兰炭的 CO_2 排放因子采用的推荐值为 2.79 $tCO_2/tFeSi$。

2. 生产过程 CO_2 排放量计算

镁冶炼生产过程白云石煅烧分解导致的 CO_2 排放量按式（5-97）计算：

$$E_{过程}=EF_{白云石} \times D \qquad (5\text{-}97)$$

式中：$E_{过程}$——过程排放量，即煅烧白云石的 CO_2 排放量，单位为吨二氧化碳（tCO_2）；

$EF_{白云石}$——煅烧白云石的 CO_2 排放因子，单位为吨二氧化碳每吨白云石（tCO_2/t 白云石）；

D——核算和报告年度内的白云石原料消耗量，单位为吨白云石（t 白云石）。

白云石消耗量采用企业统计数据。

煅烧白云石的 CO_2 排放因子按式（5-98）计算：

$$EF_{白云石}=DX \times 0.478 \qquad (5\text{-}98)$$

式中：$EF_{白云石}$——煅烧白云石的 CO_2 排放因子，单位为吨二氧化碳每吨白云石（tCO_2/t 白云石）；

DX——核算和报告年度内，白云石原料的平均纯度，即碳酸镁和碳酸钙在白云石原料中的质量百分比，推荐值为 98%[1]，具备条件的企业可以按照 GB/T 3286.1 对每个批次的白云石原料进行抽样检测，取年度平均值；

0.478——煅烧白云石的 CO_2 理论排放系数，单位为吨二氧化碳每吨白云石（tCO_2/t 白云石）。

---

[1] 来源于中国有色金属工业协会统计数据。

（十三）石油天然气生产企业过程温室气体排放核算

1. 油气勘探业务

（1）化石燃料燃烧排放量

油气勘探业务发生的化石燃料燃烧排放量参考"化石燃料燃烧排放"核算。

（2）火炬系统燃烧排放量

火炬系统燃烧排放可分为正常工况下的火炬气燃烧排放及由于事故导致的火炬气燃烧排放，两种工况产生的温室气体排放量之和按式（5-99）计算：

$$E_{火炬}=E_{正常火炬}+E_{事故火炬} \tag{5-99}$$

式中：$E_{火炬}$——火炬燃烧产生的温室气体排放，单位为吨二氧化碳当量（tCO_2e）；

$E_{正常火炬}$——正常工况下火炬气燃烧产生的 CO_2 和 CH_4 排放，单位为吨二氧化碳当量（tCO_2e）；

$E_{事故火炬}$——由于事故导致的火炬气燃烧产生的 CO_2 和 CH_4 排放，单位为吨二氧化碳当量（tCO_2e）。

1）正常工况火炬燃烧排放

①计算公式

$$E_{正常火炬} = \sum_i \left\{ Q_{正常火炬} \times \left[CC_{非CO_2} \times OF \times \frac{44}{12} + V_{CO_2} \times 19.77 + V_{CH_4} \times (1-OF) \times 7.17 \times GWP_{CH_4} \right] \right\}_i \tag{5-100}$$

式中：i——火炬系统序号；

$Q_{正常火炬}$——正常工况下第 i 支火炬系统的在核算和报告期内通过的可燃气体流量，单位为万标准立方米（$10^4\ Nm^3$）；

$CC_{非CO_2}$——火炬气中非 CO_2 含碳化合物的总含碳量，单位为吨碳每万标准立方米（$tC/10^4\ Nm^3$），计算方式见式（5-101）；

OF——第 i 支火炬系统的碳氧化率，如无实测数据可取缺省值98%；

V_{CO_2}——火炬气中 CO_2 的体积浓度（%）；

V_{CH_4}——火炬气中 CH_4 的体积浓度（%）；

19.77——CO_2 气体在标准状况下的密度，单位为吨二氧化碳每万标准立方米（$tCO_2/10^4\ Nm^3$）；

7.17——CH_4 在标准状况下的密度，单位为吨甲烷每万标准立方米（$tCH_4/10^4\ Nm^3$）；

GWP_{CH_4}——CH_4 的增温潜势，根据 IPCC 第四次评估报告，甲烷的增温潜势为 21。

②数据的监测与获取

火炬气流量获取：对于正常工况火炬系统，可根据火炬气流量监测系统、工程计算或流量估算方法获得核算和报告期内火炬气流量。

CO_2 气体浓度获取：式（5-101）中火炬气的 CO_2 气体浓度应根据气体组分分析仪或火炬气来源获取，火炬气中除 CO_2 外其他含碳化合物的含碳量$CC_{非CO_2}$，应根据每种气体组分的体积浓度及该组分化学分子式中碳原子的数目按式（5-101）计算含碳量：

$$CC_{非CO_2} = \sum_n \left(\frac{12 \times V_n \times CN_n \times 10}{22.4} \right) \tag{5-101}$$

式中：n——火炬气的各种气体组分，二氧化碳除外；

$CC_{非CO_2}$——火炬气中非 CO_2 含碳化合物的总含碳量，单位为吨碳每万标准立方米（$tC/10^4 Nm^3$）；

V_n——火炬气中除 CO_2 外的第 n 种含碳化合物（包括 CO）的体积浓度（%）；

CN_n——火炬气中第 n 种含碳化合物（包括 CO）化学分子式中的碳原子数目。

2）突发事故火炬燃烧排放

①计算公式

事故火炬燃烧所产生的 CO_2 排放量计算方法见式（5-102）：

$$E_{事故火炬} = \sum_j \left\{ GF_{事故,j} \times T_{事故,j} \times \left[CC_{(非CO_2)j} \times OF \times \frac{44}{12} + V_{(CO_2)j} \times 19.77 + V_{(CH_4)j} \times (1-OF) \times 7.17 \times GWP_{CH_4} \right] \right\} \tag{5-102}$$

式中：j——核算和报告期内突发事故次数；

$GF_{事故,j}$——核算和报告期内第 j 次事故状态时的平均火炬气流速度，单位为万标准立方米每小时（$10^4 Nm^3/h$）；

$T_{事故,j}$——核算和报告期内第 j 次事故的持续时间，单位为小时（h）；

$CC_{(非CO_2)j}$——第 j 次事故火炬气流中非 CO_2 含碳化合物的总含碳量，单位为吨碳每万标准立方米（$tC/10^4 Nm^3$）；

$V_{(CO_2)j}$——第 j 次事故火炬气流中 CO_2 气体的体积浓度（%）；

$V_{(CH_4)j}$——第 j 次事故火炬气流中 CH_4 气体的体积浓度（%）；

OF——第 i 支火炬系统的碳氧化率，如无实测数据可取缺省值98%；

44——CO_2 的摩尔质量，单位为克每摩尔（g/mol）。

12——碳的摩尔质量，单位为千克每千摩尔（kg/kmol）。

19.77——CO_2 气体在标准状况下的密度，单位为吨二氧化碳每万标准立方米（$tCO_2/10^4 Nm^3$）；

7.17——CH_4 在标准状况下的密度，单位为吨甲烷每万标准立方米（$tCH_4/10^4\,Nm^3$）。

②数据的监测与获取

事故火炬的持续时间与平均气流速应按照事故调查报告取值。如果数据难以获取，可取火炬系统设计流量最大值作为事故发生期间火炬系统的平均气流速度。

CO_2 浓度及 CH_4 浓度如果有火炬气体成分分析，可直接采用分析结果，如无气体成分分析，可追溯发生事故的设施或井口，根据产气井或事故设施在事故发生期前或事故后一个月时间段内的气体中 CO_2 及 CH_4 的平均浓度。

油气勘探业务设备逃逸排放暂不考虑。

（3）工艺放空 CH_4 排放计算方法

1）计算公式

油气勘探环节工艺放空排放仅计算天然气试井时的无阻放空过程，按式（5-103）计算 CH_4 排放量：

$$E_{CH_4-试井} = \sum_{i=0}^{n}(Q_k \times H_k \times V_{CH_4-试井} \times 7.17 \times 10^{-4}) \qquad (5\text{-}103)$$

式中：$E_{CH_4-试井}$——天然气井试井作业时直接排放的甲烷量，单位为吨甲烷（tCH_4）；

k——试井作业时直接放空的天然气井序号；

Q_k——第 k 个实施无阻放空试井作业的天然气井的无阻流量，无阻流量需折算成标准状况下气体体积计，单位为标准立方米每小时（Nm^3/h）；

H_k——核算和报告周期内第 k 个天然气井进行试井作业的作业时数，单位为小时（h）；

$V_{CH_4-试井}$——第 k 个天然气井排放气中的甲烷体积浓度，取值为 0～1。

2）数据的监测与获取

式（5-103）中天然气井的无阻流量和 CH_4 体积浓度根据企业实测数据取算术平均值，如无实测数据，采用天然气井生产作业中气井平均生产流量，作业时数根据企业运行记录获取。

2. 油气开采业务

油气开采业务发生的化石燃料燃烧 CO_2 排放量参考"化石燃料燃烧排放"核算。

火炬系统燃烧排放量参考本章的"（十三）石油天然气生产企业过程温室气体排放核算"中关于"火炬系统燃烧排放"核算相关内容。

油气开采工艺放空 CH_4 排放按式（5-104）计算：

$$E_{CH_4-开采放空} = \sum_{j}(Num_j \times EF_j) \qquad (5\text{-}104)$$

式中：$E_{CH_4-开采放空}$——油气开采环节产生的工艺放空甲烷排放量，单位为吨甲烷（tCH_4）；

　　j——油气开采系统中的装置类型，包括原油开采的井口装置、单井储油装置、接转站、联合站及天然气开采中的井口装置、集气站、计量/配气站、储气站等；

　　Num_j——第 j 个装置的数量，单位为个；

　　EF_j——第 j 个装置的工艺放空甲烷排放因子，单位为吨甲烷每年个 $[t\,CH_4/(a\cdot 个)]$。

不同类型装置的数量 Num_j 采用企业实际生产运行统计或记录数据。

　　不同类型装置的工艺放空 CH_4 排放因子应优先采用企业实测值，无实测条件的企业可参考表 4-41 根据相应的装置类型选用缺省值。

　　油气开采业务 CH_4 逃逸排放按式（5-105）计算：

$$E_{CH_4-开采逃逸} = \sum_j (Num_{oil,j} \times EF_{oil,j}) + \sum_j (Num_{gas,j} \times EF_{gas,j}) \qquad （5-105）$$

式中：$E_{CH_4-开采逃逸}$——原油开采或天然气开采中所有设施类型（包括原油开采的井口装置、单井储油装置、接转站、联合站及天然气开采中的井口装置、集气站、计量/配气站、储气站等）产生的 CH_4 逃逸排放量，单位为吨甲烷（tCH_4）；

　　j——不同的设施类型；

　　$Num_{oil,j}$——原油开采业务中所涉及的泄漏设施类型数量，单位为个；

　　$EF_{oil,j}$——原油开采业务中涉及的每种设施类型 j 的 CH_4 排放因子，单位为吨甲烷每年个 $[t\,CH_4/(a\cdot 个)]$；

　　$Num_{gas,j}$——天然气开采业务中所涉及的泄漏设施类型数量，单位为个；

　　$EF_{gas,j}$——天然气开采业务中涉及的每种设施类型 j 的 CH_4 排放因子，单位为吨甲烷每年个 $[t\,CH_4/(a\cdot 个)]$。

　　式（5-105）中不同类型设施的数量 $Num_{oil,j}$ 及 $Num_{gas,j}$ 采用企业实际生产统计数据。

　　不同类型设施的 CH_4 逃逸排放因子应优先采用企业实测值，无实测条件的企业可参考表 4-41，根据相应的装置类型选用缺省值。

3. 油气处理业务

油气处理业务发生的化石燃料燃烧 CO_2 排放量参考"化石燃料燃烧排放"核算。

　　火炬系统燃烧排放量参考本章的"（十三）石油天然气生产企业过程温室气体排放核算"中关于"火炬系统燃烧排放"核算相关内容。

　　油气处理过程的工艺放空可能产生 CH_4 和 CO_2 两种温室气体。每种温室气体的核算方法如下。

　　（1）天然气处理过程工艺放空 CH_4 排放

　　按式（5-106）计算：

$$E_{CH_4-气处理放空} = Q_{gas} \times EF_{CH_4-气处理放空} \qquad (5-106)$$

式中：$E_{CH_4-气处理放空}$——天然气处理过程中工艺放空 CH_4 排放，单位为吨甲烷（tCH_4）；

Q_{gas}——天然气处理量，单位为亿标准立方米（$10^8 Nm^3$）；

$EF_{CH_4-气处理放空}$——天然气处理过程中的工艺放空 CH_4 排放因子，单位为吨甲烷每亿标准立方米（$tCH_4/10^8 Nm^3$）。

天然气处理量：天然气处理量采用企业台账记录数据。

CH_4 排放因子：天然气处理的 CH_4 排放因子应优先采用企业实测值，无实测条件的企业可从表 4-41 中选用缺省值。

（2）天然气处理过程工艺放空 CO_2 排放

按式（5-107）计算：

$$E_{CH_4-酸气脱除} = \sum_{k=1}^{N}(Q_{in,k} \times V_{CO_2,in,k} - Q_{out,k} \times V_{CO_2,out,k}) \times \frac{44}{22.4} \times 10 \qquad (5-107)$$

式中：$E_{CH_4-酸气脱除}$——酸气脱除过程中产生的 CO_2 年排放量，单位为吨二氧化碳（tCO_2）；

k——脱酸设备序号；

$Q_{in,k}$——进入第 k 套酸气脱除设备处理的气体体积，单位为万标准立方米（$10^4 Nm^3$）；

$V_{CO_2,in,k}$——第 k 套酸气脱除设备入口处（未处理）的气体中 CO_2 体积浓度，取值为 0~1；

$Q_{out,k}$——经过第 k 套酸气脱除设备处理后的气体体积，单位为万标准立方米（$10^4 Nm^3$）；

$V_{CO_2,out,k}$——经过第 k 套酸气脱除设备处理后的气体中 CO_2 体积浓度，取值为 0~1；

44——CO_2 气体的摩尔质量，单位为千克每千摩尔（kg/kmol）。

流入和流出酸性气体脱除设备的天然气流量需通过连续流量计量仪进行监测；如果没有连续流量计量仪，也可采用其他方法确定气体流量。

对酸气脱除前后的 CO_2 体积浓度推荐采用连续气体分析仪的测量结果。如果没有安装连续气体分析仪，可每月取样测试 CO_2 浓度并取算术平均值。

（3）油气处理业务 CH_4 逃逸排放

按式（5-108）计算：

$$E_{CH_4-气处理逃逸} = Q_{gas} \times EF_{CH_4-气处理逃逸} \qquad (5-108)$$

式中：$E_{CH_4-气处理逃逸}$——天然气处理过程甲烷逃逸排放，单位为吨甲烷（tCH_4）；

Q_{gas}——天然气的处理量，单位为亿标准立方米（$10^8 Nm^3$）；

$EF_{CH_4-气处理逃逸}$——单位天然气处理量的甲烷逃逸排放因子，单位为吨甲烷每亿标准立方米（$tCH_4/10^8 Nm^3$）。

天然气处理量采用企业台账记录数据。

CH_4 逃逸排放因子应优先采用企业实测值，无实测条件的企业可参考表 4-41 选用缺省值。

4.油气储运业务

油气储运业务发生的化石燃料燃烧 CO_2 排放量参考"化石燃料燃烧排放"核算。

火炬系统燃烧排放量参考本章的"（十三）石油天然气生产企业过程温室气体排放核算"中关于"火炬系统燃烧排放"核算相关内容。

（1）油气储运业务工艺放空排放

油气储运环节的工艺放空排放，按式（5-109）计算：

$$E_{CH_4-气输放空} = \sum_j (Num_j \times EF_j) \qquad (5-109)$$

式中：$E_{CH_4-气输放空}$——天然气输送环节产生的工艺放空排放量，单位为吨甲烷（tCH_4）；

j——天然气输送环节不同的设施类型，包括压气站/增压站、计量站/分输站、管线（逆止阀）、清管站等；

Num_j——第 j 个油气输送设施的数量，单位为个；

EF_j——第 j 个油气输送设施的油气放空排放因子，单位为吨甲烷每年个 [tCH_4/（$a \cdot$ 个）]。

不同类型装置的数量采用企业实际生产统计数据。

不同类型设施的工艺放空排放因子应优先采用企业实测值，无实测条件的企业可参考表 4-41，根据相应的装置类型选用缺省值。

（2）油气储运业务 CH_4 逃逸排放核算

油气储运业务 CH_4 逃逸排放分为原油输送和天然气输送过程，分别进行核算。

原油输送过程中产生的 CH_4 逃逸排放，按式（5-110）计算：

$$E_{CH_4-油输逃逸} = Q_{oil} \times EF_{CH_4-油输逃逸} \qquad (5-110)$$

式中：$E_{CH_4-油输逃逸}$——原油输送过程中工艺放空甲烷排放，单位为吨甲烷（tCH_4）；

Q_{oil}——原油输送量，单位为亿吨（$10^8 t$）；

$EF_{CH_4-油输逃逸}$——原油输送的 CH_4 逃逸排放因子，单位为吨甲烷每亿吨原油（$tCH_4/10^8 t\ oil$）。

天然气输送环节的 CH_4 逃逸排放，按式（5-111）计算：

$$E_{CH_4-气输逃逸} = \sum_j (Num_j \times EF_j) \qquad (5-111)$$

式中：$E_{CH_4-气输逃逸}$——天然气输送过程中产生的 CH_4 逃逸排放，单位为吨甲烷（tCH_4）；

Num_j——天然气输送过程中产生逃逸排放的设施 j（包括压气站/增压站、计量站/分输站、管线（逆止阀）、清管站等）的数量，单位为个；

EF_j——每个设施 j 的 CH_4 逃逸排放因子，单位为吨甲烷每年个 $[tCH_4/（a·个）]$。

天然气输送环节不同类型设施的数量采用企业实际生产运行数据。

不同类型设施的 CH_4 逃逸排放因子应优先采用企业实测值，无实测条件的企业可参表 4-41，根据相应的装置类型选用缺省值。

5. CH_4 回收利用量

报告主体如果进行了 CH_4 回收且在实测的工艺放空 CH_4 排放因子中没有反映 CH_4 回收技术的效果，则按式（5-112）计算 CH_4 回收利用量并从企业的 CH_4 排放总量中予以扣除：

$$R_{CH_4-回收} = Q_{re} \times PUR_{CH_4} \times 7.17 \qquad (5-112)$$

式中：$R_{CH_4-回收}$——报告主体的 CH_4 回收利用量，单位为吨甲烷（tCH_4）；

Q_{re}——报告主体回收的 CH_4 气体体积，单位为万标准立方米（$10^4 Nm^3$）；

PUR_{CH_4}—— CH_4 气体的纯度（甲烷体积浓度），取值范围为 0～1；

7.17—— CH_4 气体在标准状况下的密度，单位为吨每万标准立方米（$t/10^4 Nm^3$）。

CH_4 气体体积应根据企业台账或统计报表来确定。

CH_4 气体的纯度应根据企业台账记录来确定。

6. CO_2 回收利用量

报告主体回收且免于排放到大气中的 CO_2 量，其中气体形态按式（5-113）计算，液体形态按式（5-114）计算：

$$R_{CO_2回收} = Q_{CO_2} \times PUR_{CO_2} \times 19.77 \qquad (5-113)$$

$$R_{CO_2回收} = M_{CO_2} \times PUR_{CO_2} \qquad (5-114)$$

式中：$R_{CO_2回收}$—— CO_2 回收利用量，单位为吨二氧化碳（tCO_2）；

Q_{CO_2}——回收利用的 CO_2 气体体积，单位为万标准立方米（$10^4 Nm^3$）；

M_{CO_2}——回收利用的 CO_2 液体质量，单位为吨（t）；

PUR_{CO_2}—— CO_2 纯度，气体形态指体积百分比浓度，单位为% （V/V）；液体形态指质量百分比浓度，单位为% （W/W）；

19.77——标准状况下 CO_2 气体的密度，单位为吨二氧化碳每万标准立方米（$tCO_2/10^4 Nm^3$）。

报告主体如果存在 CO_2 回收利用活动，则应区分 CO_2 回收利用的各种形式分别监测它们的回收利用量，并做好原始记录、质量控制和文件存档工作。

报告主体可委托有资质的专业机构定期检测 CO_2 回收气体的浓度，CO_2 浓度的检测应遵循 GB/T 8984 等标准。

企业如果有满足资质标准的检测单位也可自行检测，CO_2 浓度的检测应遵循 GB/T 8984 等标准。

（十四）石油化工企业过程温室气体排放核算

1. 过程排放

石油化工企业可能涉及过程排放的装置包括但不限于：催化裂化装置、催化重整装置、制氢装置、焦化装置、石油焦煅烧装置、氧化沥青装置、乙烯裂解装置、乙二醇/环氧乙烷生产装置。过程排放量为各装置的产品生产过程 CO_2 排放之和。

$$E_{过程}=\sum_j\sum_i E_{i,j} \quad (i=1, 2, \cdots, n; j=1, 2, \cdots, n) \tag{5-115}$$

式中：$E_{过程}$——报告主体的石油产品或石油化工产品生产过程的 CO_2 排放量，单位为吨二氧化碳（tCO_2）；

　　　j——报告主体产生过程排放的装置类型；

　　　i——第 j 类装置的装置编号；

　　　$E_{i,j}$——报告主体第 j 类装置第 i 套装置产生的 CO_2 排放量，单位为吨二氧化碳（tCO_2）。

（1）催化裂化装置

催化裂化工艺产生的排放存在两种情况，即烧焦尾气直接排放或烧焦尾气通入一氧化碳锅炉燃烧产生的排放。

烧焦尾气通入一氧化碳锅炉燃烧产生的排放按照"化石燃料燃烧排放的 CO_2 计算方法"进行计算，并计入化石燃料燃烧排放；

烧焦尾气直接排放按式（5-116）计算：

$$E_{连续烧焦}=MC×CF×OF×\frac{44}{12} \tag{5-116}$$

式中：$E_{连续烧焦}$——催化裂化装置连续烧焦产生的 CO_2 排放量，单位为吨二氧化碳（tCO_2）；

　　　MC——催化裂化装置烧焦量，单位为吨（t）；

　　　CF——催化裂化装置催化剂结焦的平均含碳量，单位为吨碳每吨（tC/t）；

　　　OF——烧焦过程中的碳氧化率，以%表示。

烧焦量采用企业实测数据，无法实测的企业可按生产记录或统计台账获取。

焦层含碳量优先推荐采用企业实测数据，如无实测数据可默认焦炭含量为 100%。

烧焦设备的碳氧化率可取缺省值 98%。

（2）催化重整装置

催化重整烧焦如果采用连续烧焦方式，使用式（5-116）对其烧焦过程排放进行核算；如果采用间歇烧焦方式，其 CO_2 排放量用式（5-117）计算：

$$E_{间歇烧焦} = MC \times \left(CF_{前} - \frac{1-CF_{前}}{1-CF_{后}} \times CF_{后} \right) \times OF \times \frac{44}{12} \tag{5-117}$$

式中：$E_{间歇烧焦}$——催化剂间歇烧焦再生导致的 CO_2 排放量，单位为吨二氧化碳（tCO_2）；

      MC——催化重整装置在整个核算和报告期内待再生的催化剂量，单位为吨（t）；

      $CF_{前}$——催化重整装置再生前催化剂上的含碳率，以%表示；

      $CF_{后}$——催化重整装置再生后催化剂上的含碳率，以%表示；

      OF——烧焦过程的碳氧化率，以%表示。

催化重整装置待再生的催化剂量由企业实测获取。

企业应在每次烧焦过程中实测催化剂烧焦前及烧焦后的含碳率，烧焦设备的碳氧化率可取缺省值 98%。

（3）其他生产装置催化剂烧焦

石油产品与石油化工产品生产过程还存在其他需要用到催化剂并可能进行烧焦再生的装置。

连续烧焦过程：使用式（5-118）及相关数据监测与获取方法进行核算。

$$E_{连续烧焦} = MC \times CF \times OF \times \frac{44}{12} \tag{5-118}$$

式中：$E_{连续烧焦}$——催化裂化装置连续烧焦产生的 CO_2 排放量，单位为吨二氧化碳（tCO_2）；

      MC——催化裂化装置烧焦量，单位为吨（t）；

      CF——催化裂化装置催化剂结焦的平均含碳量，单位为吨碳每吨（tC/t）；

      OF——烧焦过程中的碳氧化率，以%表示。

间歇烧焦再生过程使用式（5-119）及相关数据监测与获取方法进行核算。

$$E_{间歇烧焦} = MC \times \left(CF_{前} - \frac{1-CF_{前}}{1-CF_{后}} \times CF_{后} \right) \times OF \times \frac{44}{12} \tag{5-119}$$

式中：$E_{间歇烧焦}$——催化剂间歇烧焦再生导致的 CO_2 排放量，单位为吨二氧化碳（tCO_2）；

      MC——催化重整装置在整个核算和报告期内待再生的催化剂量，单位为吨（t）；

      $CF_{前}$——催化重整装置再生前催化剂上的含碳率，以%表示；

      $CF_{后}$——催化重整装置再生后催化剂上的含碳率，以%表示；

      OF——烧焦过程的碳氧化率，以%表示。

（4）制氢装置

1）计算公式

采用碳质量平衡法核算制氢过程 CO_2 排放，按式（5-120）计算：

$$E_{制氢}=[AD_r \times CC_r-(Q_{sg} \times CC_{sg}+Q_w \times CC_w)] \times \frac{44}{12} \qquad (5-120)$$

式中：$E_{制氢}$——制氢装置产生的 CO_2 排放，单位为吨二氧化碳（tCO_2）；

AD_r——制氢装置原料投入量，单位为吨原料（t）；

CC_r——制氢装置原料的平均含碳量，单位为吨碳每吨（tC/t）；

Q_{sg}——制氢装置产生合成气的量，单位为万标准立方米（$10^4 Nm^3$）；

CC_{sg}——制氢装置产生合成气的含碳量，单位为吨碳每万标准立方米（$tC/10^4 Nm^3$）；

Q_w——制氢装置产生的残渣量，单位为吨（t）；

CC_w——制氢装置产生残渣的含碳量，单位为吨碳每吨（tC/t）。

2）数据的监测与获取

制氢装置的原料投入量、合成气产生量、残渣产生量优先采用企业实测数据，无法取得实测数据时可根据生产记录或统计台账获取相关数据。

原料的含碳量、合成气含碳量、残渣含碳量采用企业实测数据。

（5）焦化装置

焦化装置分为流化焦化装置、延迟焦化装置、灵活焦化装置三种形式。

1）流化焦化装置

中流化床燃烧器烧除附着在焦炭粒子上的多余焦炭所产生的 CO_2 排放，按式（5-121）连续烧焦排放的方法进行核算，并报告为过程排放。

$$E_{连续烧焦}=MC \times CF \times OF \times \frac{44}{12} \qquad (5-121)$$

式中：$E_{连续烧焦}$——催化裂化装置连续烧焦产生的 CO_2 排放量，单位为吨二氧化碳（tCO_2）；

MC——催化裂化装置烧焦量，单位为吨（t）；

CF——催化裂化装置催化剂结焦的平均含碳量，单位为吨碳每吨（tC/t）；

OF——烧焦过程中的碳氧化率，以%表示。

2）延迟焦化装置

不计算过程排放。

3）灵活焦化装置

不计算过程排放。

灵活焦化装置产生的低热值燃料气在燃烧设备中燃烧产生的排放应按照"化石燃料燃烧排放的 CO_2 计算方法"进行计算并计入化石燃料燃烧排放。

（6）石油焦煅烧装置

1）计算公式

采用碳质量平衡法计算石油焦煅烧装置的 CO_2 排放，按式（5-122）计算：

$$E_{煅烧}=[M_{RC}\times CC_{RC}-(M_{PC}+M_{ds})\times CC_{PC}]\times \frac{44}{12} \tag{5-122}$$

式中：$E_{煅烧}$——石油焦煅烧装置 CO_2 排放量，单位为吨二氧化碳（tCO_2）；

　　　M_{RC}——进入石油焦煅烧装置的生焦的质量，单位为吨（t）；

　　　CC_{RC}——进入石油焦煅烧装置的生焦的平均含碳量，单位为吨碳每吨（tC/t）；

　　　M_{PC}——石油焦煅烧装置产出的石油焦成品的质量，单位为吨（t）；

　　　M_{ds}——石油焦煅烧装置的粉尘收集系统收集的石油焦粉尘的质量，单位为吨（t）；

　　　CC_{PC}——石油焦煅烧装置产出的石油焦成品的平均含碳量，单位为吨碳每吨（tC/t）。

2）数据的监测与获取

生焦量、石油焦成品质量、石油焦粉尘质量优先采用企业实测数据，无法取得实测数据时可根据生产记录或统计台账获取相关数据。

石油焦煅烧装置生焦的平均含碳率、油焦煅烧装置产出石油焦成品平均含碳率采用企业实测数据。

（7）氧化沥青装置

1）计算公式

氧化沥青工艺过程产生的 CO_2 排放量，可按式（5-123）计算：

$$E_{沥青}=M_{oa}\times EF_{oa} \tag{5-123}$$

式中：$E_{沥青}$——沥青氧化装置 CO_2 排放量，单位为吨二氧化碳（tCO_2）；

　　　M_{oa}——氧化沥青装置的氧化沥青产量，单位为吨（t）；

　　　EF_{oa}——沥青氧化过程 CO_2 排放因子，单位为吨二氧化碳每吨（tCO_2/t）。

2）数据的监测与获取

氧化沥青产量根据企业生产记录或企业台账记录获取。

沥青氧化过程 CO_2 排放系数应优先采用企业实测值，无实测条件的企业可取缺省值 0.03 tCO_2/t。

（8）乙烯裂解装置

1）计算公式

乙烯裂解装置如果采用水力或机械清焦，不计算过程排放。

乙烯裂解反应尾气回收利用作为燃料气在裂解炉炉膛中燃烧产生的 CO_2 排放，应按照"化石燃料燃烧排放的 CO_2 计算方法"进行计算并计入化石燃料燃烧排放。

乙烯裂解装置的过程排放来自炉管内壁烧焦，排放量可根据烧焦过程中炉管排气口的气体流量及其中的 CO_2 及 CO 浓度确定，按式（5-124）计算：

$$E_{裂解}=Q_{wg}\times T\times (Con_{CO_2}+Con_{CO})\times 19.77\times 10^{-4} \qquad (5\text{-}124)$$

式中：$E_{裂解}$——乙烯裂解装置炉管烧焦产生的 CO_2 排放，单位为吨二氧化碳（tCO_2）；

Q_{wg}——乙烯裂解装置炉管烧焦尾气平均流量，需折算呈标准状况下气体体积，单位为标准立方米每小时（Nm^3/h）；

T——乙烯裂解装置在核算和报告年度内的累计烧焦时间，单位为小时（h）；

Con_{CO_2}——乙烯裂解装置炉管烧焦过程中尾气 CO_2 的平均体积浓度，以%表示；

Con_{CO}——乙烯裂解装置炉管烧焦尾气中 CO 的平均体积浓度，以%表示。

2）数据的监测与获取

乙烯裂解装置炉管烧焦尾气的平均流量获取：乙烯裂解装置炉管烧焦尾气的平均流量根据尾气监测气体流量计获取。

尾气中 CO_2 及 CO 平均浓度：根据尾气监测系统气体成分分析仪获取，乙烯裂解装置的年累计烧焦时间根据生产原始记录获取。

（9）乙二醇/环氧乙烷生产装置

1）计算公式

以乙烯为原料氧化生产乙二醇工艺过程中产生的 CO_2 排放采用碳质量平衡法进行计算，按式（5-125）计算：

$$E_{乙二醇}=(RE\times REC-EO\times EOC)\times \frac{44}{12} \qquad (5\text{-}125)$$

式中：$E_{乙二醇}$——乙二醇生产过程 CO_2 排放量，单位为吨二氧化碳（tCO_2）；

RE——乙二醇生产装置乙烯原料用量，单位为吨（t）；

REC——乙烯原料的含碳量，单位为吨碳每吨（tC/t）；

EO——乙二醇装置的当量环氧乙烷产品产量，单位为吨（t）；

EOC——乙二醇装置环氧乙烷的含碳量，单位为吨碳每吨（tC/t）。

2）数据的监测与获取

乙烯原料消耗量及产品产量根据企业原始生产记录或企业台账记录获取。

乙烯原料、环氧乙烷产品的含碳量根据物质成分或纯度以及每种物质的化学分子式和碳原子的数目来计算。

（10）其他产品生产装置

上述未涉及的其他石化产品，如甲醇、二氯乙烷、醋酸乙烯、丙烯醇、丙烯腈、炭黑等，其过程排放按式（5-126）进行计算。

1）计算公式

$$E_{其他} = \left\{ \sum_r AD_r \times CC_r - \left[\sum_p (Y_p \times CC_p) + \sum_w (Q_w \times CC_w) \right] \right\} \times \frac{44}{12} \qquad (5\text{-}126)$$

式中：$E_{其他}$——其他石化产品生产装置 CO_2 排放量，单位为吨二氧化碳（tCO_2）；

AD_r——该装置生产原料 r 的投入量，其中作为生产原料的 CO_2 也应计入原料投入量；对固体或液体原料，单位为吨（t）；对气体原料，单位为万标准立方米（$10^4\,Nm^3$）；

CC_r——原料 r 的含碳量，对固体或液体原料，单位为吨碳每吨（tC/t）；对气体原料，单位为吨碳每万标准立方米（$tC/10^4\,Nm^3$）；

Y_p——该装置产出的产品 p 的产量，对固体或液体产品，单位为吨（t）；对气体产品，单位为万标准立方米（$10^4\,Nm^3$）；

CC_p——产品 p 的含碳量，对固体或液体产品，单位为吨碳每吨（tC/t）；对气体产品，单位为吨碳每万标准立方米（$tC/10^4\,Nm^3$）；

Q_w——该装置产出的各种含碳废弃物的量，单位为吨（t）；

CC_w——含碳废弃物 w 的含碳量，单位为（tC/t）。

2）数据的监测与获取

原料投入量、产品产出量、废弃物产出量获取均根据企业台账记录获得。

原料、产品及废弃物的含碳量用实测法或者用计算法：有条件的企业，应自行或委托有资质的专业机构定期检测，当原料发生变化时应及时重新检测；对气体应定期检测气体组分，并根据每种气体组分的体积浓度及该组分化学分子式中碳原子的数目计算得到。无实测条件的企业，对于纯物质可基于化学分子式及碳原子的数目、分子量计算含碳量，对其他物质可参考行业标准或相关文献取值。

2. CO_2 回收利用量

（1）计算公式

报告主体回收且免于排放到大气中的 CO_2 量，其中气体形态的按式（5-127）计算，液体形态的按式（5-128）计算：

$$R_{CO_2回收} = Q_{CO_2} \times PUR_{CO_2} \times 19.77 \qquad (5\text{-}127)$$

$$R_{CO_2回收} = M_{CO_2} \times PUR_{CO_2} \qquad (5\text{-}128)$$

式中：$R_{CO_2回收}$——CO_2 回收利用量，单位为吨二氧化碳（tCO_2）；

Q_{CO_2}——回收利用的 CO_2 气体体积，单位为万标准立方米（$10^4\,Nm^3$）；

M_{CO_2}——回收利用的 CO_2 液体质量，单位为吨（t）；

PUR_{CO_2}——CO_2 纯度，气体形态指百分比浓度，以%表示；液体形态指质量百分比浓度，以%表示；

19.77——标准状况下 CO_2 气体的密度，单位为吨二氧化碳每万标准立方米（$tC/10^4 Nm^3$）。

（2）数据的监测与获取

CO_2 回收量：报告主体如果存在 CO_2 回收利用活动，则应区分 CO_2 回收利用的各种形式分别监测它们的回收利用量，并做好原始记录、质量控制和文件存档工作。

CO_2 回收气体的浓度：报告主体可委托有资质的专业机构定期检测 CO_2 回收气体的浓度，企业如果有满足资质标准的检测单位也可自行检测。CO_2 浓度的检测应遵循 GB/T 8984。

（十五）化工企业（含电石炉、煤气发生炉）过程温室气体排放核算

1. 化工企业过程温室气体排放总量

化工企业过程排放量等于过程中不同种类的温室气体排放的 CO_2 当量之和，计算公式见式（5-129）～式（5-131）：

$$E_{过程,i} = E_{CO_2过程,i} \times GWP_{CO_2} + E_{N_2O过程,i} \times GWP_{N_2O} \tag{5-129}$$

其中：

$$E_{N_2O过程,i} = E_{CO_2原料,i} + E_{CO_2碳酸盐,i} \tag{5-130}$$

$$E_{N_2O过程,i} = E_{N_2O硝酸,i} + E_{N_2O己二酸,i} \tag{5-131}$$

式中：$E_{过程,i}$——核算期内核算单元 i 的工业生产过程产生的各种温室气体排放总量，单位为吨二氧化碳当量（tCO_2e）；

$E_{CO_2过程,i}$——核算期内核算单元 i 的工业生产过程产生的 CO_2 排放总量，单位为吨二氧化碳（tCO_2）；

$E_{CO_2原料,i}$——核算期内核算单元 i 的化石燃料和其他碳氢化合物用作原料产生的 CO_2 排放，单位为吨二氧化碳（tCO_2）；

$E_{CO_2碳酸盐,i}$——核算期内核算单元 i 的碳酸盐使用过程产生的 CO_2 排放，单位为吨二氧化碳（tCO_2）；

$E_{N_2O过程,i}$——核算期内核算单元为 i 的工业生产过程产生的 N_2O 排放总量，单位为吨氧化亚氮（tN_2O）；

$E_{N_2O硝酸,i}$——核算期内核算单元 i 的硝酸生产过程的 N_2O 排放，单位为吨氧化亚氮（tN_2O）；

$E_{N_2O己二酸,i}$——核算期内核算单元 i 的己二酸生产过程的 N_2O 排放，单位为吨氧化

亚氮（tN_2O）。

（1）原料产生的 CO_2 排放量计算

化石燃料（如煤气发生炉）和其他碳氢化合物（如电石）用作原料产生的 CO_2 排放：根据原料输入的碳量以及产品输出的碳量按碳质量平衡法计算，按式（5-132）计算：

$$E_{CO_2原料,i} = \left\{ \sum_r \left(AD_{i,r} \times CC_{i,r} \right) - \left[\sum_p \left(AD_{i,p} \times CC_{i,p} \right) + \sum_\omega \left(AD_{i,\omega} \times CC_{i,\omega} \right) \right] \right\} \times \frac{44}{12} \quad (5\text{-}132)$$

式中：$E_{CO_2原料,i}$——第 i 个核算单元的化石燃料和其他碳氢化合物用作原料产生的 CO_2 排放，单位为吨二氧化碳（tCO_2）；

$AD_{i,r}$——第 i 个核算单元的原料 r 的投入量，对固体或液体原料，单位为吨（t）；对气体原料，单位为万标准立方米（$10^4 Nm^3$）；

$CC_{i,r}$——第 i 个核算单元的原料 r 的含碳量，对固体或液体原料，单位为吨碳每吨（tC/t）；对气体原料，单位为吨碳每万标准立方米（$tC/10^4 Nm^3$）；

r——进入核算单元的原料种类，如具体品种的化石燃料、具体名称的碳氢化合物、碳电极以及 CO_2 原料；

$AD_{i,p}$——第 i 个核算单元的碳产品 p 的产量，对固体或液体产品，单位为吨（t）；对气体产品，单位为万标准立方米（$10^4 Nm^3$）；

$CC_{i,p}$——第 i 个核算单元的碳产品的 p 含碳量，对固体或液体原料，单位为吨碳每吨（tC/t）；对气体产品，单位为吨碳每万标准立方米（$tC/10^4 Nm^3$）；

p——流出核算单元的含碳产品种类，包括各种具体名称的主产品、联产产品、副产品等；

$AD_{i,\omega}$——第 i 个核算单元的其他含碳输出物 ω 的输出量，单位为吨（t）；

$CC_{i,\omega}$——第 i 个核算单元的其他含碳输出物 ω 的含碳量，单位为吨碳每吨（tC/t）；

ω——流出核算单元且没有计入产品范畴的其他含碳输出物种类，如炉渣、粉尘、污泥等含碳的废弃物；

$\dfrac{44}{12}$——CO_2 与 C 的相对分子质量之比。

1）活动数据获取

原料投入量获取：企业应结合碳源流的识别和划分情况，以企业台账或统计报表为据，确定原料投入量的活动数据，含碳产品产量的活动数据和其他含碳输出物的活动数据。

2）排放因子数据获取

用作原料的化石燃料的含碳量，按式（5-133）和式（5-134）计算。

$$CC_j = \sum_n \left(\frac{12 \times CN_n \times \varphi_n}{22.4} \times 10 \right) \quad (5\text{-}133)$$

式中： CC_j ——待测气体 j 的含碳量，单位为吨碳每万标准立方米（$tC/10^4 Nm^3$）；

φ_n ——待测气体每种气体组分 n 的体积分数，取值为 $0\sim1$，如 95%的体积分数取
值 0.95；

CN_n ——气体组分 n 化学分子式中碳原子的数目；

12——碳的摩尔质量，单位为千克每千摩尔（kg/kmol）；

22.4——标准状况下理想气体摩尔体积，单位为标准立方米每千摩尔（$Nm^3/kmol$）。

$$CC_j = NCV_j \times EF_j \tag{5-134}$$

式中： CC_j ——化石燃料品种 j 的含碳量，对固体和液体燃料，单位为吨碳每吨（tC/t）；
对气体燃料，单位为吨碳每万标准立方米（$tC/10^4 Nm^3$）；

NCV_j ——化石燃料品种 j 的低位发热量，对固体和液体燃料，单位为吉焦每吨
（GJ/t）；对气体燃料，单位为吉焦每万标准立方米（$GJ/10^4 Nm^3$）；

EF_j ——化石燃料品种的 j 单位热值含碳量，单位为吨碳每吉焦（tC/GJ）。

有条件的企业，可委托有资质的专业机构定期检测各种原料、产品和含碳输出物的
含碳量，企业如果有满足资质标准的检测单位也可自行检测。

对于固体或液体输出物含碳量的检测：企业可按每天每班取一次样，每月将所有样
本混合缩分后进行一次含碳量检测，并以分月的活动数据加权平均作为含碳量；

对气体输出物含碳量的检测：可定期测量或记录气体组分，并根据每种气体组分的
体积分数及该组分化学分子式中碳原子的数目按式（5-135）计算得到。

$$CC_j = \sum_n \left(\frac{12 \times CN_n \times \varphi_n}{22.4} \times 10 \right) \tag{5-135}$$

式中： CC_j ——待测气体 j 的含碳量，单位为吨碳每万标准立方米（$tC/10^4 Nm^3$）；

φ_n ——待测气体每种气体组分 n 的体积分数，取值为 $0\sim1$，如 95%的体积分数取
值 0.95；

CN_n ——气体组分 n 化学分子式中碳原子的数目。

对无条件实测含碳量的，可以根据物质成分或纯度，以及每种物质的化学分子式和
碳原子的数目来计算，或参考表 4-42 推荐值。

（2）碳酸盐使用过程产生的 CO_2 排放量计算

根据每种碳酸盐的使用量及其 CO_2 排放因子计算，见式（5-136）：

$$E_{CO_2碳酸盐,i} = \sum_j \left(AD_{i,j} \times EF_{i,j} \times PUR_{i,j} \right) \tag{5-136}$$

式中： $E_{CO_2碳酸盐,i}$ ——第 i 个核算单元的碳酸盐使用过程产生的 CO_2 排放量，单位为吨二
氧化碳（tCO_2）；

　　　j——单位碳酸盐的种类，如果实际使用的是多种碳酸盐组成的混合物，应分别考
　　　　　虑每种碳酸盐的种类；

　　$AD_{i,j}$——第 i 个核算单元的碳酸盐 j 用于原料、助熔剂、脱硫剂等的总消费量，
　　　　　单位为吨（t）；

　　$EF_{i,j}$——第 i 个核算单元的碳酸盐 j 的 CO_2 排放因子，单位为吨二氧化碳每吨碳
　　　　　酸盐（tCO_2/t 碳酸盐）；

　　$PUR_{i,j}$——第 i 个核算单元的碳酸盐 j 以质量分数表示的纯度，以%表示。

1）活动数据获取

　　每种碳酸盐的总消费量等于用作原料、助熔剂、脱硫剂等的消费量之和，应分别根
据企业台账或统计报表来确定。

　　不包括碳酸盐在使用过程中形成碳酸氢盐或 CO_3^{2-} 发生转移而未产生 CO_2 的部分。

2）排放因子（CO_2）获取

　　企业可委托有资质的专业机构定期检测碳酸盐的纯度或化学组分，并根据碳酸盐的
化学组分、分子式及 CO_3^{2-} 的数目计算得到碳酸盐的 CO_2 排放因子。碳酸盐化学组分的检
测应遵循 GB/T 3286.1、GB/T 3286.9 等标准。企业也可采用供应商提供的数据或参考
表 4-11 中的推荐值。

（3）硝酸生产过程产生的 N_2O 排放量计算

　　硝酸生产过程中氨气高温催化氧化会生成副产品 N_2O，N_2O 排放量根据硝酸产量、
不同生产技术的 N_2O 生成因子、所安装的 NO_x/N_2O 尾气处理设备的 N_2O 去除率以及尾气
处理设备使用率计算，见式（5-137）：

$$E_{N_2O硝酸,i} = \sum_{i,j,k}\left[AD_{i,j} \times EF_{ij} \times \left(1-\eta_{i,k}\right) \times \mu_{i,k} \times 10^{-3}\right] \tag{5-137}$$

式中：$E_{N_2O硝酸,i}$——硝酸生产过程第 i 个核算单元的 N_2O 排放量，单位为吨氧化亚氮
　　　　　　　（tN_2O）；

　　　j——硝酸生产技术类型；

　　　k——NO_x/N_2O 尾气处理设备类型；

　　$AD_{i,j}$——第 i 个核算单元的生产技术类型 j 的硝酸产量，单位为吨（t）；

　　EF_{ij}——第 i 个核算单元的生产技术类型 j 的 N_2O 生成因子，单位为千克氧化亚氮
　　　　　每吨硝酸（$kgN_2O/tHNO_3$）；

　　$\eta_{i,k}$——第 i 个核算单元的尾气处理设备类型 k 的 N_2O 去除率，以%表示；

　　$\mu_{i,k}$——第 i 个核算单元的尾气处理设备类型 k 的使用率，等于尾气处理设备运行
　　　　　时间与硝酸生产装置运行时间的比率，以%表示。

1）活动数据获取

每种生产技术类型的硝酸产量应根据企业台账或统计报表来确定。

2）排放因子（N$_2$O）获取

实测法：有实时监测条件的企业，可自行或委托有资质的专业机构遵照《确定气流中某种温室气体质量流量的工具》定期检测 N$_2$O 生成因子；并通过测量尾气处理设备入口气流及出口气流中的 N$_2$O 质量变化，来估算尾气处理设备的 N$_2$O 去除率。测试频率至少每月一次，作为上一次测试以来的 N$_2$O 平均去除率。

系数法：没有实时监测条件的企业，硝酸生产技术类型分类及每种技术类型的 N$_2$O 生成因子可参考表 4-12；NO$_x$/N$_2$O 尾气处理设备类型分类及其 N$_2$O 去除率可参考表 4-13。

尾气处理设备使用率等于尾气处理设备运行时间与硝酸生产装置运行时间的比率，应根据企业实际生产记录来确定。

（4）己二酸生产过程的 N$_2$O 排放量计算

环己酮/环己醇混合物经硝酸氧化制取己二酸会生成副产品 N$_2$O，N$_2$O 排放量可根据己二酸产量、不同生产工艺的 N$_2$O 生成因子、所安装的 NO$_x$/N$_2$O 尾气处理设备的 N$_2$O 去除率以及尾气处理设备使用率计算，见式（5-138）：

$$E_{\text{N}_2\text{O己二酸},i} = \sum_{j,k}\left[\text{AD}_{i,j} \times \text{EF}_{i,j} \times \left(1 - \eta_{i,k} \times \mu_{i,k}\right) \times 10^{-3}\right] \tag{5-138}$$

式中： $E_{\text{N}_2\text{O己二酸},i}$——第 i 个核算单元的己二酸生产过程 N$_2$O 排放量，单位为吨氧化亚氮（tN$_2$O）；

j——己二酸生产工艺，分为硝酸氧化工艺、其他工艺两类；

k——NO$_x$/N$_2$O 尾气处理设备类型；

$\text{AD}_{i,j}$——第 i 个核算单元的生产工艺 j 的己二酸产量，单位为吨（t）；

$\text{EF}_{i,j}$——第 i 个核算单元的生产工艺 j 的 N$_2$O 生成因子，单位为千克氧化亚氮每吨己二酸（kgN$_3$O/tC$_6$H$_{10}$O$_4$）；

$\eta_{i,k}$——第 i 个核算单元的尾气处理设备类型 k 的 N$_2$O 去除率，以%表示；

$\mu_{i,k}$——第 i 个核算单元的尾气处理设备类型 k 的使用率，等于尾气处理设备运行时间与己二酸生产装置运行时间的比率，以%表示。

1）活动数据获取

每种生产技术类型的己二酸产量应根据企业台账或统计报表来确定。

2）排放因子（N$_2$O）获取

定期检测法：有实时监测条件的企业，可自行或委托有资质的专业机构遵照《确定气流中某种温室气体质量流量的工具》定期检测 N$_2$O 生成因子；并通过测量尾气处理设备入口气流及出口气流中的 N$_2$O 质量变化，来估算尾气处理设备的 N$_2$O 去除率。测试频率至少每月一次，作为上一次测试以来的 N_2O 平均去除率。

系数法：没有实时监测条件的企业，硝酸氧化制取己二酸的 N_2O 生成因子可取默认值 300 $kgN_2O/tC_6H_{10}O_4$，其他生产工艺的 N_2O 生成因子可设 0；NO_x/N_2O 尾气处理设备类型分类及其 N_2O 去除率可参考表 4-43。

尾气处理设备使用率：等于尾气处理设备运行时间与己二酸生产装置运行时间的比率，应根据企业实际生产记录来确定。

2. CO_2 回收利用量计算

每个核算单元回收且外供的 CO_2 量按式（5-139）计算：

$$R_{CO_2回收,i} = Q_i \times PUR_{CO_2,i} \times 19.77 \tag{5-139}$$

式中：$R_{CO_2回收,i}$——第 i 个核算单元的 CO_2 回收利用量，单位为吨二氧化碳（tCO_2）；

Q_i——第 i 个核算单元回收且外供的 CO_2 气体体积，单位为万标准立方米（$10^4 Nm^3$）；

$PUR_{CO_2,i}$——第 i 个核算单元的 CO_2 外供气体的纯度（CO_2 体积分数），以%表示；

19.77——标准状况下 CO_2 气体的密度，单位为吨二氧化碳每万标准立方米（$tCO_2/10^4 Nm^3$）。

CO_2 气体回收外供量应根据企业台账或统计报表来确定。

CO_2 外供气体的 CO_2 纯度应根据企业台账记录来确定。

（十六）氟化工企业过程温室气体排放核算

1. 工业过程 CO_2 当量排放计算

报告主体的工业过程 CO_2 当量排放等于核算边界内各种工业过程的 CO_2 当量排放之和，按式（5-140）计算：

$$E_{过程} = E_{碳酸盐} + E_{HCFC\text{-}22\ 生产过程} + E_{HFC\text{-}23\ 销毁过程} + \sum_{j=1}^{n} E_{FC_{s,j}-生产过程} \tag{5-140}$$

式中：$E_{碳酸盐}$——碳酸盐分解产生的 CO_2 排放量，单位为吨二氧化碳（tCO_2）；

$E_{HCFC\text{-}22\ 生产过程}$——报告主体 HCFC-22 生产过程的 HFC-23 排放量，单位为吨二氧化碳当量（tCO_2e）；

$E_{HFC\text{-}23\ 销毁过程}$——报告主体所销毁的 HFC-23 中的碳转化为 CO_2 而造成的 CO_2 排放量，单位为吨二氧化碳（tCO_2）；

$E_{FC_{s,j}-生产过程}$——某种具体的 HFCs 或 PFCs 或 SF_6 或 NF_3 产品的生产过程副产物及逃逸排放量，单位为吨二氧化碳当量（tCO_2e）；

j——分别为每种 HFCs/PFCs/SF_6/NF_3 产品品种的序号。

2. 碳酸盐分解的 CO_2 排放量计算

碳酸盐分解产生的 CO_2 排放，根据碳酸盐的消耗量及相应的排放因子按式（5-141）计算：

$$E_{碳酸盐} = \sum_{i=1}^{m}\sum_{j=1}^{n}(AD_i \times PUR_{i,j} \times EF_j \times \eta_{i,j}) \tag{5-141}$$

式中：$E_{碳酸盐}$——碳酸盐分解产生的 CO_2 排放量，单位为吨二氧化碳（tCO_2）；

i——碳酸盐作原料、脱硫剂、碱洗液等的原料种类或（批次）；

j——第 i 种（批）碳酸盐原料中的碳酸盐组分，如果碳酸盐原料中含有多种碳酸盐组分，应分别予以考虑；

AD_i——第 i 种（批）碳酸盐原料的消耗量，单位为吨（t）；

$PUR_{i,j}$——第 i 种（批）碳酸盐原料中碳酸盐组分 j 以质量百分比表示的纯度，以%表示；

EF_j——碳酸盐组分 j 的 CO_2 质量分数，单位为吨二氧化碳每吨碳酸盐组分 j（tCO_2/t）；

$\eta_{i,j}$——第 i 种（批）碳酸盐原料中碳酸盐组分 j 的分解率度，以%表示。

（1）活动数据获取

报告主体应按种类或（批次）准确地监测核算报告期内各种碳酸盐用作原料、脱硫剂、碱洗液等的消耗量，并做好原始记录、质量控制和文件存档工作。

（2）排放因子数据获取

具备条件的企业可自行或委托有资质的专业机构定期检测各种（批）碳酸盐原料的化学组分和纯度，碳酸盐化学组分的检测应遵循 GB/T 3286.1、GB/T 3286.9 等标准。没有条件检测的企业可采用供应商提供的性状数据，按保守性原则取值。

每种碳酸盐组分的 CO_2 质量分数，取决于该碳酸盐组分的化学分子式，等于 CO_2 的分子量乘以碳酸根离子数目除以该碳酸盐组分的分子量。一些常见碳酸盐的 CO_2 质量分数可直接参考表 4-11 取值。

各种（批）碳酸盐原料不同碳酸盐组分的分解率原则上取缺省值 100%。如采用其他数据，须提供明确的证据和数据来源。

3. 一氯二氟甲烷（HCFC-22）生产过程三氟甲烷（HFC-23）排放计算

一氯二氟甲烷（HCFC-22）生产过程的三氟甲烷（HFC-23）排放量等于所有一氯二氟甲烷（HCFC-22）生产线的三氟甲烷（HFC-23）产生量，减去三氟甲烷（HFC-23）回收量，减去三氟甲烷（HFC-23）销毁量，按式（5-142）计算：

$$E_{HCFC-22生产过程} = \left| \sum_{i=1}^{n}(AD_{HCFC-22,i} \times EF_i) - R_{HFC-23回收} - R_{HFC-23销毁} \right| \times GWP_{HFC-23} \tag{5-142}$$

式中：$E_{\text{HCFC-22 生产过程}}$——报告主体 HCFC-22 生产过程的 HFC-23 排放量，单位为吨二氧化碳当量（tCO_2e）；

$AD_{\text{HCFC-22},i}$——报告主体第 i 条 HCFC-22 生产线的 HCFC-22 产量，单位为吨（t）；

i——HCFC-22 生产线编号；

EF_i——第 i 条 HCFC-22 生产线的 HFC-23 生成因子，单位为吨 HFC-23 每吨 HCFC-22（tHFC-23/tHCFC-22）；

$R_{\text{HFC-23 回收}}$——报告主体以产品形式回收的 HFC-23 量，单位为吨（t）；

$R_{\text{HFC-23 销毁}}$——报告主体通过 HFC-23 销毁装置实际销毁的 HFC-23 的量，单位为吨（t）；

$GWP_{\text{HFC-23}}$——HFC-23 的全球变暖潜势，对照表 5-10 取值。

表 5-10 常见 HFCs/PFCs/SF₆/NF₃ 的分子式、分子量及全球变暖潜势（GWP）值

序号	产品名称	核算的温室气体种类	分子式	分子量	GWP 值
1	HCFC-22	HFC-23	CHF_3	70	14 800
2	HFC-23	HFC-23	CHF_3	70	14 800
3	HFC-32	HFC-32	CH_2F_2	52	675
4	HFC-125	HFC-125	CHF_2CF_3	120	3 500
5	HFC-134a	HFC-134a	CH_2FCF_3	102	1 430
6	HFC-143a	HFC-143a	CH_3CF_3	84	4 470
7	HFC-152a	HFC-152a	CH_3CHF_2	66	124
8	HFC-227ea	HFC-227ea	CF_3CHFCF_3	170	3 220
9	HFC-236fa	HFC-236fa	$CF_3CH_2CF_3$	152	9 810
10	HCF-245fa	HCF-245fa	$CHF_2CH_2CF_3$	134	1 030
11	PFC-14	PFC-14	CF_4	88	7 390
12	PFC-116	PFC-116	C_2F_6	138	9 200
13	PFC-218	PFC-218	C_3F_8	188	8 830
14	SF_6	SF_6	SF_6	146	22 800
15	NF_3	NF_3	NF_3	71	17 200

注：数据取值来源 IPCC 第四次评估报告。

三氟甲烷（HFC-23）回收量应根据企业实际监测记录得到。

三氟甲烷（HFC-23）销毁量应根据企业实际监测记录得到。其中，三氟甲烷（HFC-23）销毁量等于进入销毁装置的三氟甲烷（HFC-23）量与由于不完全分解而从销毁装置出口排出的三氟甲烷（HFC-23）量之差；若有多个销毁装置，则三氟甲烷（HFC-23）销毁量等于所有销毁装置的三氟甲烷（HFC-23）销毁量之和，按式（5-143）计算：

$$R_{\text{HFC-23销毁}} = \sum_{d=1}^{m}(Q_{\text{HFC-23,入口}} - Q_{\text{HFC-23,出口}})_d \tag{5-143}$$

式中：$Q_{\text{HFC-23,入口}}$——进入该销毁装置的 HFC-23 量，单位为吨（t）；

$Q_{\text{HFC-23,出口}}$——从该销毁装置出口（包括旁路出口）排出的 HFC-23 量，单位为吨（t）；

d——HFC-23 量销毁装置编号。

（1）活动数据获取

报告主体应准确地监测核算报告期内各个 HCFC-22 生产线的 HCFC-22 产出量，并做好原始记录、质量控制和文件存档工作。

如果有 HFC-23 回收或销毁活动，还应安装质量流量计分别监测 HFC-23 回收量、各销毁装置入口的 HFC-23 量以及出口的 HFC-23 量，相关监测可参照清洁发展机制执行理事会通过的《确定气流中某种温室气体质量流量的工具》。

（2）排放因子数据获取

企业应自行或委托有资质的专业机构采用质量流量计定期检测每条 HCFC-22 生产线的 HFC-23 生成因子，检测频率每周至少一次，并以每周的 HCFC-22 产量为权重加权平均得到该生产线的年均 HFC-23 生成因子。相关监测可参照清洁发展机制执行理事会通过的《确定气流中某种温室气体质量流量的工具》。

4. 被销毁的三氟甲烷（HFC-23）转化的 CO_2 排放计算

被销毁的 HFC-23 中的碳转化为 CO_2 的排放量按式（5-144）计算：

$$Q_{\text{HFC-23 销毁过程}} = R_{\text{HFC-23 销毁}} \times \frac{44}{77} \tag{5-144}$$

式中：$Q_{\text{HFC-23 销毁过程}}$——报告主体所销毁的 HFC-23 中的 C 转化为 CO_2 而造成的 CO_2 排放量，单位为吨二氧化碳（tCO_2）；

$R_{\text{HFC-23 销毁}}$——报告主体通过 HFC-23 销毁装置实际销毁的 HFC-23 的量，单位为吨（t）；

$\dfrac{44}{77}$——HFC-23 转化为 CO_2 的质量转换系数。

（1）活动数据获取

如果有 HFC-23 回收或销毁活动，还应安装质量流量计分别监测 HFC-23 回收量、各销毁装置入口的 HFC-23 量以及出口的 HFC-23 量，相关监测可参照清洁发展机制执行理事会通过的《确定气流中某种温室气体质量流量的工具》。

销毁装置实际销毁的三氟甲烷（HFC-23）的量获取：报告主体通过 HFC-23 销毁装置实际销毁的 HFC-23 的量，应与计算"HCFC-22 生产过程 HFC-23 排放"所用到的 HFC-23 销毁量一致。

（2）排放因子数据获取

HFC-23 转化成 CO_2 的质量转换系数直接取值，无须检测。

5. HFCs/PFCs/SF$_6$/NF$_3$ 生产过程副产物及逃逸排放计算

按式（5-145）采用排放因子法一并计算：

$$E_{\text{FCs},j\text{-生产过程}} = P_{\text{FCs},j} \times \text{EF}_{\text{FCs},j\text{-生产}} \times \text{GWP}_{\text{FCs},j} \qquad （5\text{-}145）$$

式中：$E_{\text{FCs},j\text{-生产过程}}$——某种具体的 HFCs/PFCs/SF$_6$/NF$_3$ 产品的生产过程副产物及逃逸排放量，单位为吨二氧化碳当量（tCO$_2$e）；

j——分别为每种 HFCs/PFCs/SF$_6$/NF$_3$ 产品品种的序号；

$P_{\text{FCs},j}$——该种 HFCs/PFCs/SF$_6$/NF$_3$ 的产量，单位为吨（t）；

$\text{EF}_{\text{FCs},j\text{-生产}}$——该种 HFCs/PFCs/SF$_6$/NF$_3$ 产品生产过程的副产物及逃逸排放综合排放因子，以%表示；

$\text{GWP}_{\text{FCs},j}$——该种 HFCs/PFCs/SF$_6$/NF$_3$ 的全球变暖潜势，对照表 5-10 取值。

（1）活动数据获取

报告主体应准确地监测核算报告期内各种 HFCs/PFCs/SF$_6$/NF$_3$ 产品的产量，并做好原始记录、质量控制和文件存档工作。HFCs/PFCs/SF$_6$/NF$_3$ 产品包括但不限于 HFC-32、HFC-125、12HFC-134a、HFC-143a、HFC-152a、HFC-227ea、HFC-236fa、HFC-245fa、CF$_4$、C$_2$F$_6$、C$_3$F$_8$、SF$_6$、NF$_3$ 等，报告主体需根据自身实际生产情况来确定。

（2）排放因子数据获取

HFCs/PFCs/SF$_6$/NF$_3$ 生产过程的副产物和逃逸排放因子一般不要求监测，企业可直接参考表 4-34 选取缺省排放因子。

（十七）独立焦化企业过程温室气体排放核算

1. 炼焦过程 CO$_2$ 排放量计算

常规机焦炉（半焦炉）的炼焦过程 CO_2 排放，按式（5-146）计算：

$$E_{\text{炼焦过程}} = \left[\sum_{r=1}^{m}(\text{PM}_r \times \text{CC}_r) - \text{COK} \times \text{CC}_{\text{COK}} - \text{COG} \times \text{CC}_{\text{COG}} - \sum_{p=1}^{n}\left(\text{BY}_p \times \text{CC}_p\right) \right] \times \frac{44}{12} \qquad （5\text{-}146）$$

式中：$E_{\text{炼焦过程}}$——常规机焦炉（半焦炉）炼焦过程的 CO_2 排放量，单位吨二氧化碳（tCO$_2$）；

PM_r——进入焦炉炭化室的炼焦原料 r（分别指炼焦煤及各种配料）的消费量，单位为吨（t）；

CC_r——炼焦原料 r 的含碳量，单位为吨碳每吨（tC/t）；

COK——焦炉产出的焦炭量，单位为吨（t）；

CC_{COK}——焦炭的含碳量，单位为吨碳每吨（tC/t）；

COG——净化回收的焦炉煤气量（包括其中回炉燃烧的焦炉煤气部分），单位为万标准立方米（$10^4 Nm^3$）；

CC_{GOG}——焦炉煤气的含碳量，单位为吨碳每万标准立方米（tC/$10^4 Nm^3$）；

BY_p——煤气净化过程中回收的各类型副产品 p，如煤焦油、焦油渣、粗苯、萘等的产量，单位为吨（t）；

CC_p——副产品 p 的含碳量，单位为吨碳每吨（tC/t）。

（1）活动数据获取

报告主体应分别监测核算报告期内进入焦炉炭化室的炼焦煤及各种配料的量和焦炭产出量，并做好原始记录、质量控制和文件存档工作。

对于煤气净化过程中回收的焦炉煤气副产品的量、煤焦油副产品的量、焦油渣副产品的量、粗苯副产品的量、萘等副产品的量，应做好原始记录、质量控制和文件存档工作。

（2）排放因子数据获取

炼焦煤、焦炭、焦炉煤气、煤焦油、焦油渣和粗苯的含碳量获取方法见"化石燃料含碳量获取"方法。

对其他配料或含碳物质的含碳量，具备条件的企业可自行或委托有资质的专业机构定期检测含碳量；没有条件实测的企业可查找相关文献按保守性原则取值。

2. CO₂ 回收利用量

报告主体回收且免于排放到大气中的 CO₂ 量，其中气体形态的按式（5-147）计算，液体形态的按式（5-148）计算：

$$R_{CO_2回收} = Q_{CO_2} \times PUR_{CO_2} \times 19.77 \tag{5-147}$$

$$R_{CO_2回收} = M_{CO_2} \times PUR_{CO_2} \tag{5-148}$$

式中：$R_{CO_2回收}$——CO₂ 回收利用量，单位为吨二氧化碳（tCO₂）；

Q_{CO_2}——回收利用的 CO₂ 气体体积，单位为万标准立方米（$10^4 Nm^3$）；

M_{CO_2}——回收利用的 CO₂ 液体质量，单位为吨（t）；

PUR_{CO_2}——CO₂ 纯度，气体形态指百分比浓度，以%表示；液体形态指质量百分比浓度，以%表示；

19.77——标准状况下 CO₂ 气体的密度，单位为吨二氧化碳每万标准立方米（tC/$10^4 Nm^3$）。

（1）活动数据获取

报告主体如果存在 CO_2 回收利用活动，则应区分 CO_2 回收利用的各种形式分别监测它们的回收利用量，并做好原始记录、质量控制和文件存档工作。

（2）排放因子数据获取

报告主体可委托有资质的专业机构定期检测 CO_2 回收气体的浓度，企业如果有满足资质标准的检测单位也可自行检测。CO_2 浓度的检测应遵循 GB/T 8984。

（十八）造纸和纸制品生产企业过程温室气体排放核算

1. 计算公式

过程排放按式（5-149）计算：

$$E_{过程}=L×EF_{石灰} \tag{5-149}$$

式中：$E_{过程}$——核算和报告年度内的过程排放量，单位为吨二氧化碳（tCO_2）；

L——核算和报告年度内的石灰石原料消耗量，单位为吨（t）；

$EF_{石灰}$——煅烧石灰石的二氧化碳排放因子，单位为吨二氧化碳每吨石灰石（tCO_2/t）。

2. 活动数据获取

所需的活动水平核算采用企业计量数据，也可根据企业物料消费台账或统计报表来确定报告年度内石灰石原料的消耗量。

3. 排放因子数据获取

采用 0.405 tCO_2/t 石灰石（表4-44）。

（十九）电子设备制造企业过程温室气体排放核算

1. 电子设备制造企业过程温室气体排放计算

刻蚀工序产生的温室气体包括 NF_3、SF_6、HFCs、PFCs。

CVD 腔室清洗工序产生的温室气体包括 NF_3、SF_6、HFCs、PFCs。

NF_3、SF_6、HFCs、PFCs 温室气体排放按式（5-150）计算：

$$E_{过程} = \sum_i E_{EFC,i} + \sum_{i,j} E_{BP,i,j} \tag{5-150}$$

式中：$E_{过程}$——刻蚀工序与 CVD 腔室清洗工序产生的温室气体排放，单位为吨二氧化碳当量（tCO_2e）；

$E_{EFC,i}$——第 i 种原料气泄漏产生的排放，单位为吨二氧化碳当量（tCO_2e）；

$E_{BP,i,j}$——第 i 种原料气产生的第 j 种副产品排放，单位为吨二氧化碳当量（tCO_2e）；

i——原料气的种类；

　　j——副产品的种类。

（1）刻蚀工序与 CVD 腔室清洗工序过程中产生的每一种原料气的排放按式（5-151）计算：

$$E_{\mathrm{EFC},i} = (1-h) \times \mathrm{FC}_i \times (1-U_i) \times (1-a_i \times d_i) \times \mathrm{GWP}_i \tag{5-151}$$

式中：$E_{\mathrm{EFC},i}$——第 i 种原料气泄漏产生的排放，单位为吨二氧化碳当量（$\mathrm{tCO_2e}$）；

　　　　h——原料气容器的气体残余比例，单位为%；

　　　　FC_i——报告期内第 i 种原料气的使用量，单位为吨（t）；

　　　　U_i——第 i 种原料气的利用率，单位为%；

　　　　a_i——废气处理装置对第 i 种原料气的收集效率，单位为%；

　　　　d_i——废气处理装置对第 i 种原料气的去除率，单位为%；

　　　　GWP_i——第 i 种原料气的全球变暖潜势；

　　　　i——原料气的种类。

（2）刻蚀工序与 CVD 腔室清洗工序过程中产生的温室气体副产品按式（5-152）计算：

$$E_{\mathrm{BP},i,j} = (1-h) \times B_{i,j} \times \mathrm{FC}_i \times (1-a_j \times d_j) \times \mathrm{GWP}_j \tag{5-152}$$

式中：$E_{\mathrm{BP},i,j}$——第 i 种原料气产生的第 j 种副产品排放，单位为吨二氧化碳当量（$\mathrm{tCO_2e}$）；

　　　　h——原料气容器的气体残余比例，单位为%；

　　　　$B_{i,j}$——第 i 种原料气产生的第 j 种副产品的转化因子，单位为吨副产品每吨（t 副产品/t）；

　　　　FC_i——报告期内第 i 种原料气的使用量，单位为吨（t）；

　　　　a_j——废气处理装置对第 j 种副产品的收集效率，单位为%；

　　　　d_j——废气处理装置对第 j 种副产品的去除率，单位为%；

　　　　GWP_j——第 j 种副产品的全球变暖潜势；

　　　　i——原料气的种类。

2. 活动数据的获取

原料气消耗量按式（5-153）计算：

$$\mathrm{FC}_i = \mathrm{IB}_i + P_i + \mathrm{IE}_i - S_i \tag{5-153}$$

式中：FC_i——报告期内第 i 种原料气的使用量，单位为吨（t）；

　　　　IB_i——第 i 种原料气的期初库存量，单位为吨（t）；

　　　　IE_i——第 i 种原料气的期末库存量，单位为吨（t）；

　　　　P_i——报告期内第 i 种原料气的购入量，单位为吨（t）；

S_i——报告期内第 i 种原料气向外销售/输出量，单位为吨（t）。

企业应以企业台账、统计报表、采购记录、领料记录等为依据确定原料气的使用量。

原料气的利用率参考表 4-45。

原料气产生副产品的转化因子参考表 4-45。

3．排放因子数据的获取

废气处理装置对原料气与副产品的收集率和去除率由设备提供厂商提供，不能获得时采用表 4-45 中的相关缺省值。

原料气容器的气体残余比例采用缺省值 10%。

温室气体的全球变暖潜势采用 IPCC 第二次评估报告中的缺省值。

（二十）机械设备制造企业过程温室气体排放核算

1．过程温室气体排放总量核算

机械设备制造业的过程排放由各工艺环节产生的过程排放加总获得，按式（5-154）计算：

$$E_{过程} = E_{TD} + E_{WD} \qquad (5\text{-}154)$$

式中：$E_{过程}$——工业生产过程中产生的温室气体排放，单位为吨二氧化碳当量（tCO_2e）；

E_{TD}——电气与制冷设备生产的过程排放，单位为吨二氧化碳当量（tCO_2e）；

E_{WD}——CO_2 作为保护气的焊接过程造成的排放，单位为吨二氧化碳当量（tCO_2e）。

2．电气设备和制冷设备生产过程中温室气体的排放计算

电气设备和制冷设备生产过程中有 SF_6、HFCs 和 PFCs 的泄漏造成的排放。

具体计算按式（5-155）计算：

$$E_{TD} = \sum_i ETD_i \qquad (5\text{-}155)$$

式中：E_{TD}——电气与制冷设备生产的过程排放，单位为吨二氧化碳当量（tCO_2e）；

ETD_i——第 i 种温室气体的泄漏量，单位为吨二氧化碳当量（tCO_2e）；

i——温室气体种类。

（1）温室气体的泄漏量计算

每种温室气体的泄漏量按式（5-156）计算：

$$ETD_i = (IB_i + AC_i - IE_i - DI_i) \times GWP_i \qquad (5\text{-}156)$$

式中：ETD_i——第 i 种温室气体的泄漏量，单位为吨二氧化碳当量（tCO_2e）；

IB_i——第 i 种温室气体的期初库存量，单位为吨（t）；

IE_i——第 i 种温室气体的期末库存量，单位为吨（t）；

AC_i——报告期内第 i 种温室气体的购入量，单位为吨（t）；

DI_i ——报告期内第 i 种温室气体实际进入产品中的量，单位为吨（t）；

GWP_i ——第 i 种气体的全球变暖潜势，采用表 2-1 所提供的参考值；

i ——温室气体种类。

（2）温室气体实际进入产品中的量计算

实际进入产品中的温室气体按式（5-157）和式（5-158）计算，无计量表测量按式（5-157）计算，有计量表测量则按式（5-158）计算：

$$DI_i = MB_i - ME_i - E_{L,i} \qquad (5-157)$$

或

$$DI_i = MM_i - E_{L,i} \qquad (5-158)$$

式中：DI_i —— 第 i 种温室气体实际进入产品中的量，单位为吨（t）；

MB_i —— 向设备填充前容器内第 i 种温室气体的质量，单位为吨（t）；

ME_i —— 向设备填充后容器内第 i 种温室气体的质量，单位为吨（t）；

MM_i —— 由气体流量计测得的第 i 种温室气体的填充量，单位为吨（t）；

$E_{L,i}$ —— 填充操时造成的第 i 种温室气体泄漏，单位为吨（t）；

i —— 温室气体种类。

（3）填充作业时在管道、阀门等环节的温室气体泄漏

按式（5-159）计算：

$$E_{L,i} = \sum_k CH_k \times EF_{CH,k} \qquad (5-159)$$

式中：$E_{L,i}$ —— 填充操作时造成的第 i 种温室气体泄漏，单位为吨（t）；

CH_k —— 报告期内在连接处 k 对设备填充的次数；

$EF_{CH,k}$ ——在连接处 k 填充气体造成泄漏的排放因子，单位为吨每次（t/次）；

k —— 管道连接点；

i —— 温室气体种类。

填充气体造成的泄漏量按填充气体的期初库存量、期末库存量、实际进入产品中的量取自企业的台账记录，购入量采用结算凭证上的数据。

填充气体造成泄漏的排放因子由企业估算并说明计算依据，或由填充设备提供商提供。

数据不可得时采用以下缺省值：在 0.5 MPa、20℃下，填充操作造成 0.342 mol/次的排放；通过乘以各气体的摩尔质量获得泄漏的排放因子。

3. CO_2 气体保护焊产生的 CO_2 排放

企业工业生产中使用 CO_2 气体保护焊，焊接过程中 CO_2 保护气直接排放到空气中，具体计算按式（5-160）和式（5-161）计算：

$$E_{WD} = \sum_{i=1}^{n} E_i \tag{5-160}$$

$$E_i = \frac{P_i \times W_i}{\sum_j P_j \times M_j} \times 44 \tag{5-161}$$

式中：E_{WD} ——CO_2 气体保护焊造成的 CO_2 排放量，单位为吨二氧化碳（tCO_2）；

　　　E_i ——第 i 种保护气的 CO_2 排放量，单位为吨二氧化碳（tCO_2）；

　　　W_i ——报告期内第 i 种保护气的使用量，单位为吨（t）；

　　　P_i ——第 i 种保护气中 CO_2 的体积百分比，单位为%；

　　　P_j ——混合气体中第 j 种气体的体积百分比，单位为%；

　　　M_j ——混合气体中第 j 种气体的摩尔质量，单位为克每摩尔（g/mol）；

　　　i ——保护气类型；

　　　j ——混合保护气中的气体种类。

电焊保护气使用量根据电焊保护气的购售结算凭证以及企业台账，具体按式（5-162）计算。其中，保护气的期初库存量、期末库存量取自企业的台账记录，购入量、售出量采用结算凭证上的数据。其他参数从保护气瓶上的标识的数据获取，或由保护气供应商提供。

$$W_i = IB_i + AC_i - IE_i - DL_i \tag{5-162}$$

式中：W_i ——第 i 种保护气体的使用量，单位为吨（t）；

　　　IB_i ——第 i 种保护气的期初库存量，单位为吨（t）；

　　　IE_i ——第 i 种保护气的期末库存量，单位为吨（t）；

　　　AC_i ——报告期内第 i 种保护气的购入量，单位为吨（t）；

　　　DL_i ——报告期内第 i 种保护气的售出量，单位为吨（t）；

　　　i ——含 CO_2 的电焊保护气体种类。

（二十一）食品、烟草及酒、饮料和精制茶企业过程温室气体排放核算

过程温室气体排放包括碳酸盐在消耗过程中产生的 CO_2 排放和外购工业生产的 CO_2 作为原料在使用过程中损耗产生的排放。不考虑用作原料的来源为空气分离法及生物发酵法制得的 CO_2。

排放量按式（5-163）计算：

$$E_{过程} = \sum_i (AD_i \times EF_i \times PUR_i) + AD \times \alpha \tag{5-163}$$

式中：$E_{过程}$ ——核算和报告年度内工业生产过程产生的 CO_2 排放量，单位为吨二氧化碳（tCO_2）；

AD_i——核算和报告年度内第 i 种碳酸盐消耗量，单位为吨（t）；

EF_i——第 i 种碳酸盐的 CO_2 排放因子，单位为吨二氧化碳每吨（tCO_2/t）；

PUR_i——第 i 种碳酸盐的纯度，单位为%；

i——碳酸盐种类代号；

AD——核算和报告年度内外购的工业生产的 CO_2 消耗量，单位为吨二氧化碳（tCO_2）；

α——CO_2 作为原料在使用过程中的损耗比例，单位为%。

CO_2 损耗比例可采用表 4-47 提供的缺省值。

1. 活动数据获取

每种碳酸盐的消耗量采用企业计量数据，也可根据企业物料消费台账或统计报表来确定。如果没有，可采用供应商提供的发票或结算单等结算凭证上的数据。

每种碳酸盐的纯度，可自行或委托有资质的专业机构定期检测，或采用供应商提供的数据，如果没有，可使用缺省值98%。

外购的工业生产的 CO_2 消耗量，根据企业台账或统计报表来确定，如果没有，可采用供应商提供的发票或结算单等结算凭证上的数据。

2. 排放因子数据获取

实测法：碳酸盐的 CO_2 排放因子数据可以根据碳酸盐的化学组成、分子式及 CO_3^{2-} 离子的数目计算得到。有条件的企业，可自行或委托有资质的专业机构定期检测碳酸盐的化学组成、纯度和 CO_2 排放因子数据，或采用供应商提供的商品性状数据。

系数法：一些常见碳酸盐的 CO_2 排放因子可参考表 4-46 提供的缺省值。

CO_2 作为原料在使用过程中的损耗比例，根据企业实际生产损耗来确定，如企业无法进行计算或统计，可参考表 4-47 提供的缺省值。

（二十二）纺织服装企业过程温室气体排放核算

纺织服装企业过程温室气体排放量为核算期内使用的各种碳酸盐分解产生的 CO_2 排放总量的总和，按式（5-164）计算：

$$E_{过程} = \sum_{i=1}^{n} \left(F_{碳酸盐, i} \times f_i \times EF_{碳酸盐, i} \right) \tag{5-164}$$

式中：$E_{过程}$——核算期内的过程排放量，单位为吨二氧化碳（tCO_2）；

$F_{碳酸盐, i}$——核算期内第 i 种碳酸盐的消耗量，单位为吨（t）；

f_i——第 i 种碳酸盐的纯度，以%表示；

$EF_{碳酸盐, i}$——第 i 种碳酸盐分解的 CO_2 排放因子，单位为吨二氧化碳每吨碳酸盐（tCO_2/t 碳酸盐）。

1．活动数据获取

所需的活动数据是核算期内各种碳酸盐的消耗量，根据企业台账或统计报表来确定，不包括碳酸盐在使用过程中形成碳酸氢盐或 CO_3^{2-} 发生转移而产生 CO_2 的部分。

碳酸盐的纯度：具备条件的企业可遵循 GB/T 1606、GB/T 210.2 等相关标准，开展实测；不具备条件的企业宜采用供应商提供的数据。

2．排放因子数据获取

碳酸盐的纯度：具备条件的企业可遵循 GB/T 1606、GB/T 210.2 等相关标准，开展实测；不具备条件的企业宜采用供应商提供的数据。

碳酸盐分解的 CO_2 排放因子按式（5-165）计算：

$$EF_{碳酸盐,i} = \frac{44}{M_{碳酸盐,i}} \tag{5-165}$$

式中：$EF_{碳酸盐,i}$——第 i 种碳酸盐分解的 CO_2 排放因子，单位为吨二氧化碳每吨碳酸盐（tCO_2/t 碳酸盐）；

　　　　44——CO_2 的相对分子质量；

　　　　$M_{碳酸盐,i}$——第 i 种碳酸盐的相对分子质量。

（二十三）公共建筑运营企业过程温室气体排放核算

无过程温室气体排放核算项目。

（二十四）陆上交通运输企业过程温室气体排放核算

1．运输车辆化石燃料燃烧的温室气体排放量计算

（1）化石燃料燃烧产生的温室气体排放量的计算

燃料燃烧活动产生的温室气体排放量是运输车辆企业在核算和报告期内各种化石燃料燃烧产生的温室气体排放量之和，按式（5-166）计算：

$$E_{燃烧} = E_{燃烧-CO_2} + E_{燃烧-CH_4} + E_{燃烧-N_2O} \tag{5-166}$$

式中：$E_{燃烧}$——核算和报告期内化石燃料燃烧产生的温室气体排放量，单位为吨二氧化碳当量（tCO_2e）；

　　　　$E_{燃烧-CO_2}$——核算和报告期内运输车辆燃烧化石燃料产生的 CO_2 排放量，单位为吨二氧化碳（tCO_2）；

　　　　$E_{燃烧-CH_4}$——核算和报告期内运输车辆燃烧化石燃料产生的 CH_4 排放量，单位为吨二氧化碳当量（tCO_2e）；

　　　　$E_{燃烧-N_2O}$——核算和报告期内运输车辆燃烧化石燃料产生的 N_2O 排放量，单位为

吨二氧化碳当量（tCO_2e）。

1）CO_2 排放量计算

CO_2 排放量按式（5-167）计算：

$$E_{燃烧-CO_2} = \sum AD_i \times EF_i \tag{5-167}$$

式中：AD_i——核算和报告年度内第 i 种化石燃料的活动数据，单位为吉焦（GJ）；

$\quad\quad EF_i$——第 i 种化石燃料的 CO_2 排放因子，单位为吨二氧化碳每吉焦（tCO_2/GJ）；

$\quad\quad i$——燃烧的化石燃料类型。

核算和报告期内第 i 种化石燃料的活动水平（AD_i）按式（5-168）计算：

$$AD_i = NCV_i \times FC_i \tag{5-168}$$

式中：NCV_i——核算和报告年度内第 i 种化石燃料的平均低位发热量；对固体和液体燃料，单位为吉焦每吨（GJ/t）；对气体燃料，单位为吉焦每万标准立方米（$GJ/10^4\,Nm^3$）；

$\quad\quad FG_i$——核算和报告年度内第 i 种化石燃料消费量；对固体或液体燃料，单位为吨（t）；对气体燃料，单位为万标准立方米（$10^4\,Nm^3$）。

化石燃料的 CO_2 排放因子 EF_i 按式（5-169）计算：

$$EF_i = CC_i \times OF_i \times \frac{44}{12} \tag{5-169}$$

式中：CC_i——第 i 种化石燃料的单位热值含碳量，单位为吨碳每吉焦（tC/GJ）；

$\quad\quad OF_i$——第 i 种化石燃料的碳氧化率，以%表示；

$\quad\quad \dfrac{44}{12}$——$CO_2$ 与 C 的分子量比。

2）CH_4 和 N_2O 排放量计算

道路货物运输企业、公路旅客运输企业、城市公共汽电车运输企业和出租汽车运输企业还需计算由于运输车辆化石燃料燃烧产生的 CH_4 和 N_2O 排放。CH_4 和 N_2O 排放量按式（5-170）和式（5-171）计算：

$$E_{燃烧-CH_4} = \sum k_{a,b,c} \times EF_{CH_4} \times GWP_{CH_4} \times 10^{-9} \tag{5-170}$$

$$E_{燃烧-N_2O} = \sum k_{a,b,c} \times EF_{N_2O} \times GWP_{N_2O} \times 10^{-9} \tag{5-171}$$

式中：$k_{a,b,c}$——核算和报告期内运输车辆的不同车型、燃料种类、排放标准的行驶里程，单位为公里（km）；

a——燃料类型，如柴油、汽油、天然气、液化石油气等；

b——车辆类型，如轿车、其他轻型车、重型车；

c——排放标准，如执行国 I 及以下、国 II、国 III 或国 IV 及以上排放标准；

EF——CH_4 或 N_2O 排放因子，单位为毫克 CH_4（N_2O）每公里 [$mgCH_4$（N_2O）/km]；

GWP_{CH_4}、GWP_{N_2O}——分别为 CH_4 和 N_2O 的全球增温潜势，CH_4 和 N_2O 转换成 CO_2 当量计的 GWP 缺省值分别为 21 和 310。

（2）活动水平数据获取

在核算 CO_2 排放量时，活动水平数据包括企业在核算报告期内用于其移动源和固定源的各种化石燃料净消耗量及平均低位发热量；在核算 N_2O 和 N_2O 排放量时，活动水平数据为企业在核算和报告期内运输车辆的不同车型、燃料种类、排放标准的行驶里程。

1）化石燃料净消耗量

在核算 CO_2 排放量时，活动水平数据包括企业在核算报告期内用于其移动源和固定源的各种化石燃料净消耗量。

城市公共汽电车运输企业、电车运输企业、城市轨道交通运输企业、道路运输辅助活动企业、铁路运输企业，应采用能耗统计法获取化石燃料的净消耗量。

道路货物运输企业、公路旅客运输企业、出租汽车运输企业原则上推荐企业使用能耗统计法获取化石燃料的净消耗量，如果难以实现，则可采用单位行驶里程能耗计算方法获取企业的能耗数据。

①能耗统计法

企业在核算和报告期内化石燃料净消耗量包括其运营系统及附属系统内全部移动设施（如运输车辆、内燃机车、企业内部车辆等）及固定设施（如锅炉等）燃烧的化石燃料消费量。企业应通过企业能源消费统计获取活动水平数据，据此核算温室气体排放量。企业在核算和报告期内化石燃料消耗量根据核算和报告期内各种化石燃料购入量、外销量以及库存变化量来确定各自的净消耗量。化石燃料购入量、外销量采用采购单或销售单等结算凭证上的数据，库存变化量采用计量工具读数或其他符合要求的方法来确定，通过式（5-172）计算。

$$净消耗量=购入量+（期初库存量-期末库存量）-外销量 \quad (5-172)$$

对于运输车辆能耗统计，企业应按车、按日记录车辆号牌、燃料类型、总质量、核定载质量或最大准牵引质量、出车日期、单运次行驶里程、单运次载质量和加油（气）量等相关信息，并做好运输车辆月度、年度燃料消耗情况汇总；对于内燃机车燃料能耗统计，企业应根据中国铁路总公司相关"司机报单"表式做好能源消耗原始记录，并做好内燃机车月度、年度燃料消耗情况汇总。

对于从事道路运输的运输车辆，柴油车辆和柴电式混合动力车辆能耗应按照柴油实物量统计；天然气车辆和气电式混合动力车辆能耗应按天然气实物量统计；纯电动车辆和无轨电车能耗应按电能实物量统计；柴电式插电混合动力车辆和柴油增程式电动车辆能耗，应按柴油实物量和电能实物量统计；气电式插电混合动力车辆和天然气增程式电动车辆能耗，应按天然气实物量和电能实物量统计；以乙醇汽油作为燃料的汽车，应按汽油所占比例统计其中汽油实物量。

②单位运输周转量能耗计算法

企业运输车辆化石燃料消耗量可通过其运输车辆单位运输周转量能耗和运输周转量计算得到，液体燃料和气体燃料计算分别如式（5-173）和式（5-174）所示：

$$FC_i = \left(\sum ET_{客运ij} \times RK_{客运ij} + \sum ET_{货运ij} \times RK_{货运ij} \right) \times 10^{-3} \tag{5-173}$$

$$FC_i = \left(\sum ET_{客运ij} \times RK_{客运ij} + \sum ET_{货运ij} \times RK_{货运ij} \right) \times 10^{-4} \tag{5-174}$$

式中：FC_i——核算和报告期内第 i 种化石燃料的消耗量，对液体燃料，单位为吨（t）；对气体燃料，单位为万标准立方米（$10^4 \, Nm^3$）；

$ET_{客运ij}$——核算和报告期内第 j 个车型全部客运交通工具所完成的旅客周转量，单位为千人公里；

$ET_{货运ij}$——核算和报告期内第 j 个车型全部货运交通工具所完成的货物周转量，单位为百吨公里；

$RK_{客运ij}$——第 j 个客运车型完成单位旅客周转量所消耗的第 i 种燃料消费量，单位为千克（立方米）每千人公里；

$RK_{货运ij}$——第 j 个货运车型完成单位货物周转量所消耗的第 i 种燃料消费量，单位为千克（立方米）每千人公里。

③单位行驶里程能耗计算法

运输车辆化石燃料消耗量可通过其运输车辆单位行驶里程化石燃料消耗量和相应行驶里程计算得到，液体燃料和气体燃料消耗量分别通过式（5-175）和式（5-176）计算：

$$FC_i = \sum k_{ij} \times OC_{ij} \times C_i \times 10^{-5} \tag{5-175}$$

$$FC_i = \sum k_{ij} \times OC_{ij} \times 10^{-6} \tag{5-176}$$

式中：FC_i——核算和报告期内第 i 种化石燃料的消耗量，对液体燃料，单位为吨（t）；对气体燃料，单位为万标准立方米（$10^4 \, Nm^3$）；

k_{ij}——核算和报告期内第 j 个车型全部运输工具的行驶里程，单位为公里（km）；

OC_{ij}——第 j 个车型运输工具的百公里燃油（气）量，单位为升每百公里或立方米每百公里（L/100 km；m^3/100 km）；

C_i——第 i 种化石燃料的密度。汽油为 0.73 t/m^3；柴油为 0.84 t/m^3；液化天然气为 0.45 t/m^3；

i——燃烧的化石燃料类型；

j——运输工具的产品型号。

k_{ij} 应以企业统计数据为准，OC_{ij} 应以企业对其运输车辆分车型监测和统计为准。企业还应以交通运输部、工业和信息化部等政府部门发布的运输车辆综合燃料消耗量作为参考，验证所报告的运输车辆分车型单位行驶里程能耗监测数据。

运输车辆综合燃料消耗量可通过下述来源获取：①对于总质量超过 3 500 kg 的运输车辆，可根据车辆产品型号在交通运输部"道路运输车辆燃料消耗量监测和监督管理信息服务网"查询其综合燃料消耗量；②对于总质量未超过 3 500 kg 的运输车辆，可根据车辆产品型号在工业和信息化部"中国汽车燃料消耗量网"查询其综合工况下燃料消耗量；③如无法查询到某型号运输车辆的百公里燃油量参数，可参考表 5-11 中"各车型百公里能源消费统计表"缺省参数。

表 5-11 各车型百公里能源消费统计表

车辆类型	百公里油耗/（L/100 km）	数据来源
客车		
7 座及以下（汽油）	8.9	轻型乘用车燃料消耗量通告
大于 7 座小于 15 座（柴油）	14.4	全国公路水路交通量专项调查
大于 15 座小于 30 座（柴油）	18.4	全国公路水路交通量专项调查
30 座以上（柴油）	25.5	全国公路水路交通量专项调查
货车		
2 t 及以下（汽油）	13.0	全国公路水路交通量专项调查
大于 2 t，小于或等于 4 t（柴油）	20.2	全国公路水路交通量专项调查
大于 4 t，小于 8 t（柴油）	25.1	全国公路水路交通量专项调查
大于等于 8 t，小于 20 t（柴油）	30.7	全国公路水路交通量专项调查
20 t 及以上（柴油）	35	全国公路水路交通量专项调查

2）化石燃料平均低位发热量

在核算 CO_2 排放量时，活动水平数据包括企业在核算报告期内用于其移动源和固定源的各种化石燃料平均低位发热量。

不具备开展实测能力的企业可选择采用表 4-5 提供的缺省值。具备条件的企业可开展实测，或委托有资质的专业机构进行检测，也可采用与相关方结算凭证中提供的检测值。如采用实测，化石燃料低位发热量检测应遵循 GB/T 213、GB 384 和 GB/T 22723 等相关标准。

3）运输车辆的行驶里程

在核算 CH_4 和 N_2O 排放量时，活动水平数据为企业在核算和报告期内运输车辆的不同车型、燃料种类、排放标准的行驶里程。

应以企业统计数据为准，企业须提供相关的汽车里程表数据或 GPS 行车记录仪数据，以及维修记录、每班次出车原始记录或运输合同等辅助材料。

（3）CH_4 和 N_2O 排放因子数据获取

企业可采用《陆上交通运输企业温室气体排放核算方法与报告指南（试行）》提供的单位热值含碳量和碳氧化率缺省值，以及 CH_4、N_2O 排放因子缺省值。

2. 尾气净化过程 CO_2 排放量计算

与尿素选择性催化还原器在运输车辆中的使用有关的 CO_2 排放量可按式（5-177）计算：

$$E_{过程}=M\times\frac{12}{60}\times P\times\frac{44}{12}\times10^{-3} \tag{5-177}$$

式中：$E_{过程}$——核算和报告期内企业运输车辆使用尿素作为尾气净化剂产生的 CO_2 排放量，单位为吨二氧化碳（tCO_2）；

　　　　M——核算和报告期内催化转化器使用消耗的尿素添加剂的质量，单位为千克（kg）；

　　　　P——尿素添加剂中尿素的质量比例，单位为%。

企业应对安装尿素选择性催化还原器（SCR）系统的运输车辆进行计量和统计。

（二十五）其他工业企业过程温室气体排放核算

1. 碳酸盐使用过程 CO_2 排放量计算

见本节"（十五）化工企业（含电石炉、煤气发生炉）过程温室气体排放核算"中"（2）碳酸盐使用过程 CO_2 排放量计算"的相关内容。

表 5-12　碳酸盐使用的活动水平和排放因子数据一览表

碳酸盐种类	消耗量/（t/a）	碳酸盐质量百分比纯度/%	CO_2 排放因子/（tCO_2/ t 碳酸盐）
石灰石			
白云石			
菱镁石			
黏土			
……[1]			

注：1 请报告主体根据实际消耗的碳酸盐种类请自行添加。

2. CH_4 回收与销毁量计算

（1）计算公式

报告主体的 CH_4 回收与销毁量按式（5-178）至式（5-181）计算：

$$R_{CH_4-回收销毁} = R_{CH_4-自用} + R_{CH_4-外供} + R_{CH_4-火炬} \tag{5-178}$$

式中：$R_{CH_4-自用}$——报告主体回收自用的 CH_4 量，单位为吨 CH_4；

$R_{CH_4-外供}$——报告主体回收外供给其他单位的 CH_4 量，单位为吨 CH_4；

$R_{CH_4-火炬}$——报告主体通过火炬销毁的 CH_4 量，单位为吨 CH_4。

其中：

$$R_{CH_4-自用} = \eta_{自用} \times Q_{自用} \times PUR_{CH_4} \times 7.17 \tag{5-179}$$

式中：$\eta_{自用}$——CH_4 气在现场自用过程中的氧化系数，单位为%；

$Q_{自用}$——报告主体回收自用的 CH_4 气体体积，单位为万标准立方米（$10^4\,Nm^3$）；

PUR_{CH_4}——回收自用的 CH_4 气体平均 CH_4 体积浓度，单位为%；

7.17——CH_4 气体在标准状况下的密度，单位为万标准立方米（$10^4\,Nm^3$）。

$$R_{CH_4-外供} = Q_{外供} \times PUR_{CH_4} \times 7.17 \tag{5-180}$$

式中：$Q_{外供}$——主体外供第三方的 CH_4 气体体积，单位为万标准立方米（$10^4\,Nm^3$）；

PUR_{CH_4}——回收外供的 CH_4 气体平均 CH_4 体积浓度，单位为%。

$R_{CH_4-火炬}$应通过监测进入火炬销毁装置的 CH_4 气流量、CH_4 浓度，并考虑销毁效率计算得到，公式如下：

$$R_{CH_4-火炬} = \bar{\eta} \times \sum_{h=1}^{H} \left(\frac{FR_h \times V\%_h}{22.4} \times 16 \times 10^{-3} \right) \tag{5-181}$$

式中：$\bar{\eta}$——CH_4 火炬销毁装置的平均销毁效率，单位为%；

H——火炬销毁装置运行时间，单位为小时（h）；

h——运行时间序号；

FR_h——进入火炬销毁装置的 CH_4 气流量，单位为标准立方米每小时（Nm^3/h）。非标准状况下的流量需根据温度、压力转化成标准状况（0℃、101.325 kPa）下的流量；

$V\%_h$——进入火炬销毁装置 CH_4 气小时平均 CH_4 体积浓度；

22.4——标准状况下理想气体摩尔体积，单位为标准立方米每千摩尔（$Nm^3/kmol$）；

16——CH_4 的分子量。

（2）活动水平数据的监测与获取

报告主体回收自用或回收外供第三方的 CH_4 气体体积应根据企业台账或统计报表来确定。

报告主体应在火炬销毁装置入口处安装体积流量计连续或至少每小时一次监测进入火炬销毁装置的 CH_4 气流量，并换算成标准状态下的流量。

（3）排放因子数据的监测与获取

报告主体应按照 GB/T 8984 定期测定回收自用、外供第三方以及进入火炬销毁装置的 CH_4 气体积浓度，至少每周进行一次常规测量，作为上一次测量以来的 CH_4 平均体积浓度。

报告主体应通过质量流量或其他定期测量火炬消耗装置入口气流及出口气流中的 CH_4 质量变化，来估算 CH_4 火炬销毁装置的平均销毁效率。测试频率至少每月一次，作为上一次测试以来的 CH_4 平均销毁效率；甲烷气在现场自用过程中的氧化系数可以采用类似的方法进行测试，如果是用作燃料燃烧，也可以直接取缺省值 0.99。

3. CO_2 回收利用量计算

（1）计算公式

报告主体的 CO_2 回收利用量按式（5-182）计算：

$$R_{CO_2-回收} = \left(Q_{外供} \times PUR_{CO_2-外供} + Q_{自用} \times PUR_{CO_2-自用} \right) \times 19.7 \qquad (5-182)$$

式中：$R_{CO_2-回收}$——报告主体的 CO_2 回收利用量，单位为吨二氧化碳（tCO_2）；

$Q_{外供}$——报告主体回收且外供给其他单位的 CO_2 气体体积，单位为万标准立方米（$10^4\,Nm^3$）；

$PUR_{CO_2-外供}$——CO_2 外供气体的纯度（CO_2 体积浓度），取值为 0～1；

$Q_{自用}$——报告主体回收且自用作生产原料的 CO_2 气体体积，单位为万标准立方米（$10^4\,Nm^3$）；

$PUR_{CO_2-自用}$——回收自用作原料的 CO_2 气体纯度（CO_2 体积浓度），取值为 0～1；

19.77——标准状况下 CO_2 气体的密度，单位为吨二氧化碳每万标准立方米（$tCO_2/10^4\,Nm^3$）。

（2）活动水平数据的获取

报告主体的 CO_2 回收自用量和回收外供量应根据企业台账或统计报表来确定。

（3）排放因子数据的获取

报告主体应按照 GB/T 8948 定期测定回收外供的 CO_2 气体积浓度，至少每周进行一次常规测量，作为上一次测量以来的 CO_2 气体平均浓度。

五、购入与输出电力、热力相对应碳（温室气体）排放量核算

（一）购入与输出电力相对应的碳（温室气体）排放量核算

1. 购入电力相对应的 CO_2 排放量核算

按式（5-183）计算：

$$E_电 = AD_电 \times EF_电 \qquad (5\text{-}183)$$

式中：$E_电$——净购入使用电力产生的 CO_2 排放量，单位为吨（t）；

　　　$AD_电$——企业的净购入电量，单位为兆瓦时（MW·h）；

　　　$EF_电$——区域电网年平均供电排放因子，单位为吨二氧化碳每兆瓦时（$tCO_2/MW·h$）。

2. 输出电力产生的 CO_2 排放量核算

按式（5-184）计算：

$$E_{输出电} = AD_{输出电} \times EF_电 \qquad (5\text{-}184)$$

式中：$E_{输出电}$——输出电力所产生的 CO_2 排放量，单位为吨二氧化碳（tCO_2）；

　　　$AD_{输出电}$——核算和报告期内输出的电量，单位为兆瓦时（MW·h）；

　　　$EF_电$——电力的 CO_2 排放因子，单位为吨二氧化碳每兆瓦时（$tCO_2/MW·h$）。

（二）购入与输出热力相对应的碳（温室气体）排放量核算

1. 购入的热力产生的 CO_2 排放量核算

购入的热力产生的 CO_2 排放量按式（5-185）计算：

$$E_{购入热} = AD_{购入热} \times EF_热 \qquad (5\text{-}185)$$

式中：$E_{购入热}$——购入热力所产生的 CO_2 排放量，单位为吨二氧化碳（tCO_2）；

　　　$AD_{购入热}$——核算和报告期内购入的热量，单位为吉焦（GJ）；

　　　$EF_热$——热力的 CO_2 排放因子，单位为吨二氧化碳每吉焦（tCO_2/GJ）。

2. 输出热力产生的 CO_2 排放量核算

输出热力产生的 CO_2 排放量按式（5-186）计算：

$$E_{输出热} = AD_{输出热} \times EF_热 \qquad (5\text{-}186)$$

式中：$E_{输出热}$——输出热力所产生的 CO_2 排放量，单位为吨二氧化碳（tCO_2）；

　　　$AD_{输出热}$——核算和报告期内输出的热量，单位为吉焦（GJ）；

　　　$EF_{热}$——热力的 CO_2 排放因子，单位为吨二氧化碳每吉焦（tCO_2/GJ）。

（1）热水换算成热量的计算

以质量单位计量的热水可按式（5-187）转换为热量单位：

$$AD_{热水}=Ma_w×(T_w-20)×4.186\ 8×10^{-3} \qquad (5-187)$$

式中：$AD_{热水}$——热水的热量，单位为吉焦（GJ）；

　　　Ma_w——热水的质量，单位为吨（t）；

　　　T_w——热水温度，单位为摄氏度（℃）。

（2）蒸汽换算成热量的计算

以质量单位计量的蒸汽可按式（5-188）转换为热量单位：

$$AD_{蒸汽}=Ma_{st}×(En_{st}-83.74)×10^{-3} \qquad (5-188)$$

式中：$AD_{蒸汽}$——蒸汽的热量，单位为吉焦（GJ）；

　　　Ma_{st}——蒸汽的质量，单位为吨（t）；

　　　En_{st}——蒸汽所对应的温度、压力下每千克蒸汽的热焓，单位为千焦每千克（kJ/kg），饱和蒸汽和过热蒸汽的热焓可分别查阅表 5-13 和表 5-14。

表 5-13　饱和蒸汽热焓值

压力/MPa	温度/℃	焓/（kJ/kg）	压力/MPa	温度/℃	焓/（kJ/kg）
0.001	6.98	2 513.8	0.03	69.12	2 625.3
0.002	17.51	2 533.2	0.04	75.89	2 636.8
0.003	24.1	2 545.2	0.05	81.35	2 645
0.004	28.98	2 554.1	0.06	85.95	2 653.6
0.005	32.9	2 561.2	0.07	89.96	2 660.2
0.006	36.18	2 567.1	0.08	93.51	2 666
0.007	39.02	2 572.2	0.09	96.71	2 671.1
0.008	41.53	2 576.7	0.1	99.63	2 675.7
0.009	43.79	2 580.8	0.12	104.81	2 683.8
0.01	45.83	2 584.4	0.14	109.32	2 690.8
0.015	54	2 598.9	0.16	113.32	2 696.8
0.02	60.09	2 609.6	0.18	116.93	2 702.1
0.025	64.99	2 618.1	0.2	120.23	2 706.9

压力/MPa	温度/℃	焓/（kJ/kg）	压力/MPa	温度/℃	焓/（kJ/kg）
0.25	127.43	2 717.2	2.6	226.03	2 801.2
0.3	133.54	2 725.5	2.8	230.04	2 801.7
0.35	138.88	2 732.5	3	233.84	2 801.9
0.4	143.62	2 738.5	3.5	242.54	2 801.3
0.45	147.92	2 743.8	4	250.33	2 799.4
0.5	151.85	2 748.5	5	263.92	2 792.8
0.6	158.84	2 756.4	6	275.56	2 783.3
0.7	164.96	2 762.9	7	285.8	2 771.4
0.8	170.42	2 768.4	8	294.98	2 757.5
0.9	175.36	2 773	9	303.31	2 741.8
1	179.88	2 777	10	310.96	2 724.4
1.1	184.06	2 780.4	11	318.04	2 705.4
1.2	187.96	2 783.4	12	324.64	2 684.8
1.3	191.6	2 786	13	330.81	2 662.4
1.4	195.04	2 788.4	14	336.63	2 638.3
1.5	198.28	2 790.4	15	342.12	2 611.6
1.6	201.37	2 792.2	16	347.32	2 582.7
1.7	204.3	2 793.8	17	352.26	2 550.8
1.8	207.1	2 795.1	18	356.96	2 514.4
1.9	209.79	2 796.4	19	361.44	2 470.1
2	212.37	2 797.4	20	365.71	2 413.9
2.2	217.24	2 799.1	21	369.79	2 340.2
2.4	221.78	2 800.4	22	373.68	2 192.5

表 5-14 过热蒸汽热焓值   单位：kg/kJ

温度	压力										
	0.01 MPa	0.1 MPa	0.5 MPa	1 MPa	3 MPa	5 MPa	7 MPa	10 MPa	14 MPa	20 MPa	25 MPa	30 MPa
0℃	0	0.1	0.5	1	3	5	7.1	10.1	14.1	20.1	25.1	30
10℃	42	42.1	42.5	43	44.9	46.9	48.8	51.7	55.6	61.3	66.1	70.8
20℃	83.9	84	84.3	84.8	86.7	88.6	90.4	93.2	97	102.5	107.1	111.7
40℃	167.4	167.5	167.9	168.3	170.1	171.9	173.6	176.3	179.8	185.1	189.4	193.8
60℃	2611	251.2	251.2	251.9	253.6	255.3	256.9	259.4	262.8	267.8	272	275.1
80℃	2649	335	335.3	335.7	337.3	338.8	340.4	342.8	346	350.8	354.8	358.7

（三）活动水平数据获取

企业年度内外购与输出电力以电表读数为准，也可以采用供应商的电费发票或结算单的数据。

企业年度内外购与输出热力以热力表读数为准，也可以采用供应商的热力费发票或结算单的数据。

（四）区域电网排放因子数据来源

区域电力消耗的排放因子应根据生产地及目前的东北、华北、华中、西北、南方电网划分，选用国家主管部门近年份公布的相应区域电网排放因子。

热力消费的排放因子可取推荐值 0.11 tCO_2/GJ，也可以采用政府主管部门发布的官方数据。

表 5-15　其他排放因子推荐值

参数名称	CO_2 排放因子
电力消费的排放因子/ [tCO_2/（MW·h）]	采用国家最新发布值
热力消费的排放因子/（tCO_2/GJ）	0.11

六、废弃物处置过程碳（温室气体）排放量核算

（一）废水厌氧处置过程 CH_4 和 N_2O 排放核算

1. 计算公式

企业在生产过程中产生的工业废水经厌氧处理导致的 CH_4 排放量按式（5-189）、式（5-190）计算：

$$E_{废水} = E_{CH_4} \times GWP_{CH_4} \times 10^{-3} \tag{5-189}$$

式中：$E_{废水}$——核算和报告年度内废水厌氧处理过程产生的 CH_4 转化为 CO_2 排放当量，单位为吨二氧化碳当量（tCO_2e）；

　　　　E_{CH_4}——废水厌氧处理过程中产生的 CH_4 排放量，单位为千克（kg）；

　　　　GWP_{CH_4}——CH_4 的全球变暖潜势（GWP）值，取值 21。

其中，CH₄排放量E_{CH_4}按式（5-190）计算：

$$E_{CH_4} = (TOW - S) \times EF - R \tag{5-190}$$

式中：E_{CH_4}——废水厌氧处理过程中产生的CH₄排放量，单位为千克（kg）；

TOW——废水厌氧处理去除的有机物总量，单位为千克化学需氧量（kgCOD）；

S——以污泥方式清除掉的有机物总量，单位为千克化学需氧量（kgCOD）；

EF——CH₄排放因子，单位为千克甲烷每千克化学需氧量（kgCH₄/kgCOD）；

R——CH₄回收量，单位为千克甲烷（kgCH₄）。

2. 活动数据获取

（1）废水厌氧处理去除的有机物总量获取

根据核算期内厌氧处理的废水量、厌氧处理系统进口废水的 COD 浓度和厌氧处理系统出口的 COD 浓度来确定。厌氧处理的废水总量采用废水处理站统计的数据，厌氧处理系统进口废水 COD 浓度和厌氧处理系统出口 COD 浓度采用监测 COD 浓度的平均值。

按式（5-191）计算：

$$TOW = W \times (COD_{in} - COD_{out}) \tag{5-191}$$

式中：TOW——废水厌氧处理去除的有机物总量，单位为千克化学需氧量（kgCOD）；

W——厌氧处理过程产生的废水量，单位为立方米（m³），采用企业计量数据；

COD_{in}——厌氧处理系统进口废水中的化学需氧量浓度，单位为千克化学需氧量每立方米（kgCOD/m³），采用企业检测值的年度平均值（根据每次检测结果计算）；

COD_{out}——厌氧处理系统出口中的化学需氧量浓度，单位为千克化学需氧量每立方米（kgCOD/m³），采用企业检测值的年度平均值（根据每次检测结果计算）。

如果企业有废水厌氧处理系统去除的化学需氧量（COD）统计，可直接作为废水厌氧处理去除的有机物总量（TOW）的数据。

（2）以污泥方式清除掉的有机物总量获取

采用企业计量数据。若企业无法统计以污泥方式清除掉的有机物总量，可使用缺省值为零。

（3）CH₄回收量获取

采用企业计量数据，或根据企业台账、统计报表来确定。

3. CH₄排放因子数据获取

按式（5-192）计算：

$$EF = Bo \times MCF \tag{5-192}$$

式中：EF——CH₄排放因子，单位为千克甲烷每千克化学需氧量（kgCH₄/kgCOD）；

Bo ——厌氧处理废水系统的 CH_4 最大生产能力，单位为千克甲烷每千克化学需氧
　　　量（$kgCH_4/kgCOD$）；

MCF ——CH_4 修正因子，表示不同处理和排放的途径或系统达到的甲烷最大产生
　　　能力（Bo）的程度，也反映了系统的厌氧程度。

对于 CH_4 修正因子 MCF，具备条件的企业可开展实测，或委托有资质的专业机构进
行检测，或采用表 5-16 中的缺省值 0.5。

表 5-16　废水厌氧处理排放因子缺省值

参数名称	单位	量值
废水厌氧处理系统的 CH_4 最大生产能力	$tCH_4/kgCOD$	0.25
CH_4 修正因子	—	0.5

数据来源：行业经验数据。

对于废水厌氧处理系统的 CH_4 最大生产能力，优先使用国家公布的数据，如果没有，
可采用缺省值 $0.25\ kgCH_4/kgCOD$。

对于 CH_4 修正因子，可参考表 5-17 给出的缺省值，具备条件的企业可开展实测，或
委托有资质的专业机构进行检测。

表 5-17　食品、烟草及酒、饮料和精制茶行业的 MCF 缺省值

行业	MCF 缺省值	MCF 范围
食品制造业（包括酒业生产）	0.7	0.6～0.8
烟草制造业	0.3	0.2～0.4
酒、饮料和精制茶制造业	0.5	0.4～0.6

表 5-18　工业废水处理活动水平及排放因子数据一览表

厌氧处理的工业废水量/（m^3/a）	厌氧处理系统去除的 COD 量/（kgCOD）	以污泥方式清除掉的 COD 量/（kgCOD）	CH_4 最大生产能力/（$kgCH_4/kgCOD$）	CH_4 修正因子

（二）烟气脱硫过程碳酸盐分解过程 CO_2 排放核算

1. 脱硫过程的 CO_2 排放核算公式

（1）燃煤设施脱硫过程的 CO_2 排放核算

对于燃煤设施（如锅炉、燃煤发电机组），应考虑脱硫过程的 CO_2 排放，通过碳酸盐

的消耗量乘以排放因子得出。

$$E_{脱硫} = \sum_k \mathrm{CAL}_k \times \mathrm{EF}_k \qquad (5\text{-}193)$$

式中：$E_{脱硫}$——脱硫过程的 CO_2 排放量，单位为吨（t）；

CAL_k——第 k 种脱硫剂中碳酸盐消耗量，单位为吨（t）；

EF_k——第 k 种脱硫剂中碳酸盐的排放因子，单位为吨二氧化碳每吨（tCO_2/t）；

k——脱硫剂类型。

（2）焦炉烟气脱硫过程排放的 CO_2 核算

焦炉烟气脱硫过程碳酸盐分解产生的 CO_2 排放，按式（5-194）计算：

$$E_{脱硫过程} = \sum_{i=1}^{m}\sum_{j=1}^{n}(\mathrm{AD}_i \times \mathrm{PUR}_{i,j} \times \mathrm{EF}_j \times \eta_{i,j}) \qquad (5\text{-}194)$$

式中：$E_{脱硫过程}$——脱硫过程碳酸盐分解产生的 CO_2 排放量，单位为吨二氧化碳（tCO_2）；

i——用作脱硫剂的碳酸盐原料的种类或批次；

j——第 i 种（批）碳酸盐原料中碳酸盐组分，如果碳酸盐原料中含有多种碳酸盐组分，应分别予以考虑；

AD_i——第 i 种（批）碳酸盐原料用作脱硫剂的消耗量，单位为吨（t）；

$\mathrm{PUR}_{i,j}$——第 i 种（批）碳酸盐原料中碳酸盐组分 j 以质量百分比表示的纯度，以% 表示；

EF_j——碳酸盐组分 j 的 CO_2 质量分数，单位为吨二氧化碳每吨碳酸盐组分 j（tCO_2/t）；

$\eta_{i,j}$——第 i 种（批）碳酸盐原料中碳酸盐组分 j 的分解率，以%表示。

2. 活动水平数据获取

（1）脱硫剂碳酸盐消耗量获取

$$\mathrm{CAL}_{k,y} = \sum_m B_{k,m} \times I_k \qquad (5\text{-}195)$$

式中：$\mathrm{CAL}_{k,y}$——脱硫剂中碳酸盐在全年的消耗品，单位为吨（t）；

$B_{k,m}$——脱硫剂在全年某月的消耗量，单位为吨（t）；

I_k——脱硫剂中碳酸盐含量。

报告主体应准确地监测核算报告期内各种（批）碳酸盐原料用作脱硫剂的消耗量，并做好原始记录、质量控制和文件存档工作。

碳酸盐原料用作脱硫剂的消耗量检测时限，可以为每批次测量值加和，或者为每天测量值加和，记录每个月的消耗量；也可以通过购买石灰石的发票获得。

（2）脱硫剂中碳酸盐含量

脱硫剂中碳酸盐含量取缺省值90%。

3. 排放因子数据获取

（1）脱硫过程 CO_2 排放因子

按式（5-196）计算：

$$EF_k = EF_{k,t} \times TR \qquad (5\text{-}196)$$

式中：EF_k——脱硫过程中的排放因子，单位为吨二氧化碳每吨（tCO_2/t）；

$EF_{k,t}$——完全转化时脱硫过程的排放因子，单位为吨二氧化碳每吨（tCO_2/t）；

TR——转化率，单位为%。

完全转化脱硫过程的排放因子缺省值见表4-46。

每种碳酸盐组分的 CO_2 质量分数，取决于该碳酸盐组分的化学分子式，等于 CO_2 的分子量乘以碳酸根离子数目除以该碳酸盐组分的分子量。一些常见碳酸盐的 CO_2 质量分数可直接参考表4-9取值。

（2）碳酸盐化学组分获取

碳酸盐原料化学组分与纯度检测时限与方法，具备条件的企业可自行或委托有资质的专业机构定期检测各种（批）碳酸盐原料的化学组分和纯度，碳酸盐化学组分的检测应遵循 GB/T 3286.1、GB/T 3286.9 等标准。没有条件检测的企业可采用供应商提供的性状数据，按保守性原则取值。

（3）碳酸盐组分的分解率获取

各种（批）碳酸盐原料不同碳酸盐组分的分解率原则上取缺省值 100%。如采用其他数据，需提供明确的证据和数据来源。

（4）脱硫过程的碳转化率

脱硫过程碳的转化率取 100%。

（三）固废填埋处置过程 CH_4 排放核算

1. CH_4 排放核算公式

本方法为质量平衡法，该方法假设所有潜在的 CH_4 均在处理当年就全部排放完。这种假设虽然在估算时相对简单方便，但会高估 CH_4 的排放。

$$E_{CH_4} = (MSW_T \times MSW_F \times L_0 - R) \times (1-OX) \qquad (5\text{-}197)$$

式中：E_{CH_4}——CH_4排放量，单位为万吨每年（10^4 t/a）；

MSW_T——总的城市固体废物产生量，单位为万吨每年（10^4 t/a）；

MSW_F——城市固体废物填埋处理率；

L_0——各管理类型垃圾填埋场的 CH_4 产生潜力，单位为万吨甲烷每万吨（10^4 $tCH_4/10^4$ t）；

R——CH_4 回收量，单位为万吨每年（10^4 t/a）；

OX——氧化因子。

其中：

$$L_0 = MCF \times DOC \times DOC_F \times F \times \frac{16}{12}$$ （5-198）

式中：MCF——各管理类型垃圾填埋场的 CH_4 修正因子（比例）；

DOC——可降解有机碳，单位为千克碳每千克（kgC/kg）；

DOC_F——可分解的 DOC 比例；

F——垃圾填埋气体中的 CH_4 比例；

$\frac{16}{12}$——CH_4/C 分子量比率。

2. 活动水平数据来源

固体废物处置甲烷排放估算所需的活动水平数据包括城市固体废物产生量、城市固体废物填埋量、城市固体废物物理成分。各省（区、市）的城市固体废物数据可从各省（区、市）的住房和城乡建设厅等相关部门的统计数据中获得。城市固体废物成分可通过收集垃圾处理场所相关监测分析数据或有关研究报告获得。对有条件的省（区、市）则可定期进行监测和采样分析得出。表 5-19 给出了城市固体废物填埋处理甲烷排放估算所需的活动水平数据及可能的数据来源。

表 5-19 城市固体废物填埋处理活动水平数据及来源

活动水平数据	简写	单位	数值	数据来源
产生量	MSW_T	10^4 t/a		城市建设年鉴
填埋处理率	MSW_F	%		城建部门
填埋量		10^4 t/a		城市建设年鉴
城市生活垃圾成分		%		城建部门
食物垃圾		%		城建部门
庭园（院子）和公园废弃物		%		城建部门
纸张和纸板		%		城建部门
木材		%		城建部门
纺织品		%		城建部门
橡胶和皮革		%		城建部门
塑料		%		城建部门
金属		%		城建部门
玻璃（陶器、瓷器）		%		城建部门
灰渣		%		城建部门
砖瓦		%		城建部门
其他（如电子废弃物、骨头、贝壳、电池）		%		城建部门

3．排放因子及其确定方法

估算固体废物填埋处理温室气体排放时需要的排放因子包括：

（1）甲烷修正因子（MCF）

甲烷修正因子主要反映不同区域垃圾处理方式和管理程度，垃圾处理可分为管理的和非管理的两类，其中非管理的又依据垃圾填埋深度分为深处理（＞5 m）和浅处理（＜5 m），不同的管理状况，MCF 的值不同。

管理的固体废物处置场一般要有废弃物的控制装置，是指废弃物填埋到特定的处置区域，有一定程度的火灾控制或渗漏液控制等装置，且至少要包括下列部分内容：覆盖材料，机械压缩和废弃物分层处理。根据垃圾填埋场的管理程度比例（A、B、C），基于表 5-20 的废弃物处理类型 MCF 的推荐值，利用公式：

$$MCF = A \times MCF_A + B \times MCF_B + C \times MCF_C \tag{5-199}$$

估算得出综合的 MCF 值。如果没有分类的数据，选择分类 D 的 MCF 值（表 5-20）。

表 5-20　固体废物填埋场分类和甲烷修正因子

填埋场的类型	甲烷修正因子（MCF）的缺省值
管理的：A	1.0
非管理的—深的（＞5 m 废弃物）：B	0.8
非管理的—浅的（＜5 m 废弃物）：C	0.4
未分类的：D	0.4

（2）可降解有机碳（DOC）

可降解有机碳是指废弃物中容易受到生物化学分解的有机碳，单位为每千克废弃物（湿重）中含多少千克碳。DOC 的估算是以废弃物中的成分为基础，通过各类成分的可降解有机碳的比例平均权重计算得出。计算可降解有机碳的公式为：

$$DOC = \sum_i (DOC_i \times W_i) \tag{5-200}$$

式中：DOC —— 废弃物中可降解有机碳；

　　　DOC_i —— 废弃物类型 i 中可降解有机碳的比例；

　　　W_i —— 第 i 类废弃物的比例，可以通过对省（区、市）垃圾填埋场的垃圾成分调研或相应研究报告的收集获得。

表 5-21 固体废物成分 DOC 比例的推荐值

固体废物成分	DOC 占湿废弃物的比例/%	
	推荐值	范围
纸张/纸板	40	36~45
纺织品	24	20~40
食品垃圾	15	8~20
木材	43	39~46
庭园和公园废弃物	20	18~22
尿布	24	18~32
橡胶和皮革	(39)	(39)
塑料	—	—
金属	—	—
玻璃	—	—
其他惰性废弃物	—	—

（3）可分解的 DOC 的比例（DOC_F）

可分解的 DOC 的比例（DOC_F）表示从固体废物处置场分解和释放出来的碳的比例，表明某些有机废弃物在废弃物处置场中并不一定全部分解或是分解得很慢。推荐采用 0.5（0.5~0.6 包括大质素碳）作为可分解的 DOC 比例，如果数据可获得也可以采用类似地区的可分解的 DOC 比例。

（4）甲烷在垃圾填埋气体中的比例（F）

垃圾填埋场产生的填埋气体主要是甲烷和二氧化碳等气体。甲烷在垃圾填埋气体中的比例（体积比）一般取值在 0.4~0.6，平均取值推荐为 0.5，取决于多个因子，包括废弃物成分（如碳水化合物和纤维素）。如果有省（区、市）特有的垃圾填埋场的相应监测数据，建议使用省（区、市）特有值。

（5）甲烷回收量（R）

甲烷回收量是指在固体废物处置场中产生的，并收集和燃烧或用于发电装置部分的甲烷量。建议各省（区、市）要根据各自的实际回收利用情况，记录甲烷的回收量，特别是如果有甲烷用于发申或其他利用，要详细记录，并在总的排放中去掉这部分。

（6）氧化因子（OX）

氧化因子（OX）是指固体废物处置场排放的甲烷在土壤或其他覆盖废弃物的材料中发生氧化的那部分甲烷量的比例。对于比较合格的管理型垃圾填埋场的氧化因子取值为 0.1，如果使用其他氧化因子则需要给出明确的文件记录和相应的参考文献。

表 5-22 列出了城市固体废物处理甲烷排放清单估算所需排放因子及相关参数的推荐值，鼓励使用省（区、市）特有值。

表 5-22　城市固体废物填埋处理排放因子/相关参数及来源

排放因子/相关参数	简写	单位	推荐值	数据来源
甲烷修正因子	MCF	%	式（5-199）	城建部门
可降解有机碳	DOC	kgC/kg 废弃物	式（5-200）	清单编制部门
可分解的 DOC 比例	DOCF	%	0.5	IPCC 指南
甲烷在垃圾填埋气中的比例	F	%	0.5	IPCC 指南
甲烷回收量	R	万 t	0	IPCC 指南
氧化因子	OX	%	0.1	IPCC 指南

4．估算步骤

步骤一：获取活动水平数据。从《中国城市建设统计年鉴》中收集城市固体废物的产生量和填埋处理比例或者直接获得填埋量，通过城建部门获得城市生活垃圾的成分比例。

步骤二：确定排放因子及相关参数。首先根据统计调查垃圾填埋场管理水平，计算各管理类型的甲烷修正因子；其次利用垃圾成分和式（5-198）计算可降解有机碳；最后根据各地实际情况测量或者采用推荐值确定甲烷在填埋气中的比例、甲烷回收量和氧化因子。

步骤三：根据活动水平数据和排放因子，利用式（5-197）估算得出各管理类型的城市生活垃圾填埋处理甲烷排放量，求和得出城市生活垃圾填埋处理甲烷排放总量。

（四）废弃物焚烧处理过程排放的 CO_2 排放核算

不同业务活动下的火炬系统燃烧排放量的核算方法和数据获取原则相同，皆参考"火炬系统燃烧排放量"相关方法进行核算。

1．废气焚烧、火炬焚烧处理废气过程的 CO_2 排放

火炬系统燃烧排放可分为正常工况下的火炬气燃烧排放及由于事故导致的火炬气燃烧排放，两种工况产生的温室气体排放量之和按式（5-201）计算：

$$E_{火炬} = E_{正常火炬} + E_{事故火炬} \tag{5-201}$$

式中：$E_{火炬}$——火炬燃烧产生的温室气体排放，单位为吨二氧化碳当量（tCO₂e）；

　　　$E_{正常火炬}$——正常工况下火炬气燃烧产生的 CO_2 和 CH_4 排放，单位为吨二氧化碳当量（tCO₂e）；

　　　$E_{事故火炬}$——由于事故导致的火炬气燃烧产生的 CO_2 和 CH_4 排放，单位为吨二氧化碳当量（tCO₂e）。

（1）正常工况火炬燃烧排放

1）计算公式

$$E_{正常火炬} = \sum_i \left\{ Q_{正常火炬} \times \left[CC_{非CO_2} \times OF \times \frac{44}{12} + V_{CO_2} \times 19.77 + V_{CH_4} \times (1-OF) \times 7.17 \times GWP_{CH_4} \right] \right\}_i$$

（5-202）

式中：i——火炬系统序号；

$Q_{正常火炬}$——正常工况下第 i 支火炬系统的在核算和报告期内通过的可燃气体流量，单位为万标准立方米（$10^4\,Nm^3$）；

$CC_{非CO_2}$——火炬气中非 CO_2 含碳化合物的总含碳量，单位为吨碳每万标准立方米（$tC/10^4\,Nm^3$），计算方式见式（5-203）；

OF——第 i 支火炬系统的碳氧化率，如无实测数据可取缺省值98%；

V_{CO_2}——火炬气中 CO_2 的体积浓度，单位为%；

V_{CH_4}——火炬气中 CH_4 的体积浓度，单位为%；

19.77——CO_2 气体在标准状况下的密度，单位为吨二氧化碳每万标准立方米（$tCO_2/10^4\,Nm^3$）；

7.17——CH_4 在标准状况下的密度，单位为吨甲烷每万标准立方米（$tCH_4/10^4\,Nm^3$）；

GWP_{CH_4}——CH_4 的增温潜势，根据 IPCC 第四次评估报告，甲烷的增温潜势为 21。

2）数据的监测与获取

对于正常工况火炬系统，可根据火炬气流量监测系统、工程计算或流量估算方法获得核算和报告期内火炬气流量。

式（5-203）中火炬气的 CO_2 气体浓度应根据气体组分分析仪或火炬气来源获取，火炬气中除 CO_2 外其他含碳化合物的含碳量$CC_{非CO_2}$，应根据每种气体组分的体积浓度及该组分化学分子式中碳原子的数目，按式（5-203）计算含碳量：

$$CC_{非CO_2} = \sum_n \left(\frac{12 \times V_n \times CN_n \times 10}{22.4} \right)$$

（5-203）

式中：n——火炬气的各种气体组分，二氧化碳除外；

$CC_{非CO_2}$——火炬气中非 CO_2 含碳化合物的总含碳量，单位为吨碳每万标准立方米（$tC/10^4\,Nm^3$）；

V_n——火炬气中除 CO_2 外的第 n 种含碳化合物（包括 CO）的体积浓度，单位为%；

CN_n——火炬气中第 n 种含碳化合物（包括 CO）化学分子式中的碳原子数目。

（2）突发事故火炬燃烧排放

1）计算公式

事故火炬燃烧所产生的 CO_2 排放量计算方法见式（5-204）：

$$E_{事故火炬} = \sum_j \left\{ GF_{事故,j} \times T_{事故,j} \times \left[CC_{(非CO_2)j} \times OF \times \frac{44}{12} + V_{(CO_2)j} \times 19.77 + V_{(CH_4)j} \times (1-OF) \times 7.17 \times GWP_{CH_4} \right] \right\}$$

（5-204）

式中：j——核算和报告期内突发事故次数；

$GF_{事故,j}$——核算和报告期内第 j 次事故状态时的平均火炬气流速度，单位为万标准立方米每小时（$10^4\ Nm^3/h$）；

$T_{事故,j}$——核算和报告期内第 j 次事故的持续时间，单位为小时（h）；

$CC_{(非CO_2)j}$——第 j 次事故火炬气流中非 CO_2 含碳化合物的总含碳量，单位为吨碳每万标准立方米（$tC/10^4\ Nm^3$）；

$V_{(CO_2)j}$——第 j 次事故火炬气流中 CO_2 气体的体积浓度，单位为%；

$V_{(CH_4)j}$——第 j 次事故火炬气流中 CH_4 气体的体积浓度，单位为%；

OF——第 i 支火炬系统的碳氧化率，如无实测数据可取缺省值98%；

44——CO_2 的摩尔质量，单位为克每摩尔（g/mol）；

12——碳的摩尔质量，单位为千克每千摩尔（kg/kmol）；

19.77——CO_2 气体在标准状况下的密度，单位为吨二氧化碳每万标准立方米（$tCO_2/10^4\ Nm^3$）；

7.17——CH_4 在标准状况下的密度，单位为吨甲烷每万标准立方米（$tCH_4/10^4\ Nm^3$）。

2）数据的监测与获取

事故火炬的持续时间与平均气流速获取方法：事故火炬的持续时间 $T_{事故,j}$ 及平均气流速 $GF_{事故,j}$ 应按照事故调查报告取值。如果数据难以获取，可取火炬系统设计流量最大值作为事故发生期间火炬系统的平均气流速。

CO_2 浓度及 CH_4 浓度：式（5-202）中火炬气中 CO_2 浓度 V_{CO_2} 及 CH_4 浓度 V_{CH_4} 如果有火炬气体成分分析，可直接采用分析结果，如无气体成分分析，可追溯发生事故的设施或井口，根据产气井或事故设施在事故发生期前或事故后一个月时间尺度内的气体中 CO_2 及 CH_4 的平均浓度。

2. 固废（含废水处理污泥）焚烧处理废气过程的 CO_2 排放

参照"废气焚烧、火炬焚烧处理废气过程的 CO_2 排放"核算方法。

第六章　碳（温室气体）排放报告

一、重点排放单位应当向生态环境部门报送温室气体排放报告

1. 温室气体排放报告要求

①重点排放单位应当根据生态环境部制定的温室气体排放核算与报告技术规范，编制该单位上一年度的温室气体排放报告，载明排放量。

②非重点单位温室气体排放报告按省级生态环境部门要求编制。

③报告编制的主体是具有温室气体排放行为的法人企业或视同法人的独立核算单位。

2. 温室气体排放报告依据

重点排放单位应当根据国务院生态环境主管部门制定的温室气体排放核算与报告技术规范，编制其上一年度的温室气体排放报告，载明排放量。

3. 温室气体排放报告时限

重点排放单位应当于每年 3 月 31 日前报其生产经营场所所在地的省级生态环境主管部门。

4. 温室气体排放报告的部门

重点排放单位应当于每年 3 月 31 日前报其生产经营场所所在地的省级生态环境主管部门。

5. 温室气体排放报告负责主体

重点排放单位对温室气体排放报告的真实性、完整性和准确性负责。

6. 温室气体排放报告保存时限

温室气体排放报告所涉数据的原始记录和管理台账应当至少保存五年。

二、温室气体排放报告的工作流程

（1）确定温室气体排放核算边界。

（2）识别温室气体排放源与排放因子。

排放源包括化石燃料燃烧温室气体排放源、过程温室气体排放源、购入与输出相对应的温室气体排放源。

（3）制定监测计划，收集、选择和获取温室气体排放源与排放因子活动数据。

（4）进行各种温室气体排放量与排放总量核算。

（5）编写温室气体排放报告。

工业企业温室气体排放的核算和报告的工作流程见图 6-1。

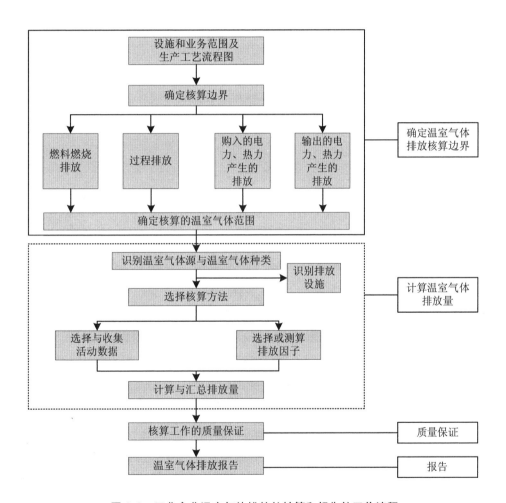

图 6-1 工业企业温室气体排放的核算和报告的工作流程

三、温室气体排放报告应当定期公开

重点排放单位编制的年度温室气体排放报告应当定期公开，接受社会监督，涉及国家秘密和商业秘密的除外。

第二篇

碳排放监督管理与碳交易

第七章 碳排放监测计划审核及排放报告核查

一、碳排放审核和核查的方式与内容

(一) 方式

1. 对非重点温室气体排放单位的审核

地方政府主管部门（生态环境部门）通过政府购买服务的方式委托技术服务机构提供核查服务（以下简称核查机构），对企业（或者其他经济组织）提交的排放监测计划进行审核，对温室气体排放报告及补充数据表实施核查工作。

2. 对重点温室气体排放单位的审核

省级生态环境主管部门可以通过政府购买服务的方式委托技术服务机构提供核查服务，对重点排放单位温室气体排放报告进行核查，并将核查结果告知重点排放单位。

(二) 内容

对企业（或者其他经济组织）提交的排放监测计划进行审核。

对企业（或者其他经济组织）提交的温室气体排放报告及补充数据表实施核查。

二、碳排放审核和核查的工作原则

(一) 第三方技术服务核查机构审核过程应遵守以下原则

客观独立。核查机构应保持独立，避免偏见及利益冲突，在整个审核和核查活动中保持客观。

诚实守信。核查机构应具有高度的责任感，确保审核和核查工作的完整性和保密性。

公平公正。核查机构应真实、准确地反映审核和核查活动中的发现和结论，还应如实报告审核和核查活动中所遇到的重大障碍，以及未解决的分歧意见。

专业严谨。核查机构应具备核查必需的专业技能，能够根据任务的重要性和委托方的具体要求，利用其职业素养进行严谨判断。

（二）第三方技术服务核查机构应当对审核结果负责

第三方技术服务核查机构应当对提交的核查结果的真实性、完整性和准确性负责。

三、碳排放监测计划审核

（一）审核程序

对企业监测计划的符合性和可行性进行审核的主要步骤包括签订协议、审核准备、文件审核、现场访问、审核报告编制、内部技术复核、审核报告交付及记录保存8个步骤。

1. 签订协议

核查机构应与委托方签订审核协议。

（1）审核协议签订之前的评估工作

①进行工作实施的可行性评估。

②进行与委托方可能存在的利益冲突评估。

③进行与企业（或者其他经济组织）可能存在的利益冲突评估等。

（2）核查机构与委托方签订审核协议

核查机构在完成评估后确定是否与委托方签订审核协议。

（3）审核协议内容

审核协议内容包括审核范围、应用标准和方法、审核流程、预计完成时间、双方责任和义务、保密条款、审核费用、协议的解除、赔偿、仲裁等相关内容。

2. 审核准备

（1）确定具备能力的审核组

核查机构应在与委托方签订审核协议后选择具备能力的审核组。

（2）确定满足审核工作需要的审核组

审核组的组成应根据核查员的专业领域、技术能力与经验、单位性质、规模及排放设施的数量等确定，审核组至少由2名成员组成，其中1名为组长，至少1名为专业核查员。

（3）对审核组成员的要求

①对组长的要求：组长应充分考虑企业（或者其他经济组织）所属行业领域、工艺流程、设施数量、规模与场所、排放特点、审核组成员的专业背景和实践经验等方面的因素，制订审核计划并确定审核组成员的任务分工。

审核组长应与委托方和/或企业（或者其他经济组织）建立联系，要求委托方和/或企业（或者其他经济组织）在商定的日期内提交监测计划及相关支持文件。

②对组员的要求：对监测计划修改审核的组员应满足专业领域、技术能力与经验、单位性质、规模及排放设施的数量等确定的能力。

（4）对审核计划的调整

在审核实施过程中，如有必要，可对审核计划进行适当调整。但审核组应将调整的审核计划与委托方和/或企业（或者其他经济组织）进行沟通。

3．文件审核

（1）审核的内容

审核企业提交的监测计划。

审核相关支持性材料如组织机构图、厂区分布图、工艺流程图、设施台账、监测设备和计量器具台账、数据内部质量控制和质量保证相关规定等。

（2）通过文件审核确认的内容

确认企业的温室气体排放设施；

确认企业监测设备的安装情况；

确认企业参与温室气体核算所需要的数据种类和数量；

确认现场审核思路与现场识别审核重点。

注：文件审核工作应贯穿审核工作的始终。

4．现场访问

核算边界内容：判断和确认监测计划的核算边界的数据获取方式是否完整、是否满足行业企业温室气体核算方法与报告和补充数据表的要求，以及是否具有可行性。

监测设备的数据内容：判断和确认监测计划的相关数据监测设备的数据获取方式是否完整、是否满足行业企业温室气体核算方法与报告和补充数据表的要求，以及是否具有可行性。

活动数据内容：判断和确认监测计划查阅活动数据的获取方式是否完整、是否满足行业企业温室气体核算方法与报告和补充数据表的要求，以及是否具有可行性。

排放因子数据内容：判断和确认监测计划排放因子数据的获取方式是否完整、是否满足行业企业温室气体核算方法与报告和补充数据表的要求，以及是否具有可行性。

5. 审核报告编制

审核报告的主要内容：

①审核目的、范围和依据；

②审核过程和方法；

③审核发现：监测计划版本的问题、报告主体描述的问题、核算边界和主要排放设施描述的问题、数据获取方式的问题、数据内部质量控制和质量保证的问题；

④审核结论：审核组应在审核报告中出具肯定的或否定的审核结论。审核结论应包括以下内容：监测计划与核算指南的符合性，监测计划的可行性，审核过程中未覆盖的问题描述（如适用）。

6. 内部技术复核

审核报告在提供给委托方和/或企业（或者其他经济组织）之前，应经过核查机构内部独立于审核组成员的技术复核，避免审核过程和审核报告出现技术错误。核查机构应确保技术复核人员具备相应的能力、相应行业领域的专业知识及从事审核活动的技能。

7. 审核报告交付

审核报告应送至所辖的省级碳交易主管部门。只有当内部技术复核通过后，核查机构方可将审核报告交付给委托方和/或企业（或者其他经济组织），以便于企业（或者其他经济组织）于规定的日期前将经审核确认符合要求的监测计划报送至注册所在地省级碳交易主管部门。

8. 记录保存

核查机构应以安全和保密的方式保管审核过程中的全部书面和电子文件，保存期至少 10 年。

保存文件包括：

①与委托方签订的审核协议；

②审核活动的相关记录表单，如审核协议、审核记录、审核计划、见面会和总结会签到表、现场审核清单和记录等；

③排放监测计划（初始版和最终版）；

④审核报告；

⑤审核过程中从企业（或者其他经济组织）获取的证明文件；

⑥对审核的后续跟踪（如适用）；

⑦信息交流记录，如与委托方或其他利益相关方的书面沟通副本及重要口头沟通记录，审核的约定条件和内部控制等内容；

⑧投诉和申诉以及任何后续更正或改进措施的记录；

⑨其他相关文件。

核查机构应对所有与委托方和/或企业（或者其他经济组织）利益相关的记录和文件进行保密。未经委托方和/或企业（或者其他经济组织）同意，不得向第三方披露相关信息，各级碳交易主管部门要求查阅相关文件除外。

（二）排放监测计划审核内容要求

1．对监测计划版本的审核

核查机构应对监测计划的版本及修订情况进行审核。

确认监测计划版本与实际情况相符情况：对于企业（或者其他经济组织）初次发布的监测计划，核查机构应确认其发布时间与实际情况符合。如根据核查机构的审核意见，企业（或者其他经济组织）对监测计划实施了修订，核查机构应确认修订的时间和版本与实际情况符合。

确认监测计划的修改与实际情况相符情况：对于企业（或者其他经济组织）根据自身需要对监测计划的修改，核查机构应确认其修改时间与实际情况符合，修改内容满足核算指南的要求。当核查机构针对企业（或者其他经济组织）因以下情况修改其之前经过审核的监测计划时，应分别对相关修改部分进行审核，并单独编写审核报告。

①外包、租赁等导致核算边界的变化；

②排放设施发生变化；

③与碳排放相关燃料、原料、产品及其他含碳输出物的变化；

④为提高数据准确度，采用新的测量仪器和测量方法以及其他提高数据准确度的措施；

⑤排放相关数据和生产相关数据获取方式的改变；

⑥发现之前采用的监测方法所产生的数据不准确；

⑦其他碳交易主管部门明确需要修改的情况。

2．报告主体描述的审核

对企业基本情况审核的内容：核查机构应对企业（或者其他经济组织）的基本情况进行审核。审核内容包括对企业（或者其他经济组织）的基本信息、主营产品、生产设施信息、组织机构图、厂区平面分布图、工艺流程图进行审核。

确认监测计划中信息数据的真实性和完整性：核查机构可采取与工作人员交谈、现场观察以及查阅其他相关文件中的信息源（如全国企业信用信息公示系统、能源审计报告、可行性研究报告、环境影响评价报告、环境管理体系评估报告、年度能源和水统计报表、年度工业统计报表以及年度财务审计报告）等方式确认监测计划中的上述信息的真实性和完整性。核查机构应在审核报告中对现场观察和查阅其他相关文件中的信息源的过程以及上述信息的真实性和完整性判断进行描述。

3．对核算边界和主要排放设施的审核

对企业核算边界审核内容：核查机构应对企业（或者其他经济组织）的核算边界和主要排放设施进行审核。审核内容包括法人边界的核算范围、补充数据表的核算范围以及主要排放设施。

确认排放设施的真实性和完整性以及核算范围的符合性：核查机构应对排放设施进行现场观察，如果排放设施数量较多，核查机构可采用查阅对比文件（如企业设备台账）等方式确认排放设施的真实性和完整性以及核算范围的符合性。核查机构应在审核报告中对现场观察、文件交叉核对的过程以及上述信息的真实性、完整性和符合性判断进行描述。

4．对活动数据和排放因子的审核

对核算所需要的活动数据和排放因子进行审核：核查机构应对核算所需要的所有活动数据和排放因子以及这些数据的计算方法涉及参数的单位、数据获取方式、相关监测测量设备信息以及数据缺失时的处理方式进行审核。

确认活动数据和排放因子的完整性、合理性是否符合规范要求：核查机构应采用文件审核和现场观察测量设备的方式确认对参与核算所需要的所有数据都制定了获取方式，所有数据的单位与核算指南一致；所有数据的计算方式和获取方式合理且符合核算指南的要求；数据获取过程中涉及的测量设备的型号、位置属实；监测频次、精度和校准频次符合相关要求；数据缺失时的处理方式能够确保不会导致排放量的低估和配额的过量发放（保守性）。核查机构应在审核报告中对文件审核和现场观察的过程以及上述数据的完整性、合理性、与核算指南的符合性以及保守性的判断进行描述。

5．数据内部质量控制和质量保证相关规定的审核

对企业的内部质量控制和质量保证相关规定进行审核：核查机构应对企业（或者其他经济组织）的内部质量控制和质量保证相关规定进行审核。审核内容应包括负责监测计划制定和排放报告专门人员的指定情况；监测计划的制定、修订、审批以及执行等管理程序；温室气体排放报告的编写、内部评估以及审批等管理程序；温室气体数据文件的归档管理程序等内容。

应确认企业质量控制和质量保证的完整性、合理性：核查机构应采用文件审核和与现场人员交流的方式对上述信息进行审核。核查机构应确认企业（或者其他经济组织）已对质量控制和质量保证的上述规定文件化，并确认负责监测计划制定和执行的人员以及排放报告编制人员具备相应的能力。

核查机构应在审核报告中对文件审核和与现场人员交流的过程以及上述规定的完整性、合理性、是否文件化以及人员是否具备能力的判断进行描述。

（三）碳排放监测计划审核报告大纲

1. 概述

（1）审核目的

（2）审核范围

（3）审核依据

2. 审核过程和方法

（1）审核组安排

（2）文件审核

（3）现场审核

（4）审核报告编写及内部技术复核

3. 审核发现

（1）监测计划版本的审核

（2）报告主体描述的审核

（3）核算边界和主要排放设施描述的审核

（4）数据获取方式的审核

（5）数据内部质量控制和质量保证的审核

（6）其他审核发现

4. 审核结论

（1）监测计划与核算指南的符合性

（2）监测计划的可行性

（3）审核过程中未覆盖的问题描述（如适用）

5. 附件

附件 1：不符合清单

附件 2：对监测计划执行的建议

四、碳排放报告核查

（一）定义与术语

1. 温室气体排放报告

温室气体排放报告是指重点排放单位根据生态环境部制定的温室气体排放核算方法与报告指南及相关技术规范编制的载明以下信息的报告：

①重点排放单位温室气体排放量信息；

②重点排放单位温室气体排放设施信息；

③重点排放单位温室气体排放源信息；

④重点排放单位温室气体核算边界信息；

⑤重点排放单位温室气体核算方法信息；

⑥重点排放单位温室气体活动数据信息；

⑦重点排放单位温室气体排放因子信息；

⑧原始记录和台账信息。

2．温室气体排放核查

温室气体排放核查是指根据行业温室气体排放核算方法与报告指南以及相关技术规范，对重点排放单位报告的温室气体排放量和相关信息进行全面核实、查证的过程。

温室气体排放核查不符合项是指核查发现的重点排放单位温室气体排放量、相关信息、数据质量控制计划、支撑材料等不符合温室气体核算方法与报告指南以及相关技术规范的情况。

（二）温室气体排放核查原则与时限

1．温室气体排放核查的原则与依据

重点排放单位温室气体排放报告的核查应遵循客观独立、诚实守信、公平公正、专业严谨的原则，依据以下文件规定开展：

①《碳排放权交易管理办法（试行）》；

②生态环境部发布的工作通知；

③生态环境部制定的温室气体排放核算方法与报告指南；

④相关标准和技术规范。

2．温室气体排放核查与反馈的时限

①核查时限：省级生态环境主管部门应当在接到重点排放单位温室气体排放报告之日起 30 个工作日内组织核查。

②核查结果反馈时限：并在核查结束之日起 7 个工作日内向重点排放单位反馈核查结果。

（三）组织温室气体排放核查部门

省级生态环境主管部门应当在接到重点排放单位温室气体排放报告之日起 30 个工作日内组织核查。

（四）温室气体排放核查的方式

1. 可以委托第三方开展核查

省级生态环境主管部门可以通过政府购买服务的方式，委托技术服务机构开展核查。

2. 对核查结果负责

核查技术服务机构应当对核查结果的真实性、完整性和准确性负责。

（五）核查结果的用途

核查结果应当作为重点排放单位碳排放配额的清缴依据。

（六）温室气体排放核查程序

1. 核查程序包括的内容

核查程序包括核查安排、建立核查技术工作组、文件评审、建立现场核查组、实施现场核查、出具《核查结论》、告知核查结果、保存核查记录8个步骤，核查工作流程见图7-1。

2. 核查安排

（1）核查部门——省级生态环境主管部门

省级生态环境主管部门应综合考虑核查任务、进度安排及所需资源，组织开展核查工作。

（2）核查方式——委托第三方核查技术服务机构

通过政府购买服务的方式委托技术服务机构开展。

（3）对第三方核查技术服务机构的要求——确保公平公正、客观独立

应要求技术服务机构建立有效的风险防范机制、完善的内部质量管理体系和适当的公正性保证措施，确保核查工作公平公正、客观独立开展。技术服务机构不应开展以下活动：

①不应向重点排放单位提供碳排放配额计算、咨询或管理服务；

②不应接受任何对核查活动的客观公正性产生影响的资助、合同或其他形式的服务或产品；

③不应参与碳资产管理、碳交易的活动，或与从事碳咨询和交易的单位存在资产和管理方面的利益关系，如隶属同一个上级机构等；

④不应与被核查的重点排放单位存在资产和管理方面的利益关系，如隶属同一个上级机构等；

⑤不应为被核查的重点排放单位提供有关温室气体排放和减排、监测、测量、报告和校准的咨询服务；

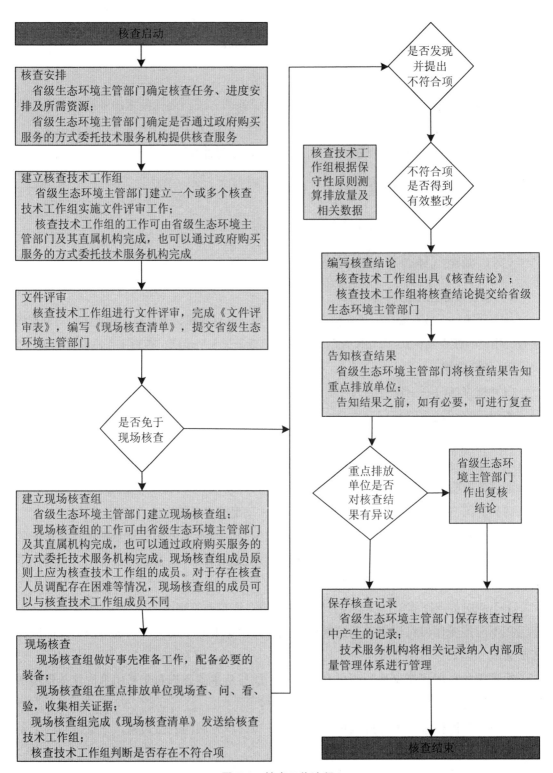

图 7-1 核查工作流程

⑥不应与被核查的重点排放单位共享管理人员，或者在 3 年之内曾在彼此机构内相互受聘过管理人员；

⑦不应使用具有利益冲突的核查人员，如 3 年之内与被核查重点排放单位存在雇佣关系或为被核查的重点排放单位提供过温室气体排放或碳交易的咨询服务等；

⑧不应宣称或暗示如果使用指定的咨询或培训服务，对重点排放单位的排放报告的核查将更为简单、容易等。

3．建立核查技术工作组

（1）建立核查技术工作组

省级生态环境主管部门应根据核查任务和进度安排，建立一个或多个核查技术工作组（以下简称技术工作组）。

（2）技术工作组的组建方式

可由省级生态环境主管部门及其直属机构承担，技术工作组的工作；也可通过政府购买服务的方式委托技术服务机构承担。

（3）技术工作组成员与专业素质要求

成员组成：技术工作组至少由 2 名成员组成，其中 1 名为负责人。

成员专业素质要求：成员具备被核查的重点排放单位所在行业的专业知识和工作经验。

技术负责人专业素质要求：技术工作组负责人应充分考虑重点排放单位所在的行业领域、工艺流程、设施数量、规模与场所、排放特点、核查人员的专业背景和实践经验等方面的因素，确定成员的任务分工。

4．文件评审

（1）文件评审依据

技术工作组应根据相应行业的温室气体排放核算方法与报告指南（以下简称核算指南）、相关技术规范等进行评审。

（2）文件评审内容

1）对排放报告及数据质量控制计划进行文件评审

技术工作组对重点排放单位提交的排放报告及数据质量控制计划等支撑材料进行文件评审。内容包括：

①排放报告的相关信息；

②排放设施清单的相关信息；

③排放源清单的相关信息；

④活动数据的相关信息；

⑤排放因子的相关信息等。

2）对文件评审的重点内容

技术工作组应将重点排放单位存在的以下情况作为文件评审重点：

①投诉举报企业温室气体排放量和相关信息存在的问题；

②日常数据监测发现企业温室气体排放量和相关信息存在的异常情况；

③上级生态环境主管部门转办交办的其他有关温室气体排放的事项。

（3）通过文件评审确定的——现场核查的内容与要求

初步确认重点排放单位的温室气体排放量和相关信息的符合情况，识别现场核查重点，提出现场核查时间、需访问的人员、需观察的设施、设备或操作以及需查阅的支撑文件等现场核查要求，并分别填写完成《文件评审表》（表 7-1）和《现场核查清单》（表 7-2）提交省级生态环境主管部门。

表 7-1　文件评审表

重点排放单位名称			
重点排放单位地址			
统一社会信用代码		法定代表人	
联系人		联系方式（座机、手机和电子邮箱）	
核算和报告依据			
核查技术工作组成员			
文件评审日期			
现场核查日期			
核查内容	文件评审记录 （将评审过程中的核查发现、符合情况以及交叉核对等内容详细记录）		存在疑问的信息或需要现场重点关注的内容
1. 重点排放单位基本情况			
2. 核算边界			
3. 核算方法			
4. 核算数据			
1）活动数据			
活动数据 1			
活动数据 2			
……			
2）排放因子			
排放因子 1			
排放因子 2			
……			
3）排放量			
4）生产数据			
生产数据 1			
生产数据 2			

……		
5. 质量控制和文件存档		
6. 数据质量控制计划及执行		
1）数据质量控制计划		
2）数据质量控制计划的执行		
7. 其他内容		
核查技术工作组负责人（签名、日期）：		

表 7-2　现场核查清单

重点排放单位名称			
重点排放单位地址			
统一社会信用代码		法定代表人	
联系人		联系方式 （座机、手机和电子邮箱）	
现场核查要求		现场核查记录	
1.			
2.			
3.			
4.			
……		现场发现的其他问题：	
核查技术工作组负责人（签名、日期）：		现场核查人员（签名、日期）：	

（4）文件评审需要调阅的相关支撑材料

技术工作组可根据核查工作需要，调阅重点排放单位提交的相关支撑材料，如组织机构图、厂区分布图、工艺流程图、设施台账、生产日志、监测设备和计量器具台账、支撑报送数据的原始凭证，以及数据内部质量控制和质量保证相关文件和记录等。

5．建立现场核查组

（1）建立现场核查组

省级生态环境主管部门应根据核查任务和进度安排，建立一个或多个现场核查组。

（2）现场核查组应开展的工作要求

根据《现场核查清单》，对重点排放单位实施现场核查，收集相关证据和支撑材料；详细填写《现场核查清单》的核查记录并报送技术工作组。

（3）现场核查组的组织方式

由省级生态环境主管部门及其直属机构承担；也可通过政府购买服务的方式委托技术服务机构承担。

（4）现场核查组人员组成

现场核查组应至少由 2 人组成。为了确保核查工作的连续性，现场核查组成员原则上应为核查技术工作组的成员。对于核查人员调配存在困难等情况，现场核查组的成员可以与核查技术工作组成员不同。

（5）可不对重点排放单位实施现场核查的条件

对于核查年度之前连续 2 年未发现任何不符合项的重点排放单位，且当年文件评审中未发现存在疑问的信息或需要现场重点关注的内容，经省级生态环境主管部门同意后，可不实施现场核查。

6. 实施现场核查

现场核查的目的是根据《现场核查清单》收集相关证据和支撑材料。

（1）核查准备

现场核查组应按照《现场核查清单》做好准备工作，明确核查任务重点、组内人员分工、核查范围和路线，准备核查所需要的装备，如现场核查清单、记录本、交通工具、通信器材、录音录像器材、现场采样器材等。

现场核查组应于现场核查前2个工作日通知重点排放单位做好准备。

（2）现场核查的内容

1）企业基本情况的核查内容

企业基本信息核查：企业（或者其他经济组织）名称、单位性质、所属行业领域、统一社会信用代码、法定代表人、地理位置、排放报告联系人等基本信息。

企业产业情况核查：企业（或者其他经济组织）内部组织结构、主要产品或服务、生产工艺、使用的能源品种及年度能源统计报告情况。

确认企业基本真实性和准确性：核查机构应通过查阅企业（或者其他经济组织）的法人证书、机构简介、组织结构图、工艺流程说明、能源统计报表等文件，并结合现场核查中对相关人员的访谈确认上述信息的真实性和准确性。

2）核算边界的核查内容

①核算边界的核查内容

a.是否以独立法人或视同法人的独立核算单位为边界进行核算；

b.核算边界是否与相应行业的核算指南一致；

c.纳入核算和报告边界的排放设施和排放源是否完整；

d.与上一年度相比，核算边界是否存在变更。

②确认核算边界的符合性

核查机构可通过与排放设施运行人员进行交谈、现场观察核算边界和排放设施、查阅可行性研究报告及批复、查阅相关环境影响评价报告及批复等方式来验证企业（或者其他经济组织）核算边界的符合性。

3）核算方法的核查内容

确定核算方法的符合性：核查机构应对企业（或者其他经济组织）温室气体核算方法进行核查，确定核算方法符合相应行业的核算指南的要求，对任何偏离指南要求的核算都应在核查报告中予以详细的说明。

4）核算数据的核查内容

①活动数据及来源的核查

活动数据核查内容：活动数据的单位、数据来源、监测方法、监测频次、记录频次、数据缺失处理（如适用）等内容，并对每一个活动数据的符合性进行报告。如果活动数据的核查采用了抽样的方式，核查机构应在核查报告中详细报告样本选择的原则、样本数量以及抽样方法等内容。

监测设备有效性核查：如果活动数据的监测使用了监测设备，核查机构则应确认监测设备是否得到了维护和校准，维护和校准是否符合核算指南的要求。核查机构应确认因设备校准延误而导致的误差是否进行处理，处理的方式不应导致配额的过量发放。如果延迟校准的结果不可获得或者在核查时发现未实施校准，核查机构应在得出最终核查结论之前要求企业（或者其他经济组织）对监测设备进行校准，且排放量的核算不应导致配额的过量发放。

活动数据与其他数据来源核查：在核查过程中，核查机构应将每一个活动数据与其他数据来源进行交叉核对，其他的数据来源可包括燃料购买合同、能源台账、月度生产报表、购售电发票、供热协议及报告、化学分析报告、能源审计报告等。

②排放因子、计算系数及来源的核查

核查机构应依据核算指南对企业（或者其他经济组织）排放报告中的每一个排放因子和计算系数（以下简称排放因子）的来源及数值进行核查。

排放因子缺省值数据及来源有效性核查：如果排放因子采用默认值，核查机构应确认默认值是否与核算指南中的默认值一致。

排放因子监测数据及来源有效性核查：如果排放因子采用实测值，核查机构至少应对排放因子的单位、数据来源、监测方法、监测频次、记录频次、数据缺失处理（如适用）等内容进行核查，并对每一个排放因子的符合性进行报告。如果排放因子数据的核查采用了抽样的方式，核查机构应在核查报告中详细报告样本选择的原则、样本数量以及抽样方法等内容。

如果排放因子数据的监测使用了监测设备，核查机构应采取与活动数据监测设备同样的核查方法。

排放因子、计算系数及来源的核查方法：在核查过程中，核查机构应将每一个排放因子数据与其他数据来源进行交叉核对，其他的数据来源可包括化学分析报告、IPCC 默认值、省级温室气体清单编制指南中的默认值等。

③温室气体排放量的核查

核查机构应按照核算方法与报告指南的要求对法人边界范围内分类排放量和汇总排放量的核算结果进行核查。

通过重复计算法核查确认排放量的正确性：核查机构应通过重复计算与年度能源报表进行比较，对企业（或者其他经济组织）排放报告中的排放量的核算结果进行核查。

通过公式验证法核查确认排放量的正确性：核查机构应通过公式验证与年度能源报表进行比较等方式对企业（或者其他经济组织）排放报告中的排放量的核算结果进行核查。

温室气体排放量核查报告内容：核查机构应报告排放量计算公式是否正确、排放量的累加是否正确、排放量的计算是否可再现、排放量的计算结果是否正确等核查发现。

④配额分配相关补充数据的核查

除核算方法与报告指南要求报告的数据之外，核查机构应对每一个配额分配相关补充数据进行核查。

配额分配相关补充数据的核查内容：数据的单位、数据来源、监测方法、监测频次、记录频次、数据缺失处理（如适用）等内容。

配额分配相关补充数据的核查报告内容：并对每一个数据的符合性进行报告。如果配额分配相关补充数据的核查采用了抽样的方式，核查机构应在核查报告中详细报告样本选择的原则、样本数量以及抽样方法等内容。如果配额分配相关补充数据已经作为一个单独的活动数据实施核查，核查机构应在核查报告中予以说明。

在核查过程中，核查机构应对每一个数据与其他数据来源进行交叉核对。

5）质量保证和文件存档的核查内容

①是否指定了专门的人员进行温室气体排放核算和报告工作；

②是否制定了温室气体排放和能源消耗台账记录，台账记录是否与实际情况一致；

③是否建立了温室气体排放数据文件保存和归档管理制度，并遵照执行；

④是否建立了温室气体排放报告内部评审制度，并遵照执行。核查机构可以通过查阅文件和记录以及访谈相关人员等方法来实现对质量保证和文件存档的核查。

（3）现场核查

1）现场核查方式

现场核查组可采用以下查、问、看、验等方法开展工作。

①查

查阅相关文件和信息，包括：原始凭证、台账、报表、图纸、会计账册、专业技术资料、科技文献等。

保存证据时可保存文件和信息，包括：保存证据时可保存文件和信息原件，如保存原件有困难，可保存复印件、扫描件、打印件、照片或视频录像等，必要时，可附文字说明。

②问

询问现场工作人员，应多采用开放式提问，获取更多关于核算边界、排放源、数据监测以及核算过程等信息。

③看

查看现场排放设施和监测设备的运行，包括现场观察核算边界、排放设施的位置和数量、排放源的种类以及监测设备的安装、校准和维护情况等。

④验

通过重复计算，验证计算结果的准确性，或通过抽取样本、重复测试确认测试结果的准确性等。

2）现场核查要求

要确保的真实性：现场核查组应验证现场收集的证据的真实性，确保其能够满足核查的需要。

2 个工作日内提交填写完成的《现场核查清单》：现场核查组应在现场核查工作结束后 2 个工作日内，向技术工作组提交填写完成的《现场核查清单》。

3）现场核查内容

①对核算边界、排放设施以及排放源的核查

当各场所的业务活动、核算边界和排放设施的类型差异较大时，每个场所均要进行现场核查；仅当各场所的业务活动、核算边界、排放设施以及排放源等相似且数据质量保证和质量控制方式相同时，方可对场所的现场核查采取抽样的方式。核查机构应考虑抽样场所的代表性、企业（或者其他经济组织）内部质量控制的水平、核查工作量等因素，制订合理的抽样计划。当确认需要抽样时，抽样的数量至少为所有相似现场总数的平方根（$y=x$），x 为总的场所数，数值取整时进 1。当存在超过 4 个相似场所时，当年抽取的样本与上一年度抽取的样本重复率不能超过总抽样量的 50%。当抽样数量较多，且核查机构确认企业（或者其他经济组织）内部质量控制体系相对完善时，现场核查场所可不超过 20 个。

②对活动数据和排放因子的核查

核查机构应对企业（或者其他经济组织）的每个活动数据和排放因子进行核查，当每个活动数据或排放因子涉及的数据数量较多时，核查机构可以考虑采取抽样的方式对数据进行核查，抽样数量的确定应充分考虑企业（或者其他经济组织）对数据流内部管理的完善程度、数据风险控制措施以及样本的代表性等因素。

（4）不符合项处理

1）技术工作组要求重点排放单位采取的整改措施要求

①《现场核查清单》不符合项内容

a.《现场核查清单》中未取得有效证据的情况；

b.《现场核查清单》中不符合核算指南要求的情况；

c.《现场核查清单》中未按数据质量控制计划执行的情况。

②《现场核查清单》不符合项记录完成时限

技术工作组应在收到《现场核查清单》后 2 个工作日内，对《现场核查清单》中未取得有效证据、不符合核算指南要求以及未按数据质量控制计划执行等情况，在《不符合项清单》（表 7-3）中"不符合项描述"一栏如实记录，并要求重点排放单位采取整改措施。

表 7-3　不符合项清单

重点排放单位名称			
重点排放单位地址			
统一社会信用代码		法定代表人	
联系人		联系方式（座机、手机和电子邮箱）	
不符合项描述		整改措施及相关证据	整改措施是否符合要求
1.			
2.			
3.			
4.			
……			
核查技术工作组负责人 （签名、日期）：		重点排放单位整改负责人 （签名、日期）：	核查技术工作负责人 （签名、日期）：

注：请于　年　月　日前完成整改措施，并提交相关证据。如未在上述日期前完成整改，主管部门将根据相关保守性原则测算温室气体排放量等相关数据，用于履约清缴等工作。

2）重点排放单位应采取的整改措施要求

重点排放单位应在收到《不符合项清单》后的 5 个工作日内，填写完成《不符合项清单》中"整改措施及相关证据"一栏，连同相关证据材料一并提交技术工作组。

3）技术工作组对整改措施的验证方式

技术工作组应对不符合项的整改进行书面验证，必要时可采取现场验证的方式。

7. 出具《核查结论表》

技术工作组应根据如下要求出具《核查结论表》（表 7-4）并提交省级生态环境主管部门。

表 7-4　核查结论表

一、重点排放单位基本信息			
重点排放单位名称			
重点排放单位地址			
统一社会信用代码		法定代表人	

二、文件评审和现场核查过程			
核查技术工作组承担单位		核查技术工作组成员	
文件评审日期			
现场核查工作组承担单位		现场核查工作组成员	
现场核查日期			
是否不予实施现场核查	□是　□否，如是，简要明原因		

三、核查发现（在相应空格中打√）

核查内容	符合要求	不符合项已整改且满足要求	不符合项整改但不满足要求	不符合项未整改
1. 重点排放单位基本情况				
2. 核算边界				
3. 核算方法				
4. 核算数据				
5. 质量控制和文件存档				
6. 数据质量控制计划及执行				
7. 其他内容				

四、核查确认

（一）初次提交排放报告的数据

温室气体排放报告（初次提交）日期	
初次提交报告中的排放量/tCO$_2$e	
初次提交报告中与配额分配相关的生产数据	

（二）最终提交排放报告的数据

温室气体排放报告（最终）日期	
经核查后的排放量/tCO$_2$e	
经核查后与配额分配相关的生产数据	

（三）其他需要说明的问题

最终排放量的认定是否涉及核查技术工作组的测算？	□是□否，如是，简要说明原因、过程、依据和认定结果
最终与配额分配相关的生产数据的认定是否涉及核查技术工作组的测算	□是□否，如是，简要说明原因、过程、依据和认定结果
其他需要说明的情况	

核查技术工作负责人（签字、日期）：

技术服务机构盖章（如购买技术服务机构的核查服务）

（1）经核查未提出不符合项——填写完成《核查结论表》

对于未提出不符合项的，技术工作组应在现场核查结束后 5 个工作日内填写完成《核查结论表》。

（2）经核查存在不符合项——要求重点排放单位进行整改

对于提出不符合项的，技术工作组应在收到重点排放单位提交的《不符合项清单》"整改措施及相关证据"一栏内容后的 5 个工作日内填写完成《核查结论表》，并要求重点排放单位在规定时间内按规定完成整改。

（3）未在规定时间内完成整改的——按缺省值测算排放量

如果重点排放单位未在规定时间内完成对不符合项的整改，或整改措施不符合要求，技术工作组应根据核算指南与生态环境部公布的缺省值，按照保守原则测算排放量及相关数据，并填写完成《核查结论表》。

（4）经同意不实施现场核查的——填写完成《核查结论表》

对于经省级生态环境主管部门同意不实施现场核查的，技术工作组应在省级生态环境主管部门作出不实施现场核查决定后 5 个工作日内，填写完成《核查结论表》。

8. 告知核查结果

（1）省级生态环境主管部门认为有必要进一步提高数据质量的，可在告知核查结果之前，采用复查的方式对核查过程和核查结论进行书面或现场评审。

（2）省级生态环境主管部门应将《核查结论表》告知重点排放单位。

9. 重点排放单位对核查结果异议的处理

（1）重点排放单位对核查结果异议的申请

1）对核查结果异议申请复核的时限

重点排放单位对核查结果有异议的，可以自收到核查结果之日起 7 个工作日内，向组织核查的省级生态环境主管部门申请复核。

2）异议申请复核的部门

向组织核查的省级生态环境主管部门申请复核。

（2）省级生态环境主管部门对异议复核的处理

省级生态环境主管部门应当自接到复核申请之日起 10 个工作日内作出复核决定。

10. 保存核查记录

（1）省级生态环境主管部门——核查记录至少保存 5 年

省级生态环境主管部门应以安全和保密的方式保管核查的全部书面（含电子）文件至少 5 年。

（2）技术服务机构——核查记录至少保存 10 年

技术服务机构应将核查过程的所有记录、支撑材料、内部技术评审记录等进行归档，保存至少 10 年。

（3）保存的核查内容包括

①与委托方签订的核查协议；

②核查活动的相关记录表单，如核查协议评审记录、核查计划、见面会和总结会签到表、现场核查清单和记录等；

③温室气体排放报告（初始版和最终版）；

④核查报告；

⑤核查过程中从企业（或者其他经济组织）获取的证明文件；

⑥对核查的后续跟踪（如适用）；

⑦信息交流记录，如与委托方或其他利益相关方的书面沟通副本及重要口头沟通记录，核查的约定条件和内部控制等内容；

⑧投诉和申诉以及任何后续更正或改进措施的记录；

⑨其他相关文件。

（七）温室气体排放核查要点

1. 文件评审要点

（1）重点排放单位基本情况

技术工作组应通过查阅重点排放单位的营业执照、组织机构代码证、机构简介、组织结构图、工艺流程说明、排污许可证、能源统计报表、原始凭证等文件的方式确认以下信息的真实性、准确性以及与数据质量控制计划的符合性。

①基本信息情况：重点排放单位名称、单位性质、所属国民经济行业类别、统一社会信用代码、法定代表人、地理位置、排放报告联系人、排污许可证编号等基本信息。

②生产工艺情况：重点排放单位内部组织结构、主要产品或服务、生产工艺流程、使用的能源品种及年度能源统计报告等情况。

（2）核算边界

1）技术工作组应查阅的相关资料

技术工作组应查阅组织机构图、厂区平面图、标记排放源输入与输出的工艺流程图及工艺流程描述、固定资产管理台账、主要用能设备清单并查阅可行性研究报告及批复、相关环境影响评价报告及批复、排污许可证、承包合同、租赁协议等。

2）技术工作组查阅资料确认有关信息的符合性

①核算边界是否与相应行业的核算指南以及数据质量控制计划一致；

②纳入核算和报告边界的排放设施和排放源是否完整。

3）与上一年度相比，确认核算边界是否存在变更

（3）核算方法

①确认核算方法是否符合核算规范要求：技术工作组应确认重点排放单位在报告中使用的核算方法是否符合相应行业的核算指南的要求。

②对偏离核算规范的应在《文件评审表》和《核查结论表》中说明：对任何偏离指南的核算方法都应判断其合理性，并在《文件评审表》和《核查结论表》中说明。

（4）核算数据

技术工作组应重点查证核实以下四类数据的真实性、准确性和可靠性。

1）活动数据的真实性、准确性和可靠性核算

技术工作组应依据核算指南，对重点排放单位排放报告中的每一个活动数据的来源及数值进行核查。

①活动数据核查的内容。活动数据的单位、数据来源、监测方法、监测频次、记录频次、数据缺失处理等。对支撑数据样本较多需采用抽样方法进行验证的，应考虑抽样方法、抽样数量以及样本的代表性。

②活动数据的监测设备核查：

a. 监测设备核查：如果活动数据的获取使用了监测设备，技术工作组应确认监测设备是否得到了维护和校准，维护和校准是否符合核算指南和数据质量控制计划的要求。技术工作组应确认因设备校准延迟而导致的误差是否根据设备的精度或不确定度进行了处理，以及处理的方式是否会低估排放量或过量发放配额。

b. 监测数据质量控制核查：针对核算指南中规定的可以自行检测或委托外部实验室检测的关键参数，技术工作组应确认重点排放单位是否具备测试条件，是否依据核算指南建立内部质量保证体系并按规定留存样品。如果不具备自行测试条件，委托的外部实验室是否有计量认证（CMA）资质认定或中国合格评定国家认可委员会（CNAS）的认可。

③活动数据与其他数据来源进行交叉核对。技术工作组应将每一个活动数据与其他数据来源进行交叉核对，其他数据来源可包括燃料购买合同、能源台账、月度生产报表、购售电发票、供热协议及报告、化学分析报告、能源审计报告等。

2）排放因子的真实性、准确性和可靠性核算

①对排放因子的来源及数值的核查。技术工作组应依据核算指南和数据质量控制计划对重点排放单位排放报告中的每一个排放因子的来源及数值进行核查。

②对排放因子缺省值的核查。对采用缺省值的排放因子，技术工作组应确认与核算指南中的缺省值一致。

③对实测方法获取的排放因子的核查：

a. 对实测方法获取排放因子的核查内容：对采用实测方法获取的排放因子，技术工

作组至少应对排放因子的单位、数据来源、监测方法、监测频次、记录频次、数据缺失处理（如适用）等内容进行核查。

b. 对实测方法获取排放因子的抽样核查方法：对支撑数据样本较多需采用抽样进行验证的，应考虑抽样方法、抽样数量以及样本的代表性。

④排放因子数据与其他数据来源数据的交叉核查。对于通过监测设备获取的排放因子数据，以及按照核算指南由重点排放单位自行检测或委托外部实验室检测的关键参数，技术工作组应采取与活动数据同样的核查方法。在核查过程中，技术工作组应将每一个排放因子数据与其他数据来源进行交叉核对，其他的数据来源可包括化学分析报告、政府间气候变化专门委员会（IPCC）缺省值、省级温室气体清单编制指南中的缺省值等。

3）排放量的真实性、准确性和可靠性核算

①对排放报告中排放量的核算结果进行核查。技术工作组应对排放报告中排放量的核算结果进行核查，通过验证排放量计算公式是否正确、排放量的累加是否正确、排放量的计算是否可再现等方式确认排放量的计算结果是否正确。

②通过历史资料核算排放量的真实性、准确性和可靠性。通过对比以前年份的排放报告，通过分析生产数据和排放数据的变化和波动情况确认排放量是否合理等。

4）生产数据的真实性、准确性和可靠性核算

技术工作组依据核算指南和数据质量控制计划对每一个生产数据进行核查，并与数据质量控制计划规定之外的数据源进行交叉验证。

①生产数据核查内容应包括生产数据的单位、数据来源、监测方法、监测频次、记录频次、数据缺失处理等。

②生产数据抽样核查方法。对生产数据样本较多需采用抽样方法进行验证的，应考虑抽样方法、抽样数量以及样本的代表性。

（5）质量保证和文件存档的真实性、准确性和可靠性核查

技术工作组应对重点排放单位的质量保障和文件存档执行情况进行核查。

核查内容包括：

①对温室气体排放核算和报告的规章制度的核查：重点排放单位是否建立了温室气体排放核算和报告的规章制度包括负责机构和人员、工作流程和内容、工作周期和时间节点等；是否指定了专职人员负责温室气体排放核算和报告工作。

②对计量器具、监测设备进行维护管理的核查：是否定期对计量器具、监测设备进行维护管理；维护管理记录是否已存档。

③对温室气体数据记录管理体系的核查：是否建立健全温室气体数据记录管理体系，包括数据来源、数据获取时间以及相关责任人等信息的记录管理；是否形成碳排放数据管理台账记录并定期报告，确保排放数据可追溯。

④对温室气体排放报告内部审核制度的核查：是否建立温室气体排放报告内部审核制度，定期对温室气体排放数据进行交叉校验，对可能产生的数据误差风险进行识别，并提出相应的解决方案。

（6）数据质量控制计划及执行

1）数据质量控制计划

技术工作组应从以下几个方面确认数据质量控制计划是否符合核算指南的要求：

①数据质量控制计划与实际情况是否一致的核查。技术工作组应确认数据质量控制计划的版本和发布时间与实际情况是否一致。如有修订，应确认修订满足下述情况之一或相关核算指南规定：

a. 因排放设施发生变化或使用新燃料、物料产生了新排放；

b. 采用新的测量仪器和测量方法，提高了数据的准确度；

c. 发现按照原数据质量控制计划的监测方法核算的数据不正确；

d. 发现修订数据质量控制计划可提高报告数据的准确度；

e. 发现数据质量控制计划不符合核算指南要求。

②重点排放单位情况的真实性和完整性核查。技术工作组可通过查阅其他平台或相关文件中的信息源（如国家企业信用信息公示系统、能源审计报告、可行性研究报告、环境影响评价报告、环境管理体系评估报告、年度能源和水统计报表、年度工业统计报表以及年度财务审计报告）等方式确认数据质量控制计划中重点排放单位的基本信息、主营产品、生产设施信息、组织机构图、厂区平面分布图、工艺流程图等相关信息的真实性和完整性。

③核算边界和主要排放设施描述的真实性、完整性核查。技术工作组可采用查阅对比文件（如企业设备台账）等方式确认排放设施的真实性、完整性以及核算边界是否符合相关要求。

④数据的确定方式核查。技术工作组应对核算所需要的各项活动数据、排放因子和生产数据的计算方法、单位、数据获取方式、相关监测测量设备信息、数据缺失时的处理方式等内容进行核查和确认：

a. 是否对参与核算所需要的各项数据都确定了获取方式，各项数据的单位是否符合核算指南要求；

b. 各项数据的计算方法和获取方式是否合理且符合核算指南的要求；

c. 数据获取过程中涉及的测量设备的型号、位置是否属实；

d. 监测活动涉及的监测方法、监测频次、监测设备的精度和校准频次等是否符合核算指南及相应的监测标准的要求；

e. 数据缺失时的处理方式是否按照保守性原则确保不会低估排放量或过量发放配额。

⑤数据内部质量控制和质量保证相关规定的核查。技术工作组应通过查阅支持材料和如下管理制度文件，对重点排放单位内部质量控制和质量保证相关规定进行核查，确认相关制度安排合理、可操作并符合核算指南要求。

a. 数据内部质量控制和质量保证相关规定；

b. 数据质量控制计划的制订、修订、内部审批以及数据质量控制计划执行等方面的管理规定；

c. 人员的指定情况，内部评估以及审批规定；

d. 数据文件的归档管理规定等。

2）数据质量控制计划执行

①核查数据质量控制计划执行情况的核查内容。技术工作组应结合上述数据质量控制计划的核查，从以下方面核查数据质量控制计划的执行情况：

a. 重点排放单位基本情况是否与数据质量控制计划中的报告主体描述一致；

b. 年度报告的核算边界和主要排放设施是否与数据质量控制计划中的核算边界和主要排放设施一致；

c. 所有活动数据、排放因子及相关数据是否按照数据质量控制计划实施监测；

d. 监测设备是否得到了有效的维护和校准，维护和校准是否符合国家、地区计量法规或标准的要求，是否符合数据质量控制计划、核算指南或设备制造商的要求；

e. 监测结果是否按照数据质量控制计划中规定的频次记录；

f. 数据缺失时的处理方式是否与数据质量控制计划一致；

g. 数据内部质量控制和质量保证程序是否有效实施。

②对核查数据质量控制计划不符合要求的进行整改。对不符合核算指南要求的数据质量控制计划，应开具不符合项，要求重点排放单位进行整改。

③对未按规定获取数据质量控制计划有关数据的，按保守性原则测算数据。对于未按数据质量控制计划获取的活动数据、排放因子、生产数据，技术工作组应结合现场核查组的现场核查情况开具不符合项，要求重点排放单位按照保守性原则测算数据，确保不会低估排放量或过量发放配额。

（7）其他内容

除上述内容外，技术工作组在文件评审中还应重点关注以下内容：

①投诉举报企业温室气体排放量和相关信息存在的问题；

②各级生态环境主管部门转办交办的事项；

③日常数据监测发现企业温室气体排放量和相关信息存在异常的情况；

④排放报告和数据质量控制计划中出现错误风险较高的数据以及重点排放单位是如何控制这些风险的；

⑤重点排放单位以往年份不符合项的整改完成情况，以及是否得到持续有效管理等。

2. 现场核查要点

（1）现场核查要点内容

现场核查组应按《现场核查清单》开展核查工作，并重点关注以下内容：

①投诉举报企业温室气体排放量和相关信息存在的问题。

②各级生态环境主管部门转办交办的事项。

③日常数据监测发现企业温室气体排放量和相关信息存在异常的情况。

④重点排放单位基本情况与数据质量控制计划或其他信息源不一致的情况。

⑤核算边界与核算指南不符，或与数据质量控制计划不一致的情况。

⑥排放报告中采用的核算方法与核算指南不一致的情况。

⑦活动数据、排放因子、排放量、生产数据等不完整、不合理或不符合数据质量控制计划的情况。

⑧重点排放单位是否有效地实施了内部数据质量控制措施的情况。

⑨重点排放单位是否有效地执行了数据质量控制计划的情况。

⑩数据质量控制计划中报告主体基本情况、核算边界和主要排放设施、数据的确定方式、数据内部质量控制和质量保证相关规定等与实际情况的一致性。

⑪确认数据质量控制计划修订的原因，比如排放设施发生变化、使用新燃料或物料、采用新的测量仪器和测量方法等情况。

（2）进行现场要点核查的方法

①现场核查组应按《现场核查清单》收集客观证据，详细填写核查记录，并将证据文件一并提交技术工作组。

②相关证据材料应能证实所需要核实、确认的信息符合要求。

（3）核查的复核

①重点排放单位对核查结果有异议的，可在被告知核查结论之日起 7 个工作日内，向省级生态环境主管部门申请复核。

②省级生态环境主管部门的复核结论应在接到复核申请之日起 10 个工作日内作出。

（八）信息公开

1. 应将所有重点排放单位的《核查结论表》在官方网站向社会公开

核查工作结束后，省级生态环境主管部门应将所有重点排放单位的《核查结论表》在官方网站向社会公开。如有核查复核的，应公开复核结论。

省级生态环境主管部门应加强信息公开管理，发现有违法违规行为的，应当依法予以公开。

2. 对技术服务机构提供的核查服务的信息公开

核查工作结束后，省级生态环境主管部门应对技术服务机构提供的核查服务按《技术服务机构信息公开表》（表 7-5）的格式进行评价，在官方网站向社会公开《技术服务机构信息公开表》。评价过程应结合技术服务机构与省级生态环境主管部门的日常沟通、技术评审、复查以及核查复核等环节开展。

省级生态环境主管部门应加强信息公开管理，发现有违法违规行为的，应当依法予以公开。

表 7-5　技术服务机构信息公开表

一、技术服务机构基本信息										
技术服务机构名称										
统一社会信用代码				法定代表人						
注册资金				办公场所						
联系人				联系方式（电话、E-mail）						

二、技术服务机构内部管理情况										
内部质量管理措施										
公正性管理措施										
不良记录										

三、核查工作及时性和工作质量

序号	重点排放单位名称	统一社会信用代码/组织机构代码	核查及时性（填写及时或不及时）	核查质量（如符合要求填写符合，如不符合要求，简述不符合的具体内容）						
				重点排放单位基本情况	核算边界	核算方法	核算数据	质量控制和文件存档	数据质量控制计划及执行	其他内容
1										
2										
3										
……										

共出具＿＿＿＿份《核查结论表》。其中：＿＿＿份合格，＿＿＿＿份不合格，合格率＿＿＿＿％

《核查结论表》不合格情况如下：

重点排放单位基本情况核查存在不合格的＿＿＿＿＿份；

核算边界的核查存在不合格的＿＿＿＿＿份；

核算方法的核查存在不合格的＿＿＿＿＿份；

核算数据的核查存在不合格的＿＿＿＿＿份；

质量控制和文件存档的核查存在不合格的＿＿＿＿＿份；

数据质量控制计划及执行的核查存在不合格的＿＿＿＿＿份；

其他内容的核查存在不合格的＿＿＿＿＿份。

附：1. 技术服务机构内部质量管理相关文件；

2. 技术服务机构《年度公正性自查报告》。

3. 在官方网站向社会公开的同时应报生态环境部汇总

《核查结论表》在官方网站向社会公开的同时并报生态环境部汇总。如有核查复核的，应公开复核结论。

（九）审核结果

核查结果作为碳排放配额清缴依据：核查结果应当作为重点排放单位碳排放配额清缴依据。

（十）核查报告大纲

1. 概述

（1）核查目的

（2）核查范围

（3）核查准则

2. 核查过程和方法

（1）核查组安排

（2）文件评审

（3）现场核查

（4）核查报告编写及内部技术复核

3. 核查发现

（1）基本情况的核查

（2）核算边界的核查

（3）核算方法的核查

（4）核算数据的核查

1）活动数据及来源的核查

①活动数据 1

②活动数据 2

……

2）排放因子和计算系数数据及来源的核查

①排放因子和计算系数 1

②排放因子和计算系数 2

……

3）法人边界排放量的核查

4）配额分配相关补充数据的核查

（1）质量保证和文件存档的核查

（2）其他核查发现

4. 核查结论

（1）排放报告与核算指南的符合性

（2）排放量声明

1）企业法人边界的排放量声明：按照核算方法和报告指南核算的企业温室气体排放总量的声明（包括六种温室气体的排放量和温室气体总排放量）。

2）补充数据表填报的 CO_2 排放量声明：按照补充数据表填报的企业或设施层面 CO_2 排放总量的声明（如果补充数据表包括多个产品及设施/工序或车间，还应分别声明其主要产品产量和排放量）。

（3）排放量存在异常波动的原因说明

（4）核查过程中未覆盖的问题或者需要特别说明的问题描述

5. 附件

附件 1：不符合项清单

附件 2：对今后核算活动的建议

第八章　碳排放配额的确定与分配

一、碳排放配额确定

（一）概念与定义

①碳排放配额是指重点排放单位拥有的 CO_2 排放限额，包括化石燃料消费产生的直接 CO_2 排放、过程温室气体排放当量、净购入电力所产生的间接 CO_2 排放等。

②碳排放限值（碳排放基准值）：对不同类别生产单元所规定的单位碳排放限值，又称碳排放基准值。如对不同类别机组所规定的单位供电（热）量的碳排放限值，又称碳排放基准值。

（二）纳入与暂时免除配额管理的对象确定

1. 纳入配额管理的对象

（1）纳入配额管理的统一要求

1）排放 2.6 万 t 以上二氧化碳当量的企业或组织

碳排放核查结果一年排放达到 2.6 万 t 二氧化碳当量以上的企业或者其他经济组织（包括纯凝发电机组和热电联产机组）。

2）综合能源消费量 1 万 t 标准煤以上的企业或组织

碳排放核查结果综合能源消费量约 1 万 t 标准煤以上的企业或者其他经济组织（包括纯凝发电机组和热电联产机组）。

（2）发电行业纳入配额管理的对象

发电行业纳入配额管理的发电机组（表 8-1）

300 MW 等级以上常规燃煤机组：以烟煤、褐煤、无烟煤等常规电煤为主体燃料且额定功率不低于 400 MW 的发电机组纳入配额管理（自备电厂参照执行）。

300 MW 等级及以下常规燃煤机组：以烟煤、褐煤、无烟煤等常规电煤为主体燃料且额定功率低于 400 MW 的发电机组纳入配额管理（自备电厂参照执行）。

燃煤矸石、煤泥、水煤浆等非常规燃煤机组：以煤矸石、煤泥、水煤浆等非常规电煤为主体燃料（完整履约年度内，非常规燃料热量年均占比应超过 50%）的发电机组纳入配额管理。

燃煤矸石、煤泥、水煤浆等非常规燃煤循环流化床机组：以煤矸石、煤泥、水煤浆等非常规电煤为主体燃料（完整履约年度内，非常规燃料热量年均占比应超过 50%）的燃煤循环流化床机组纳入配额管理。

燃气机组：以天然气为主体燃料（完整履约年度内，其他掺烧燃料热量年均占比不超过 10%）的发电机组纳入配额管理。

表 8-1　纳入配额管理的机组判定标准

机组分类	判定标准
300 MW 等级以上常规燃煤机组	以烟煤、褐煤、无烟煤等常规电煤为主体燃料且额定功率不低于 400 MW 的发电机组
300 MW 等级及以下常规燃煤机组	以烟煤、褐煤、无烟煤等常规电煤为主体燃料且额定功率低于 400 MW 的电机组
燃煤矸石、煤泥、水煤浆等非常规燃煤机组（含燃煤循环流化床机组）	以煤矸石、煤泥、水煤浆等非常规电煤为主体燃料（完整履约年度内，非常规燃料热量年均占比应超过 50%）的发电机组（含燃煤循环流化床机组）
燃气机组	以天然气为主体燃料（完整履约年度内，其他掺烧燃料热量年均占比不超过 10%）的发电机组

注：1. 合并填报机组按照最不利原则判定机组类别。

2. 完整履约年度内，掺烧生物质（含垃圾、污泥等）热量年均占比不超过 10%的化石燃料机组，按照主体燃料判定机组类别。

3. 完整履约年度内，混烧化石燃料（包括混烧自产二次能源热量年均占比不超过 10%）的发电机组，按照主体燃料判定机组类别。

2. 暂不纳入配额管理的发电机组

（1）暂不纳入配额管理的纯供热设施

不具备发电能力的纯供热设施不在本方案范围之内。

（2）暂不纳入配额管理的发电设施（表 8-2）

纯生物质发电机组：纯生物质发电机组（含垃圾、污泥焚烧发电机组）暂不纳入配额管理。

生物质掺烧化石燃料机组：完整履约年度内，掺烧化石燃料且生物质（含垃圾、污泥）燃料热量年均占比高于 50%的发电机组（含垃圾、污泥焚烧发电机组）暂不纳入配额管理。

化石燃料掺烧生物质（含垃圾、污泥）机组：完整履约年度内，掺烧生物质（含垃圾、污泥等）热量年均占比超过 10%且不高于 50%的化石燃料机组暂不纳入配额管理。

化石燃料掺烧自产二次能源机组：完整履约年度内，混烧自产二次能源热量年均占比超过 10%的化石燃料燃烧发电机组暂不纳入配额管理。

特殊燃料发电机组：仅使用煤层气（煤矿瓦斯）、兰炭尾气、炭黑尾气、焦炉煤气（荒煤气）、高炉煤气、转炉煤气、石油伴生气、油页岩、油砂、可燃冰等特殊化石燃料的发电机组暂不纳入配额管理。

使用自产资源发电机组：仅使用自产废气、尾气、煤气的发电机组暂不纳入配额管理。

燃煤锅炉改造形成的特殊发电燃气机组：燃煤锅炉改造形成的燃气机组（直接改为燃气轮机的情形除外）暂不纳入配额管理。

燃油特殊发电机组：燃油机组暂不纳入配额管理。

整体煤气化联合循环的特殊发电（IGCC）机组：整体煤气化联合循环发电（IGCC）机组暂不纳入配额管理。

内燃机组特殊发电：内燃机组暂不纳入配额管理。

表 8-2　暂不纳入配额管理的机组判定标准

机组类型	判定标准
生物质发电机组	1. 纯生物质发电机组（含垃圾、污泥焚烧发电机组）
掺烧发电机组	2. 生物质掺烧化石燃料机组： 完整履约年度内，掺烧化石燃料且生物质（含垃圾、污泥）燃料热量年均占比高于 50%的发电机组（含垃圾、污泥焚烧发电机组）； 3. 化石燃料掺烧生物质（含垃圾、污泥）机组： 完整履约年度内，掺烧生物质（含垃圾、污泥等）热量年均占比超过 10%且不高于 50%的化石燃料机组； 4. 化石燃料掺烧自产二次能源机组： 完整履约年度内，混烧自产二次能源热量年均占比超过 10%的化石燃料燃烧发电机组
特殊燃料发电机组	5. 仅使用煤层气（煤矿瓦斯）、兰炭尾气、炭黑尾气、焦炉煤气（荒煤）、高炉煤气、转炉煤气、石油伴生气、油页岩、油砂、可燃冰等特殊化石燃料的发电机组
使用自产资源发电机组	6. 仅使用自产废气、尾气、煤气的发电机组；
其他特殊发电机组	7. 燃煤锅炉改造形成的燃气机组（直接改为燃气轮机的情形除外）； 8. 燃油机组、整体煤气化联合循环发电（IGCC）机组、内燃机组

（三）配额总量确定

1. 配额确定方法与依据

（1）配额确定的依据

1）实际发生的活动数据值

产生温室气体排放的原料（燃料）消耗量/年、产品及副产品产生量/年、废弃物产生量/年、购入或输出电力（热力）消耗量/年等实际活动数据。

2）碳排放基准值

碳排放基准值包括单位原料（燃料）碳排放基准值、单位产品及副产品碳排放基准值、单位废弃物碳排放基准值、购入或输出单位电力（热力）消耗碳排放基准值。

发电行业机组碳排放基准值如下：

①300 MW 等级以上常规燃煤机组：供电基准值［tCO_2/（MW·h）］为 0.877，供热基准值（tCO_2/GJ）为 0.126。

②300 MW 等级及以下常规燃煤机组：供电基准值［tCO_2/（MW·h）］为 0.979，供热基准值（tCO_2/GJ）为 0.126。

③燃煤矸石、水煤浆等非常规燃煤机组（含燃煤循环流化床机组）：供电基准值［tCO_2/（MW·h）］为 1.146，供热基准值（tCO_2/GJ）为 0.126。

④燃气机组：供电基准值（tCO_2/MW·h）为 0.392，供热基准值（tCO_2/GJ）为 0.059。

3）修正系数

常规燃煤纯凝发电机组负荷（出力）系数修正系数：

统计期机组负荷（出力）系数≥85%时修正系数取 1.0。

统计期机组负荷（出力）系数≥80%且<85%时修正系数取 $1+0.001\,4×（85-100F）$。［F 为机组负荷（出力）系数，单位为%］。

统计期机组负荷（出力）系数≥75%且<80%时修正系数取 $1.007+0.006×（85-100F）$。

统计期机组负荷（出力）系数<75%时修正系数取 $1.015^{(16-20F)}$。

（2）配额确定的方法

1）依据 2019—2020 年温室气体实际产出量确定配额

根据本行政区域内重点排放单位 2019—2020 年的实际产出量以及本方案确定的配额分配方法及碳排放基准值，核定各重点排放单位的配额数量。

2）配额确定部门

由省级生态环境主管部门核定排放单位、县、市的温室气体排放配额数量。

2．配额的确定

（1）单位配额的确定

采用基准法核算重点排放单位所有各排放源的配额量。

省级生态环境主管部门根据本行政区域内重点排放单位 2019—2020 年的实际产出量以及配额分配方法及碳排放基准值（碳排放限值），核定各重点排放单位的配额数量。

①非重点排放单位的配额量为其所拥有各类排放源配额量的总和。

②重点排放单位的配额量为其所拥有各类排放源配额量的总和。

（2）省级行政区域配额总量的确定

省级生态环境部门向重点排放单位分配年度的碳排放配额：省级生态环境主管部门应当根据生态环境部制定的碳排放配额总量，向本行政区域内的重点排放单位分配规定年度的碳排放配额。

重点排放单位配额数量加总形成省级行政区域配额总量：将核定后的本行政区域内各重点排放单位配额数量进行加总，形成省级行政区域配额总量。

（3）全国配额总量的确定

生态环境部确定全国碳排放配额总量：生态环境部根据国家温室气体排放控制要求，综合考虑经济增长、产业结构调整、能源结构优化、大气污染物排放协同控制等因素，制定碳排放配额总量确定。

全国省级配额总量加总为全国配额总量：将各省级行政区域配额总量加总，最终确定全国配额总量。

二、碳排放配额分配

（一）碳排放配额分配方式

①免费分配：碳排放配额分配初期以免费分配为主。

②有偿分配：碳排放配额分配根据国家要求适时引入有偿分配，并逐步扩大有偿分配比例。

（二）碳排放配额分配方案制订

生态环境部根据国家温室气体排放控制要求，综合考虑经济增长、产业结构调整、能源结构优化、大气污染物排放协同控制等因素，制订碳排放配额分配方案。

（三）碳排放配额分配

1．政府碳排放配额分配要求

省级生态环境主管部门应当根据生态环境部制订的碳排放配额分配方案，向本行政区域内的重点排放单位分配规定年度的碳排放配额。

碳排放配额分配以免费分配为主，可以根据国家有关要求适时引入有偿分配（2019—2020 年配额实行全部免费分配）。

2．碳排放单位对分配碳排放配额实施要求

（1）碳排放配额异议处理

重点排放单位对分配的碳排放配额有异议的，可以自接到通知之日起 7 个工作日内，向分配配额的省级生态环境主管部门申请复核；省级生态环境主管部门应当自接到复核申请之日起 10 个工作日内，作出复核决定。

（2）自愿注销的碳排放配额的处理

①国家鼓励自愿注销其所持有的碳排放配额：国家鼓励重点排放单位、机构和个人，出于减少温室气体排放等公益目的自愿注销其所持有的碳排放配额。

②自愿注销的碳排放配额应在碳排放配额总量中予以等量核减：自愿注销的碳排放配额，在国家碳排放配额总量中予以等量核减。

③自愿注销的碳排放配额不再进行分配：自愿注销的碳排放配额，在国家碳排放配额总量中予以等量核减，不再进行分配。

④自愿注销碳的排放配额不再进行登记或者交易：自愿注销的碳排放配额，在国家碳排放配额总量中予以等量核减，不再进行登记或者交易。

⑤相关注销情况应当向社会公开。

（四）发电行业碳排放配额分配方法

1．碳排放配额核算公式

（1）机组配额总量计算公式

采用基准法核算机组配额总量的公式为：

机组（企业）配额总量=供电基准值×实际供电量×修正系数+供热基准值×实际供热量
碳排放基准值

对不同类别机组所规定的单位供电（热）量的碳排放限值，又称碳排放基准值。供电基准值、供热基准值见表 8-3。

表 8-3　2019—2020 年各类别机组碳排放基准值

机组类别	机组类别范围	供电基准值/[tCO₂/（MW·h）]	供热基准值/（tCO₂/GJ）
Ⅰ	300 MW 等级以上常规燃煤机组	0.877	0.126
Ⅱ	300 MW 等级以下常规燃煤机组	0.979	0.126
Ⅲ	燃煤矸石、水煤浆等非常规燃煤机组（含燃煤循环流化床机组）	1.146	0.126
Ⅳ	燃气机组	0.392	0.059

（2）燃煤机组配额分配计算方法

燃煤机组的 CO_2 排放配额计算公式如下：

$$A=A_e+A_h \qquad (8\text{-}1)$$

式中：A——机组 CO_2 配额总量，tCO_2；

　　　A_e——机组供电 CO_2 配额量，tCO_2；

　　　A_h——机组供热 CO_2 配额量，tCO_2。

1）机组供电 CO_2 配额计算方法为：

$$A_e=Q_e\times B_e\times F_l\times F_r\times F_f \qquad (8\text{-}2)$$

式中：Q_e——机组供电量，$MW·h$；

　　　B_e——机组所属类别的供电基准值，$tCO_2/（MW·h）$；

　　　F_l——机组冷却方式修正系数，如果凝汽器的冷却方式是水冷，则机组冷却方式修正系数为 1；如果凝汽器的冷却方式是空冷，则机组冷却方式修正系数为 1.05；

　　　F_r——机组供热量修正系数，燃煤机组供热量修正系数为 1−0.22×供热比；

　　　F_f——机组负荷（出力）系数修正系数。

参考《常规燃煤发电机组单位产品能源消耗限额》（GB 21258—2017）做法，常规燃煤纯凝发电机组负荷（出力）系数修正系数按照表 8-4 选取，其他类别机组负荷（出力）系数为 1。

表 8-4　常规燃煤纯凝发电机组负荷（出力）系数修正系数

统计期机组负荷（出力）系数	修正系数
$F\geqslant85\%$	1.0
$80\%\leqslant F<85\%$	$1+0.001\,4\times（85-100F）$
$75\%\leqslant F<80\%$	$1.007+0.001\,6\times（80-100F）$
$F<75\%$	$1.015^{(16-20F)}$

注：F 为机组负荷（出力）系数，单位为%。

2）机组供热 CO_2 配额计算方法为：

$$A_h = Q_h \times B_h \qquad (8\text{-}3)$$

式中：Q_h——机组供热量，GJ；

B_h——机组所属类别的供热基准值，tCO_2/GJ。

（3）燃气机组配额分配计算方法

燃气机组的 CO_2 排放配额计算公式如下：

$$A = A_e \times A_h \qquad (8\text{-}4)$$

式中：A——机组 CO_2 配额总量，tCO_2；

A_e——机组供电 CO_2 配额量，tCO_2；

A_h——机组供热 CO_2 配额量，tCO_2。

1）机组供电 CO_2 配额计算公式如下：

$$A_e = Q_e \times B_e \times F_r \qquad (8\text{-}5)$$

式中：Q_e——机组供电量，$MW \cdot h$；

B_e——机组所属类别的供电基准值，$tCO_2/（MW \cdot h）$；

F_r——机组供热量修正系数，燃气机组供热量修正系数为 $1-0.6 \times$ 供热比。

2）机组供热 CO_2 配额计算公式如下：

$$A = Q_h \times B_h \qquad (8\text{-}6)$$

式中：Q_h——机组供热量，GJ；

B_h——机组所属类别的供热基准值，tCO_2/GJ。

2. 配额分配核定

（1）燃煤机组配额分配核定

1）对于纯凝发电机组配额分配核定

第一步核实实际供电量：核实 2019—2020 年机组凝汽器的冷却方式（空冷还是水冷）、负荷系数和 2019—2020 年实际供电量（$MW \cdot h$）数据。

第二步核定机组配额量：按机组 2019—2020 年的实际供电量，乘以机组所属类别的供电基准值、冷却方式修正系数、供热量修正系数（实际取值为 1）和负荷系数修正系数，核定机组配额量。

第三步核定配额量与预分配配额量相符性：最终核定的配额量与预分配的配额量不一致的，以最终核定的配额量为准，多退少补。

2）对于热电联产机组配额分配核定

第一步核实供电量、供热量：核实机组 2019—2020 年凝汽器的冷却方式（空冷还是水冷）和 2019—2020 年实际的供热比、供电量（$MW \cdot h$）、供热量（GJ）数据。

第二步核定机组供电配额量：按机组 2019—2020 年的实际供电量，乘以机组所属类别的供电基准值、冷却方式修正系数和供热量修正系数，核定机组供电配额量。

第三步核定机组供热配额量：按机组 2019—2020 年的实际供热量，乘以机组所属类别的供热基准值，核定机组供热配额量。

第四步核定的机组配额量：将第二步和第三步的核定结果加总，得到核定的机组配额量。

第五步核定配额量与预分配配额量相符性：核定的最终配额量与预分配的配额量不一致的，以最终核定的配额量为准，多退少补。

（2）燃气机组配额分配核定

1）燃气纯凝发电机组配额预分配核定

第一步核实供电量数：核实纯凝发电机组 2019—2020 年实际的供电量数据。

核实机组 2019—2020 年实际的供电量数据。

第二步核实机组供电配额量：按纯凝发电机组 2018 年度供电量的 70%，乘以燃气机组供电基准值、供热量修正系数（实际取值为 1），计算得到机组预分配的配额量。

按纯凝发电机组实际供电量，乘以燃气机组供电基准值、供热量修正系数（实际取值为 1），核定机组配额量。

第三步核定配额量与预分配配额量相符性：核定纯凝发电机组的最终配额量与预分配的配额量不一致的，以最终核定的配额量为准，多退少补。

2）燃气热电联产机组配额预分配核定

第一步核算供电量与供热量：核实热电联产机组 2018 年度的供热比、供电量（MW·h）、供热量（GJ）数据。

核实热电联产机组 2019—2020 年的供热比、供电量（MW·h）、供热量（GJ）数据。

第二步核算机组供电配额量：按热电联产机组 2018 年度供电量的 70%，乘以机组供电基准值、供热量修正系数，计算得到机组供电预分配的配额量。

按热电联产机组 2019—2020 年实际的供电量，乘以燃气机组供电基准值、供热量修正系数，核定机组供电配额量。

第三步核实供热机组配额量：按热电联产机组 2018 年度供热量的 70%，乘以燃气机组供热基准值，计算得到机组供热预分配的配额量。

按热电联产机组 2019—2020 年的实际供热量，乘以燃气机组供热基准值，核定机组供热配额量。

第四步核实热电联产机组的配额量：将第二步和第三步的计算结果加总，得到热电联产机组的预分配的配额量。

将第二步和第三步的计算结果加总，得到热电联产机组最终配额量。

第五步核定配额量与预分配配额量相符性：核定的最终配额量与预分配的配额量不

一致的，以最终核定的配额量为准，多退少补。

3．机组配额分配的修正系数

考虑机组固有的技术特性等因素，通过引入修正系数进一步提高同一类别机组配额分配的公平性。各类别机组配额分配的修正系数见表8-4。

4．碳排放基准值及确定原则

（1）发电行业碳排放基准值确定需考虑的要素

①经济增长预期；

②实现控制温室气体排放行动目标；

③疫情对经济社会发展的影响等。

（2）发电行业机组碳排放基准值

2019—2020年各类别机组的碳排放基准值按照表8-3设定。

三、碳排放配额发放

（一）排放单位配额分配机构——省级生态环境主管部门

省级生态环境主管部门根据配额计算方法及预分配流程，按机组年度供电（热）量，通过全国碳排放权注册登记结算系统向本行政区域内的重点排放单位预分配碳排放配额。

（二）碳排放配额分配方式

1．应当书面通知重点排放单位

省级生态环境主管部门确定碳排放配额后，应当书面通知重点排放单位。

2．通过注册登记系统向排放单位预分配碳排放配额

通过全国碳排放权注册登记结算系统向本行政区域内的重点排放单位预分配碳排放配额。

（三）碳排放权注册登记

1．应当在全国碳排放权注册登记系统开立账户

重点排放单位应当在全国碳排放权注册登记系统开立账户，进行相关业务操作。

2．自愿注销的碳排放配额不再进行分配登记

国家鼓励重点排放单位、机构和个人，出于减少温室气体排放等公益目的自愿注销其所持有的碳排放配额。自愿注销的碳排放配额，在国家碳排放配额总量中予以等量核减，不再进行分配、登记。相关注销情况应当向社会公开。

（四）配额发放标准——按 2018 年度供电（热）量的 70% 发放

按机组 2018 年度供电（热）量的 70%，通过全国碳排放权注册登记结算系统（以下简称注登系统）向本行政区域内的重点排放单位预分配 2019—2020 年的配额。

（五）最终配额量与预配额量不一致的认定要求

在完成 2019 年和 2020 年度碳排放数据核查后，按机组 2019 年和 2020 年实际供电（热）量对配额进行最终核定。核定的最终配额量与预分配的配额量不一致的，以最终核定的配额量为准，通过注登系统实行多退少补。

四、配额清缴、抵销与注销

（一）碳排放配额清缴

1. 碳排放配额清缴统一要求

①将省级生态环境主管部门组织核查机构确定的核查结果作为重点排放单位碳排放配额的清缴依据。

②重点排放单位应当根据其温室气体的实际排放量，向分配配额的省级生态环境主管部门及时清缴上一年度的碳排放配额。

③清缴上年度的碳排放配额的规定时限由生态环境部确定。

④重点排放单位的碳排放配额清缴量，应当大于等于省级生态环境主管部门核查确认的该单位上一年度温室气体实际排放量。

⑤重点排放单位足额清缴碳排放配额后，配额仍有剩余的，可以结转使用。

⑥不能足额清缴的，可以通过在全国碳排放权交易市场购买配额等方式完成清缴。

⑦重点排放单位可以出售其依法取得的碳排放配额。

⑧重点排放单位可以购买经过核证并登记的温室气体削减排放量，用于抵销其一定比例的碳排放配额清缴。

⑨重点排放单位应当在完成碳排放配额清缴后，及时公开上一年度温室气体排放情况。

2. 电力行业碳排放配额清缴要求

（1）配额清缴最高值为其获得免费配额量加 20% 的核查排放量

为降低配额缺口较大的重点排放单位所面临的履约负担，在配额清缴相关工作中设定配额履约缺口上限，其值为重点排放单位经核查排放量的 20%，即当重点排放单位配额缺口量占其经核查排放量比例超过 20%时，其配额清缴义务最高为其获得的免费配额量加 20%的核查结果排放量。计算公式为：

$$配额清缴值=获得免费配额量+核查结果排放量×20\%$$

（2）为鼓励燃气机组发展的配额清缴要求

1）核查排放量高于核定的配额量时，应清缴全部配额量

为鼓励燃气机组发展，在燃气机组配额清缴工作中，当燃气机组经核查排放量高于核定的免费配额量时，其配额清缴义务为已获得的全部免费配额量。

2）核查排放量低于核定的配额量时，应清缴排放量等量的配额量

为鼓励燃气机组发展，在燃气机组配额清缴工作中，当燃气机组经核查排放量低于核定的免费配额量时，其配额清缴义务为与燃气机组经核查排放量等量的配额量。

（3）纳入配额管理的单位应按期清缴不少于经核查排放量的配额量

纳入配额管理的重点排放单位应在规定期限内通过注登系统向其生产经营场所所在地省级生态环境主管部门清缴不少于经核查排放量的配额量，履行配额清缴义务，相关工作的具体要求另行通知。

（二）碳排放配额抵销

1. 自愿减排核证量

（1）自愿减排核证

自愿减排核证是通过实施再生能源、林业碳汇、CH_4 利用等项目，实现温室气体减排的替代、吸附或者减少，然后对减排效果进行量化核证，并在国家温室气体自愿减排交易注册登记系统中登记的温室气体减排量。

（2）自愿减排核证的项目

国家鼓励企业事业单位在我国境内实施可再生能源、林业碳汇、CH_4 利用等项目，实现温室气体排放的替代、吸附或者减少。自愿减排核证的项目包括：

1）通过再生能源实现温室气体排放的替代的项目

通过再生能源实现温室气体排放的替代的项目，其项目单位可以申请国务院生态环境主管部门组织对其项目产生的温室气体削减排放量进行核证。

2）通过林业碳汇实现温室气体排放的吸附的项目

通过林业碳汇实现温室气体排放的吸附的项目，其项目单位可以申请国务院生态环境主管部门组织对其项目产生的温室气体削减排放量进行核证。

3）通过 CH_4 利用实现温室气体排放的减少的项目

通过 CH_4 利用实现温室气体排放的减少的项目，其项目单位可以申请国务院生态环境主管部门组织对其项目产生的温室气体削减排放量进行核证。

（3）经核证属实的温室气体削减量国务院生态环境主管部门予以登记

经核证属实的温室气体削减排放量，由国务院生态环境主管部门予以登记。

（4）可以通过购买核证并登记的温室气体削减排放量——用于抵销其一定比例的碳排放配额清缴

重点排放单位可以购买经过核证并登记的温室气体削减排放量，用于抵销其一定比例的碳排放配额清缴。

用于抵销的国家核证自愿减排量，不得来自纳入全国碳排放权交易市场配额管理的减排项目。

（5）核证和登记具体规定由国务院生态环境主管部门制定

温室气体削减排放量的核证和登记具体办法及相关技术规范，由国务院生态环境主管部门制定。

2．抵销量确定

抵销比例不得超过应清缴碳排放配额的 5%：重点排放单位每年可以使用国家核证自愿减排量抵销碳排放配额的清缴，抵销比例不得超过应清缴碳排放配额的 5%。相关规定由生态环境部另行制定。

（三）碳排放配额注销

1．鼓励出于减排目的自愿注销其所持有的碳排放配额

国家鼓励重点排放单位、机构和个人，出于减少温室气体排放等公益目的自愿注销其所持有的碳排放配额。

2．自愿注销的碳排放配额与碳排放配额总量的关系

自愿注销的碳排放配额，在国家碳排放配额总量中予以等量核减，不再进行分配、登记或者交易。

3．注销情况应当向社会公开

碳排放配额相关注销情况应当向社会公开。

五、配额管理有关问题处置

（一）重点排放单位合并、分立与关停情况的配额处理

1．合并、分立、关停的配额变更程序

①在作出决议之日起 30 日内向省级生态环境部门报告。

重点排放单位发生合并、分立、关停或迁出其生产经营场所所在省级行政区域等情

形需要变更单位名称、碳排放配额等事项的，应在作出决议之日起 30 日内报其生产经营场所所在地省级生态环境主管部门审核。

省级生态环境主管部门应根据实际情况，对其已获得的免费配额进行调整，向生态环境部报告并向社会公布相关情况。

②向全国碳排放权注册登记机构申请变更登记。

③全国碳排放权注册登记机构应当通过全国碳排放权注册登记系统进行变更登记，并向社会公开。

2．重点排放单位合并变更的配额核算要求

（1）纳入配额管理的单位之间合并的配额核算要求

①重点排放单位之间合并的，由合并后存续或新设的重点排放单位继承配额，并履行清缴义务。

②合并后的碳排放边界为重点排放单位在合并前各自碳排放边界之和。

（2）纳入配额管理与未纳入配额管理的单位合并配额核算要求

1）由合并后的重点排放单位承继配额

重点排放单位和未纳入配额管理的经济组织合并的，由合并后存续或新设的重点排放单位承继配额，并履行清缴义务。

2）合并后碳排放边界确定

①2019—2020 年的碳排放边界仍以重点排放单位合并前的碳排放边界为准。

②2020 年后对碳排放边界重新核定。

3．重点排放单位分立变更的配额核算要求

重点排放单位分立的，应当明确分立后各重点排放单位的碳排放边界及配额量，并报其生产经营场所所在地省级生态环境主管部门确定。分立后的重点排放单位按照本方案获得相应配额，并履行各自清缴义务。

4．重点排放单位关停或搬迁变更的配额核算要求

（1）关停或迁出应向迁出地和迁入地省级生态环境主管部门报告

重点排放单位关停或迁出原所在省级行政区域的，应在作出决议之日起 30 日内报告迁出地及迁入地省级生态环境主管部门。

（2）关停或迁出前一年度的碳排放管理工作由所在地或迁出地省级生态环境主管部门负责

关停或迁出前一年度产生的 CO_2 排放，由关停单位所在地或迁出地省级生态环境主管部门开展核查、配额分配、交易及履约管理工作。

（3）不再存续单位的剩余配额应收回并不再发放

如重点排放单位关停或迁出后不再存续，2019—2020 年剩余配额由其生产经营场所所在地省级生态环境主管部门收回，2020 年后不再对其发放配额。

（二）地方碳市场配额与国家碳排放市配额衔接关系

①对已参加地方碳市场 2019 年度配额分配但未参加 2020 年度配额分配的重点排放单位，暂不要求参加全国碳市场 2019 年度的配额分配和清缴。

②本方案印发后，地方碳市场不再向纳入全国碳市场的重点排放单位发放配额。

（三）不予发放及收回免费配额情形

重点排放单位的机组有以下情形之一的不予发放配额，已经发放配额的重点排放单位经核查后有以下情形之一的，则按规定收回相关配额。

①违反国家和所在省（区、市）有关规定建设的；

②根据国家和所在省（区、市）有关文件要求应关未关的；

③未依法申领排污许可证，或者未如期提交排污许可证执行报告的。

第九章 碳排放权交易与监督管理

一、碳排放权登记管理

(一) 碳排放权账户管理

1. 碳排放权登记账户管理的内容

全国碳排放权登记账户管理包括持有、变更、清缴、注销的登记及相关业务的监督管理。该账户用于记录全国碳排放权的持有、变更、清缴和注销等信息。注册登记系统记录的信息是判断碳排放配额归属的最终依据。

全国碳排放权登记应当遵循公开、公平、公正、安全和高效的原则。

2. 登记主体

碳排放权登记主体——重点排放单位以及符合规定的机构和个人,是全国碳排放权登记主体。

(1) 登记主体在全国碳排放权登记系统开立登记账户

注册登记机构依申请为登记主体在注册登记系统中开立登记账户,该账户用于记录全国碳排放权的持有、变更、清缴和注销等信息。

(2) 每个登记主体只能开立一个登记账户

每个登记主体只能开立一个登记账户。登记主体应当以本人或者本单位名义申请开立登记账户,不得冒用他人或者其他单位名义或者使用虚假证件登记账户。

(3) 开立登记账户申请应真实、准确、完整、有效

登记主体申请开立登记账户时,应当根据注册登记机构有关规定提供申请材料,并确保相关申请材料真实、准确、完整、有效。委托他人或者其他单位代办的,还应当提供授权委托书等证明委托事项的必要材料。

(4) 申请开立登记账户的材料

登记主体申请开立登记账户的材料中应当包括登记主体基本信息、联系信息以及相

关证明材料等。

（5）信息变更登记

登记主体下列信息发生变化时，应当及时向注册登记机构提交信息变更证明材料，办理登记账户信息变更手续：

①登记主体名称或者姓名；

②营业执照，有效身份证明文件类型、号码及有效期；

③法律法规、部门规章等规定的其他事项。

注册登记机构在完成信息变更材料审核后 5 个工作日内完成账户信息变更并通知登记主体。

联系电话、邮箱、通讯地址等联系信息发生变化的，登记主体应当及时通过注册登记系统在登记账户中予以更新。

（6）登记主体登记账户下发生的一切活动均视为其本人或者本单位行为

登记主体应当妥善保管登记账户的用户名和密码等信息。登记主体登记账户下发生的一切活动均视为其本人或者本单位行为。

（7）登记主体对不合格账户恢复使用的申请

对已采取限制使用等措施的不合格账户，登记主体申请恢复使用的，应当向注册登记机构申请办理账户规范手续。能够规范为合格账户的，注册登记机构应当解除限制使用措施。

（8）登记账户注销的情形

发生下列情形的，登记主体或者依法承继其权利义务的主体应当提交相关申请材料，注销登记账户：

①法人以及非法人组织登记主体因合并、分立、依法被解散或者破产等原因导致主体资格丧失；

②自然人登记主体死亡；

③法律法规、部门规章等规定的其他情况。

登记主体申请注销登记账户时，应当了结其相关业务。申请注销登记账户期间和登记账户注销后，登记主体无法使用该账户进行交易等相关操作。

（9）对登记账户限制使用措施有异议的处理

登记主体对"营业执照与实际情况不符、有效身份证明文件与实际情况不符、发生变化且未按要求及时办理登记账户信息变更手续"等限制使用措施有异议，可以在措施生效后 15 个工作日内向注册登记机构申请复核；注册登记机构应当在收到复核申请后 10 个工作日内予以书面回复。

3．注册登记机构

（1）注册登记机构应在审核通过后完成账户开立

注册登记机构依申请为登记主体在注册登记系统中开立登记账户，该账户用于记录全国碳排放权的持有、变更、清缴和注销等信息。

注册登记机构在收到开户申请后，对登记主体提交相关材料进行形式审核，材料审核通过后5个工作日内完成账户开立并通知登记主体。

（2）注册登记机构应当及时公开登记交易信息

全国碳排放权注册登记机构应当按照国家有关规定，及时公布碳排放权登记、交易、结算等信息，并披露可能影响市场重大变动的相关信息。

（3）注册登记机构的账户信息变更登记要求

注册登记机构在完成信息变更材料审核后 5 个工作日内完成账户信息变更并通知登记主体。

全国碳排放权注册登记机构应当根据全国碳排放权交易机构提供的成交结果，通过全国碳排放权注册登记系统为交易主体及时更新相关信息。

（4）对账户不符合实际情况的应采取限制使用等措施

注册登记机构定期检查登记账户使用情况，发现营业执照、有效身份证明文件与实际情况不符，或者发生变化且未按要求及时办理登记账户信息变更手续的，注册登记机构应当对有关不合格账户采取限制使用等措施，其中涉及交易活动的应当及时通知交易机构。

（5）登记主体对不合格账户申请恢复使用的处理

对已采取限制使用等措施的不合格账户，登记主体申请恢复使用的，应当向注册登记机构申请办理账户规范手续。能够规范为合格账户的，注册登记机构应当解除限制使用措施。

（6）注册登记机构对限制使用措施有异议的处理

登记主体对限制使用措施有异议，可以在措施生效后 15 个工作日内向注册登记机构申请复核；注册登记机构应当在收到复核申请后 10 个工作日内予以书面回复。

（7）注册登记机构根据成交结果办理碳排放配额的清算交收业务

碳排放配额的清算交收业务，由注册登记机构根据交易机构提供的成交结果按规定办理。

（二）碳排放权登记

1．登记原则

全国碳排放权登记应当遵循公开、公平、公正、安全和高效的原则。

2. 登记主体

（1）查询碳排放有关信息

通过注册登记系统查询碳排放配额持有数量、持有状态等信息。

（2）通过注册登记系统办理——核证自愿减排量的抵销登记

重点排放单位可以使用符合生态环境部规定的国家核证自愿减排量抵销配额清缴。用于清缴部分的国家核证自愿减排量应当在国家温室气体自愿减排交易注册登记系统注销，并由重点排放单位向注册登记机构提交有关注销证明材料。注册登记机构核验相关材料后，按照生态环境部相关规定办理抵销登记。

（3）以承继、强制执行等方式转让碳排放配额的应当提供有效的证明文件

碳排放配额以承继、强制执行等方式转让的，登记主体或者依法承继其权利义务的主体应当向注册登记机构提供有效的证明文件，注册登记机构审核后办理变更登记。

3. 注册登记机构

（1）办理初始分配登记

注册登记机构根据生态环境部制订的碳排放配额分配方案和省级生态环境主管部门确定的配额分配结果，为登记主体办理初始分配登记。

（2）根据交易机构提供的成交结果办理交易登记

注册登记机构应当根据交易机构提供的成交结果办理交易登记。

（3）根据省生态环境部门确认的碳排放配额清缴结果办理清缴登记

根据经省级生态环境主管部门确认的碳排放配额清缴结果办理清缴登记。

（4）为登记主体办理自愿注销其所持有的碳排放配额变更登记

登记主体出于减少温室气体排放等公益目的自愿注销其所持有的碳排放配额，办理变更登记当为其办理变更登记，并出具相关证明。

（5）办理承继、强制执行转让的变更登记

碳排放配额以承继、强制执行等方式转让的，登记主体或者依法承继其权利义务的主体应当向注册登记机构提供有效的证明文件，注册登记机构审核后办理变更登记。

（6）配合司法机关冻结登记主体碳排放配额

司法机关要求冻结登记主体碳排放配额的，注册登记机构应当予以配合。

（7）配合司法机关办理司法扣划变更登记

涉及司法扣划的，注册登记机构应当根据人民法院的生效裁判，对涉及登记主体被扣划部分的碳排放配额进行核验，配合办理变更登记并公告。

（三）碳排放权登记信息管理

1. 注册登记系统记录的信息

注册登记系统记录的信息是判断碳排放配额归属的最终依据。

2. 注册登记机构

（1）应当及时公开登记交易信息

全国碳排放权注册登记机构应当按照国家有关规定，及时公布碳排放权登记、交易、结算等信息，并披露可能影响市场重大变动的相关信息。

（2）对涉及国家秘密、商业秘密的应按照相关法律法规执行

注册登记机构应当依照法律、行政法规及生态环境部相关规定建立信息管理制度，对涉及国家秘密、商业秘密的，按照相关法律法规执行。

（3）应当建设灾备系统，确保注册登记系统安全

注册登记机构应当建设灾备系统，建立灾备管理机制和技术支撑体系，确保注册登记系统和交易系统数据、信息安全，实现信息共享与交换。

3. 司法机关和国家监察机关

司法机关和国家监察机关依照法定条件和程序向注册登记机构查询全国碳排放权登记相关数据和资料的，注册登记机构应当予以配合。

（四）碳排放权登记监督管理

1. 生态环境部

生态环境部加强对注册登记机构和注册登记活动的监督管理，可以采取询问注册登记机构及其从业人员、查阅和复制与登记活动有关的信息资料以及法律法规规定的其他措施等进行监管。

2. 注册登记机构保存登记的原始凭证资料应不少于 20 年

注册登记机构应当妥善保存登记的原始凭证及有关文件和资料，保存期限不得少于20 年，并进行凭证电子化管理。

3. 对注册登记机构相关工作人员的要求

（1）各级生态环境主管部门及其相关工作人员

不得持有碳排放配额。已持有碳排放配额的，应当依法予以转让。任何人在成为所列人员时，其本人已持有或者委托他人代为持有的碳排放配额，应当依法转让并办理完成相关手续，向供职单位报告全部转让相关信息并备案在册。

（2）注册登记机构及其工作人员

不得持有碳排放配额。已持有碳排放配额的，应当依法予以转让。任何人在成为所

列人员时，其本人已持有或者委托他人代为持有的碳排放配额，应当依法转让并办理完成相关手续，向供职单位报告全部转让相关信息并备案在册。

（3）交易机构及其工作人员

不得持有碳排放配额。已持有碳排放配额的，应当依法予以转让。任何人在成为所列人员时，其本人已持有或者委托他人代为持有的碳排放配额，应当依法转让并办理完成相关手续，向供职单位报告全部转让相关信息并备案在册。

（4）核查技术服务机构及其工作人员

不得持有碳排放配额。已持有碳排放配额的，应当依法予以转让。任何人在成为所列人员时，其本人已持有或者委托他人代为持有的碳排放配额，应当依法转让并办理完成相关手续，向供职单位报告全部转让相关信息并备案在册。

二、碳排放权交易管理

（一）碳排放权交易

1. 碳排放权交易规则要求

（1）实施碳排放权交易的目的

落实党中央、国务院实施"全国碳排放权交易市场"的决策部署要求；充分发挥市场机制在应对气候变化和促进绿色低碳发展中的作用；推动温室气体减排；规范全国碳排放权交易及相关活动。

（2）碳排放权交易适用范围与对象

1）交易适用活动范围

适用于碳排放配额分配和清缴活动，碳排放权登记、交易和结算活动，温室气体排放报告和核查活动，以及碳排放权交易活动的监督管理活动。

2）交易适用的对象

碳排放权交易适用的温室气体种类和行业范围由生态环境部拟定，按程序报批后实施，并向社会公开。

3）国家与地方碳排放权交易的对象的处置要求

温室气体重点排放单位纳入全国碳排放权交易市场。纳入全国碳排放权交易市场的重点排放单位，不再参与地方碳排放权交易试点市场。非温室气体重点排放单位纳入省级碳排放权交易市场。

（3）碳排放权交易活动原则

①坚持政府引导和市场调节相结合的原则；

②坚持公开、公平、公正的原则；

③坚持温室气体排放控制与经济社会发展相适应；

④坚持市场导向原则；

⑤坚持循序渐进原则；

⑥坚持诚实守信的原则。

（4）碳排放权交易产品与计价

1）碳排放权交易产品

全国碳排放权交易市场的交易产品为碳排放配额，生态环境部可以根据国家有关规定适时增加其他交易产品。

2）碳排放配额交易计价单位

碳排放配额交易以"每吨二氧化碳当量价格"为计价单位。买卖申报量的最小变动计量为 1 t 二氧化碳当量，申报价格的最小变动计量为 0.01 元人民币。

3）碳排放配额交易买卖申报的最小变动计量

碳排放配额交易买卖申报量的最小变动计量为 1 t 二氧化碳当量。申报价格的最小变动计量为 0.01 元人民币。

（5）碳排放权交易及相关服务业务机构

①碳排放权交易主体：重点排放单位、机构和个人。

②碳排放权交易机构：全国碳排放权交易机构。

③注册登记机构：全国碳排放权注册登记机构。

（6）碳排放权交易的系统

碳排放权交易应当通过全国碳排放权交易系统进行。

（7）碳排放权交易方式

碳排放权交易应当通过全国碳排放权交易系统进行，可以采取以下方式进行：

1）协议转让方式

协议转让是指交易双方协商达成一致意见并确认成交的交易方式，包括挂牌协议交易及大宗协议交易。

①挂牌协议交易是指交易主体通过交易系统提交卖出或者买入挂牌申报，意向受让方或者出让方对挂牌申报进行协商并确认成交的交易方式。

②大宗协议交易是指交易双方通过交易系统进行报价、询价并确认成交的交易方式。

2）单向竞价方式

单向竞价是指交易主体向交易机构提出卖出或买入申请，交易机构发布竞价公告，多个意向受让方或者出让方按照规定报价，在约定时间内通过交易系统成交的交易方式。

3）可以其他符合规定的方式

（8）碳排放权交易规则

1）碳排放配额买卖交易申报

碳排放权交易主体买卖交易申报应当在交易机构开立的交易账户申报。

碳排放权交易主体买卖申报在交易系统成交后，交易即告成立。

碳排放权交易主体申报卖出交易产品数量不得超出其交易账户内可交易数量。

碳排放权交易主体申报买入交易产品的相应资金，不得超出其交易账户内的可用资金。

碳排放权交易未成交的买卖申报可以撤销。如未撤销，未成交申报在该日交易结束后自动失效。

碳排放权交易未成交的买卖申报可以撤销，如未撤销的，在该日交易结束后自动失效。

2）碳排放配额买卖交易生效

①碳排放配额买卖交易即刻生效：碳排放配额买卖的申报被交易系统接受后即刻生效。

②碳排放配额买卖交易成交后即告成立：买卖申报在交易系统成交后，交易即告成立。

③碳排放配额买卖交易即告交易生效：符合碳排放权交易规则达成的交易于成立时即告交易生效，买卖双方应当承认交易结果，履行清算交收义务。

④碳排放配额交易账户内交易产品锁定：碳排放配额买卖的申报被交易系统接受后即刻生效，并在当日交易时间内有效，交易主体交易账户内相应的交易产品即被锁定。

⑤碳排放配额交易账户内资金锁定：碳排放配额买卖的申报被交易系统接受后即刻生效，并在当日交易时间内有效，交易主体交易账户内相应的资金即被锁定。

⑥碳排放配额交易成交结果：以交易系统记录的成交数据为准。依照碳排放权交易规则达成的交易，其成交结果以交易系统记录的成交数据为准。

⑦碳排放配额交易已买入的交易产品：当日内不得再次卖出。

⑧碳排放配额交易卖出的交易产品的资金：卖出交易产品的资金可以用于该交易日内的交易。

3）排放权交易机构应当防止过度投机交易

全国碳排放权交易机构应当充分发挥全国碳排放权交易市场引导温室气体减排的作用，并采取有效措施防止过度投机，维护市场健康发展。

4）排放权交易机构应当防止违规操纵碳排放权交易市场

全国碳排放权交易机构应当充分发挥全国碳排放权交易市场引导温室气体减排的作用，禁止任何单位和个人通过欺诈、恶意串通、散布虚假信息等方式操纵碳排放权交易市场。

5）禁止进行碳排放权交易的机构与人员

①各级生态环境主管部门及其工作人员不得持有、买卖碳排放配额；已持有碳排放配额的，应当依法予以转让。

②全国碳排放权注册登记机构及其工作人员不得持有、买卖碳排放配额；已持有碳排放配额的，应当依法予以转让。

③全国碳排放权交易机构及其工作人员不得持有、买卖碳排放配额；已持有碳排放配额的，应当依法予以转让。

④核查技术服务机构及其工作人员不得持有、买卖碳排放配额；已持有碳排放配额的，应当依法予以转让。

6）自愿注销的碳排放配额不再进行交易

①通过注册登记系统办理核证自愿减排量的抵销登记——重点排放单位可以使用符合生态环境部规定的国家核证自愿减排量抵销配额清缴。用于清缴部分的国家核证自愿减排量应当在国家温室气体自愿减排交易注册登记系统注销，并由重点排放单位向注册登记机构提交有关注销证明材料。注册登记机构核验相关材料后，按照生态环境部相关规定办理抵销登记。

②鼓励出于减少温室气体排放等公益目的自愿注销所持有的碳排放配额——国家鼓励重点排放单位、机构和个人，出于减少温室气体排放等公益目的自愿注销其所持有的碳排放配额。

③自愿注销的碳排放配额在国家碳排放配额总量中予以等量核减——自愿注销的碳排放配额，在国家碳排放配额总量中予以等量核减。相关注销情况应当向社会公开。

④自愿注销的碳排放配额不再进行交易——自愿注销的碳排放配额，在国家碳排放配额总量中予以等量核减，不再进行交易。相关注销情况应当向社会公开。

⑤用于抵销的国家核证自愿减排量不纳入全国碳排放权交易市场配额管理的减排项目——用于抵销的国家核证自愿减排量，不得来自纳入全国碳排放权交易市场配额管理的减排项目。

7）碳排放配额的清算交收业务

碳排放配额的清算交收业务，由注册登记机构根据交易机构提供的成交结果按规定办理。

2. 碳排放权交易主体

①全国碳排放权交易主体包括重点排放单位以及符合国家有关交易规则的机构和个人。

②碳排放权交易主体参与全国碳排放权交易，应当在交易机构开立实名交易账户，取得交易编码。

③碳排放权交易主体应当在注册登记机构和结算银行分别开立登记账户。

④碳排放权交易主体应当在注册登记机构和结算银行分别开立资金账户。

⑤每个碳排放权交易主体只能开设一个交易账户。

⑥碳排放权交易主体申报卖出交易产品的数量，不得超出其交易账户内可交易数量。

⑦碳排放权交易主体申报买入交易产品的相应资金，不得超出其交易账户内的可用资金。

⑧碳排放权交易主体可以通过交易机构获取交易凭证及其他相关记录。

3. 碳排放权交易机构

（1）碳排放权交易机构——应防止过度投机维护市场健康发展

全国碳排放权交易机构应当充分发挥全国碳排放权交易市场引导温室气体减排的作用，并采取有效措施防止过度投机，维护市场健康发展。

（2）碳排放权交易机构——禁止任何单位和个人违规操纵碳排放权交易市场

全国碳排放权交易机构应当充分发挥全国碳排放权交易市场引导温室气体减排的作用，禁止任何单位和个人通过欺诈、恶意串通、散布虚假信息等方式操纵碳排放权交易市场。

（3）碳排放权交易机构——可以对不同交易方式设置不同交易时段

交易机构可以对不同交易方式设置不同交易时段，具体交易时段的设置和调整由交易机构公布后报生态环境部备案。

（4）碳排放权交易机构对单笔买卖申报数量进行设定

对不同交易方式的单笔买卖最小申报数量进行设定：交易机构应当对不同交易方式的单笔买卖最小申报数量进行设定，并可以根据市场风险状况进行调整。单笔买卖申报数量的设定和调整，由交易机构公布后报生态环境部备案。

对不同交易方式的单笔买卖申报最大数量进行设定：交易机构应当对不同交易方式的单笔买卖最大申报数量进行设定，并可以根据市场风险状况进行调整。单笔买卖申报数量的设定和调整，由交易机构公布后报生态环境部备案。

（5）碳排放权交易机构应按规定实现数据及时、准确、安全交换

全国碳排放权交易机构应当按照国家有关规定，实现数据及时、准确、安全交换。

（6）碳排放权交易机构应及时公布碳排放权交易的相关信息

应当按照国家有关规定，及时公布碳排放权登记、交易、结算等信息，并披露可能影响市场重大变动的相关信息。

（7）碳排放权交易机构交易相关文件和资料保存不得少于 20 年

交易机构应当妥善保存交易相关的原始凭证及有关文件和资料，保存期限不得少于 20 年。

（二）碳排放权交易风险管理

1．生态环境主管部门

（1）建立碳排放权交易风险防控措施有关制度

国务院生态环境主管部门应当会同国务院有关部门加强碳排放权交易风险管理，指导和监督全国碳排放权交易机构：

建立涨跌幅限制措施制度、最大持有量限制措施制度、大户报告措施制度、风险警示措施制度、异常交易监控措施制度、风险准备金措施制度、重大交易临时限制措施制度。

（2）建立碳排放权交易市场调节保护机制

生态环境部可以根据维护全国碳排放权交易市场健康发展的需要，建立市场调节保护机制。当交易价格出现异常波动触发调节保护机制时，生态环境部可以采取公开市场操作、调节国家核证自愿减排量使用方式等措施，进行必要的市场调节。

2．交易机构

（1）应建立风险管理制度

交易机构应建立风险管理制度，并报生态环境部备案。

（2）应防止过度的投机交易行为

全国碳排放权交易机构应当按照生态环境部有关规定，采取有效措施，发挥全国碳排放权交易市场引导温室气体减排的作用，防止过度投机的交易行为，维护市场健康发展。

（3）交易机构实行涨跌幅限制制度

交易机构应当设定不同交易方式的涨跌幅比例，并可以根据市场风险状况对涨跌幅比例进行调整。

（4）交易机构实行最大持仓量限制制度

交易机构对交易主体的最大持仓量进行实时监控，注册登记机构应当对交易机构实时监控提供必要支持。

（5）对最大持仓量限额进行调整

交易机构可以根据市场风险状况，对最大持仓量限额进行调整。

（6）交易机构实行大户报告制度

交易机构实行大户报告制度。交易主体的持仓量达到交易机构规定的大户报告标准的，交易主体应当向交易机构报告。

（7）交易机构实行风险警示制度

交易机构可以采取要求交易主体报告情况、发布书面警示和风险警示公告、限制交易等措施，警示和化解风险。

（8）交易机构应当建立风险准备金制度

风险准备金是指由交易机构设立，用于为维护碳排放权交易市场正常运转提供财务担保和弥补不可预见风险带来的亏损的资金。风险准备金应当单独核算，专户存储。

（9）交易机构实行异常交易监控制度

交易主体违反本规则或者交易机构业务规则、对市场正在产生或者将产生重大影响的，交易机构可以对该交易主体采取以下临时措施：

①限制资金或者交易产品的划转和交易；

②限制相关账户使用。

上述措施涉及注册登记机构的，应当及时通知注册登记机构。

（10）对不可抗力导致无法正常交易的可以采取暂停交易措施

因不可抗力、不可归责于交易机构的重大技术故障等原因导致部分或者全部交易无法正常进行的，交易机构可以采取暂停交易措施。导致暂停交易的原因消除后，交易机构应当及时恢复交易。

（11）采取暂停交易、恢复交易等措施时应当予以公告

交易机构采取暂停交易、恢复交易等措施时，应当予以公告，并向生态环境部报告。

3．注册登记机构

（1）对交易机构实时监控提供必要支持

交易机构对交易主体的最大持仓量进行实时监控，注册登记机构应当对交易机构实时监控提供必要支持。

（2）交易机构实行异常交易监控时应当及时通知注册登记机构

交易主体违反本规则或者交易机构业务规则、对市场正在产生或者将产生重大影响的，交易机构可以对该交易主体采取以下临时措施：

①限制资金或者交易产品的划转和交易；

②限制相关账户使用。

上述临时措施涉及注册登记机构的，应当及时通知注册登记机构。

（3）注册登记机构应按规定实现数据及时、准确、安全交换

全国碳排放权注册登记机构应当按照国家有关规定，实现数据及时、准确、安全交换。

4．交易主体

①交易主体交易产品持仓量不得超过交易机构规定的限额；

②交易主体的持仓量达到交易机构规定的大户报告标准的，交易主体应当向交易机构报告。

（三）碳排放权交易信息管理

1. 重点排放单位信息披露

重点排放单位应当在完成碳排放配额清缴后，及时公开上一年度温室气体排放情况。

2. 交易机构信息披露

①交易机构应建立信息披露与管理制度，并报生态环境部备案。

②应当按照国家有关规定，及时公布碳排放权登记、交易、结算等信息，并披露可能影响市场重大变动的相关信息。

根据市场发展需要，交易机构可以调整信息发布的具体方式和相关内容。

③交易机构应当在每个交易日发布碳排放配额交易行情等公开信息，定期编制并发布反映市场成交情况的各类报表。

根据市场发展需要，交易机构可以调整信息发布的具体方式和相关内容。

④交易机构应当与注册登记机构建立管理协调机制，实现交易系统与注册登记系统的互联互通，确保相关数据和信息及时、准确、安全、有效交换。

⑤交易机构应当建立交易系统的灾备系统，建立灾备管理机制和技术支撑体系，确保交易系统和注册登记系统数据、信息安全。

⑥交易机构不得发布或者串通其他单位和个人发布虚假信息或者误导性陈述。

3. 注册登记机构信息披露

交易机构应当与注册登记机构建立管理协调机制，实现交易系统与注册登记系统的互联互通，确保相关数据和信息及时、准确、安全、有效交换。

4. 生态环境主管部门信息披露

省级生态环境主管部门应当及时公开重点排放单位碳排放配额清缴情况。

（四）碳排放权交易监督管理

1. 生态环境部门监督管理

（1）生态环境部

1）对交易机构和交易活动的监督管理

生态环境部加强对交易机构和交易活动的监督管理，可以采取询问交易机构及其从业人员、查阅和复制与交易活动有关的信息资料以及法律法规规定的其他措施等进行监管。

2）定期公开重点排放单位年度碳排放配额清缴情况等信息

生态环境部和省级生态环境主管部门，应当按照职责分工，定期公开重点排放单位年度碳排放配额清缴情况等信息。

（2）生态环境部门上级对下级的监督检查和指导要求

上级生态环境主管部门应当加强对下级生态环境主管部门的重点排放单位名录确定、全国碳排放权交易及相关活动情况的监督检查和指导。

（3）生态环境部门对重点排放单位的监督检查要求

①县级以上生态环境主管部门可以采取下列措施，对重点排放单位进行监督管理：

a. 现场检查；

b. 查阅、复制有关文件资料，查询、检查有关信息系统；

c. 要求就有关问题作出解释说明。

②设区的市级以上地方生态环境主管部门根据对重点排放单位温室气体排放报告的核查结果，确定监督检查重点和频次。

③设区的市级以上地方生态环境主管部门应当采取"双随机、一公开"的方式，监督检查重点排放单位温室气体排放和碳排放配额清缴情况，相关情况按程序报生态环境部。

④省级生态环境主管部门应当按照职责分工，定期公开重点排放单位年度碳排放配额清缴情况等信息。

（4）对核查技术服务机构的监督管理要求

县级以上生态环境主管部门可以采取下列措施，对重点排放单位等交易主体和核查技术服务机构进行监督管理：

①现场检查；

②查阅、复制有关文件资料，查询、检查有关信息系统；

③要求就有关问题作出解释说明。

（5）对全国碳排放权注册登记机构和交易机构的监督管理要求

①应当遵守国家交易监管等相关规定；

②建立风险管理机制和信息披露制度；

③制定风险管理预案；

④及时公布碳排放权登记、交易、结算等信息。

⑤全国碳排放权注册登记机构和全国碳排放权交易机构的工作人员不得利用职务便利谋取不正当利益，不得泄露商业秘密。

2．交易机构监督管理

（1）交易机构应当定期向生态环境部报告交易有关情况

交易机构应当定期向生态环境部报告的事项包括交易机构运行情况、年度工作报告情况、经会计师事务所审计的年度财务报告情况、财务预决算方案情况、重大开支项目情况等。

（2）交易机构应当及时向生态环境部报告交易出现的重大变化情况

交易机构应当及时向生态环境部报告的事项包括交易价格出现连续涨跌停或者大幅波动、发现重大业务风险和技术风险、重大违法违规行为或者涉及重大诉讼、交易机构治理和运行管理等出现重大变化等。

（3）交易机构对全国碳排放权交易相关信息负有保密义务

①交易机构对全国碳排放权交易相关信息负有保密义务。

②交易机构工作人员应当忠于职守、依法办事，除用于信息披露的信息之外，不得泄露所知悉的市场交易主体的账户信息和业务信息等信息。

③交易系统软硬件服务提供者不得泄露全国碳排放权交易或者服务中获取的商业秘密。

④全国碳排放权交易服务参与者不得泄露全国碳排放权交易或者服务中获取的商业秘密。

⑤全国碳排放权交易服务介入者不得泄露全国碳排放权交易或者服务中获取的商业秘密。

（4）交易机构对全国碳排放权交易进行实时监控和风险控制

交易机构对全国碳排放权交易进行实时监控和风险控制，监控内容主要包括交易主体的交易及其相关活动的异常业务行为，可能造成市场风险的全国碳排放权交易行为。

（5）交易机构可以对操纵扰乱交易市场秩序的行为采取适当措施并公告

禁止任何机构和个人通过直接或者间接的方法，操纵或者扰乱全国碳排放权交易市场秩序、妨碍或者有损公正交易的行为。因为上述原因造成严重后果的交易，交易机构可以采取适当措施并公告。

3. 有关人员的监督管理

禁止内幕信息知情人从事碳排放权交易活动

（1）内幕信息

全国碳排放权交易活动中，涉及交易经营、财务或者对碳排放配额市场价格有影响的尚未公开的信息及其他相关信息内容，属于内幕信息。

（2）禁止内幕信息的知情人从事全国碳排放权交易活动

禁止内幕信息的知情人、非法获取内幕信息的人员利用内幕信息从事全国碳排放权交易活动。

（3）禁止非法获取内幕信息的人员从事全国碳排放权交易活动

禁止内幕信息的知情人、非法获取内幕信息的人员利用内幕信息从事全国碳排放权交易活动。

（4）禁止任何机构和个人操纵或者扰乱全国碳排放权交易市场秩序的行为

禁止任何机构和个人通过直接或者间接的方法，操纵或者扰乱全国碳排放权交易市场秩序、妨碍或者有损公正交易的行为。因为上述原因造成严重后果的交易，交易机构可以采取适当措施并公告。

4．社会监督

（1）社会监督

鼓励公众、新闻媒体等对重点排放单位和其他交易主体的碳排放权交易及相关活动进行监督。

（2）交易主体接受社会监督

重点排放单位和其他交易主体应当按照生态环境部有关规定，及时公开有关全国碳排放权交易及相关活动信息，自觉接受公众监督。

（3）举报监督

公民、法人和其他组织发现重点排放单位和其他交易主体有违反本办法规定行为的，有权向设区的市级以上地方生态环境主管部门举报。

接受举报的生态环境主管部门应当依法予以处理，并按照有关规定反馈处理结果，同时为举报人保密。

（五）碳排放权交易争议处置

1．交易主体之间发生交易纠纷处置

①交易主体之间发生有关全国碳排放权交易纠纷的解决途径

a. 可以自行协商解决。

b. 可以向交易机构提出调解申请。

c. 可以依法向仲裁机构申请仲裁。

d. 可以依法向人民法院提起诉讼。

②交易主体间发生交易纠纷的，当事人均应当记录有关情况，以备查阅。

③交易纠纷影响正常交易的，交易机构应当及时采取止损措施。

2．交易机构和交易主体纠纷处置

①交易机构与交易主体之间发生有关全国碳排放权交易纠纷的解决途径：

a. 可以自行协商解决。

b. 可以依法向仲裁机构申请仲裁。

c. 可以依法向人民法院提起诉讼。

②交易机构和交易主体发生交易纠纷的，当事人均应当记录有关情况，以备查阅。

③交易纠纷影响正常交易的，交易机构应当及时采取止损措施。

三、碳排放权结算管理

（一）资金结算账户管理

1．注册登记机构

（1）注册登记机构在碳排放权结算管理职责

注册登记机构负责全国碳排放权交易的统一结算，全国碳排放权交易的管理交易结算资金，全国碳排放权交易的防范结算风险。

（2）碳排放权交易结算应通过符合条件的商业银行办理

①注册登记机构应当选择符合条件的商业银行作为结算银行。

②在结算银行开立交易结算资金专用账户。

③用于存放各交易主体的交易资金和相关款项。

④应当通过结算银行所开设的专用账户办理。

⑤注册登记机构对各交易主体存入交易结算资金专用账户的交易资金实行分账管理。

（3）注册登记机构应与结算银行签订结算协议保障交易结算资金安全

注册登记机构应与结算银行签订结算协议，依据中国人民银行等有关主管部门的规定和协议约定，保障各交易主体存入交易结算资金专用账户的交易资金安全。

2．结算银行

结算银行依据规定和协议约定应保障交易结算资金的安全——注册登记机构应与结算银行签订结算协议，依据中国人民银行等有关主管部门的规定和协议约定，保障各交易主体存入交易结算资金专用账户的交易资金安全。

（二）结算

1．注册登记机构

（1）在当日交易结束后

在当日交易结束后，注册登记机构应当根据交易系统的成交结果，按照货银对付的原则，以每个交易主体为结算单位，通过注册登记系统进行碳排放配额与资金的逐笔全额清算和统一交收。

注：清算是指按照确定的规则计算碳排放权和资金的应收应付数额的行为。

（2）当日完成清算后

当日完成清算后，注册登记机构应当将结果反馈给交易机构。经双方确认无误后，注册登记机构根据清算结果完成碳排放配额和资金的交收。

注：交收是指根据确定的清算结果，通过变更碳排放权和资金履行相关债权债务的行为。

（3）当日结算完成后

当日结算完成后，注册登记机构向交易主体发送结算数据。如遇到特殊情况导致注册登记机构不能在当日发送结算数据的，注册登记机构应及时通知相关交易主体，并采取限制出入金等风险管控措施。

2. 交易主体

（1）交易主体应当及时核对当日结算结果，对结算结果有异议的，应在下一交易日开市前，以书面形式向注册登记机构提出。

（2）交易主体在规定时间内没有对结算结果提出异议的，视作认可结算结果。

（三）监督与风险管理

1. 注册登记机构

（1）对结算过程采取的监督措施

①专岗专人。根据结算业务流程分设专职岗位，防范结算操作风险。

②分级审核。结算业务采取两级审核制度，初审负责结算操作及银行间头寸划拨的准确性、真实性和完整性，复审负责结算事项的合法合规性。

注：头寸是指银行当前所有可以运用的资金的总和，主要包括在中国人民银行的超额准备金、存放同业清算款项净额、银行存款以及现金等部分。

③信息保密。注册登记机构工作人员应当对结算情况和相关信息严格保密。

（2）对全国碳排放权结算业务实施风险防范和控制

注册登记机构应当制定完善的风险防范制度；注册登记机构应当构建完善的技术系统和应急响应程序；注册登记机构应当对全国碳排放权结算业务实施风险防范和控制。

（3）建立结算风险准备金制度

①结算风险准备金由注册登记机构设立，用于垫付或者弥补因违约交收、技术故障、操作失误、不可抗力等造成的损失。

②结算风险准备金应当单独核算，专户存储。

（4）与交易机构相互配合建立碳排放权交易结算风险联防联控制度

注册登记机构应当与交易机构相互配合，建立全国碳排放权交易结算风险联防联控制度。

（5）出现异常情况应及时发布异常情况公告并采取紧急措施化解风险

当出现以下情形之一的，注册登记机构应当及时发布异常情况公告，采取紧急措施化解风险：

①因不可抗力、不可归责于注册登记机构的重大技术故障等原因导致结算无法正常进行；

②交易主体及结算银行出现结算、交收危机，对结算产生或者将产生重大影响。

（6）注册登记机构实行风险警示制度

注册登记机构认为有必要的，可以采取发布风险警示公告，或者采取限制账户使用等措施，以警示和化解风险，涉及交易活动的应当及时通知交易机构。

（7）发出风险警示并采取限制账户使用处置措施的情形

出现下列情形之一的，注册登记机构可以要求交易主体报告情况，向相关机构或者人员发出风险警示并采取限制账户使用等处置措施：

①交易主体碳排放配额、资金持仓量变化波动较大；

②交易主体的碳排放配额被法院冻结、扣划的；

③其他违反国家法律、行政法规和部门规章规定的情况。

（8）对交易主体发生交收违约的处理

①交易主体发生交收违约的，注册登记机构应当通知交易主体在规定期限内补足资金。

②交易主体发生交收违约，未在规定时间内补足资金的，注册登记机构应当使用结算风险准备金或自有资金予以弥补，并向违约方追偿。

2．交易机构

注册登记机构应当与交易机构相互配合，建立全国碳排放权交易结算风险联防联控制度。

3．结算业务银行

提供结算业务的银行不得参与碳排放权交易。

4．交易主体

（1）交易主体发生交收违约处理

①交易主体发生交收违约的，注册登记机构应当通知交易主体在规定期限内补足资金。

②交易主体发生交收违约，未在规定时间内补足资金的，注册登记机构应当使用结算风险准备金或自有资金予以弥补，并向违约方追偿。

（2）交易主体涉嫌重大违法违规的查处

①交易主体涉嫌重大违法违规，正在被司法机关调查的，注册登记机构可以对其采取限制登记账户使用的措施，其中涉及交易活动的应当及时通知交易机构，经交易机构确认后采取相关限制措施。

②交易主体涉嫌重大违法违规，正在被国家监察机关调查的，注册登记机构可以对

其采取限制登记账户使用的措施，其中涉及交易活动的应当及时通知交易机构，经交易机构确认后采取相关限制措施。

③交易主体涉嫌重大违法违规，正在被生态环境部调查的，注册登记机构可以对其采取限制登记账户使用的措施，其中涉及交易活动的应当及时通知交易机构，经交易机构确认后采取相关限制措施。

第三篇

碳达峰与碳中和

第十章　碳达峰与碳中和的实施目的及方法措施要求

一、2030 年前实现碳达峰

（一）CO_2 排放下降目标要求

到 2030 年，中国单位国内生产总值 CO_2 排放将比 2005 年下降 65%以上。

（二）非化石能源占一次能源消费上升比重要求

到 2030 年，中国非化石能源占一次能源消费比重将达到 25%左右。

1. 煤炭达峰

当煤炭达峰时，煤炭的消费就不能再增长，所以就倒逼发展转型，从高度依赖化石能源的发展模式走向非化石能源支撑的新的发展模式。

2. 石油达峰

整个碳中和不仅包括煤炭大量减少，还包括石油大量减少。

3. 天然气达峰

未来天然气也要达峰，因此，从现在包括煤炭在内的化石能源行业，应该赶紧考虑怎么早日转型。

（三）森林蓄积量增加要求

到 2030 年，中国森林蓄积量将比 2005 年增加 60 亿 m^3。

（四）风电、太阳能装机容量增加要求

到 2030 年，中国风电、太阳能发电总装机容量将达到 12 亿 kW 以上。

（五）制定 2030 年前碳排放达峰行动方案

落实 2030 年应对气候变化国家自主贡献目标，制定 2030 年前碳排放达峰行动方案。

（六）碳达峰将在未来十年深刻地影响我国方方面面

2030 年实现碳达峰，这样一个目标和愿景将在未来的几年深刻地影响我国的经济、能源、产业、科技、投资、金融等方方面面的发展。

二、2060 年前实现碳中和

（一）实现碳中和的方式

通过植树造林、节能减排、产业调整等形式控制和抵销 CO_2 排放从而实现碳中和。

（二）碳中和将在未来的几十年深刻地影响我国方方面面

2060 年实现碳中和，这样一个目标和愿景将在未来的几十年深刻地影响我国的经济、能源、产业、科技、投资、金融等方方面面的发展。

三、实现碳达峰与碳中和的目的

一是我们对国际社会做出的庄严承诺。

二是我国经济社会全面绿色转型的目标和方向。

三是它不仅仅是对应对气候变化工作提出的要求，更是对我们国家未来经济高质量发展和生态文明建设提出的明确要求：

"碳中和"驱动能源新旧转换，提升国家能源安全；

"碳中和"倒逼产能提效降耗，加速产业转型升级；

"碳中和"发掘中国优势，进一步提升中国影响力。

四是把实现碳达峰和碳中和转化为我们国家经济社会全面转型的重大机遇。

到 2060 年，中国如果实现碳中和，意味着中国会摆脱对外部能源进口的依赖。碳中和的背景下，"石油地缘政治时代"被完全打破，传统石油出口国将面临全面利益丧失。国际竞争的焦点也将逐渐转移到低碳技术价值链的控制上，也就是新能源和低碳技术的价值链将会成为重中之重。

四、实现碳达峰与碳中和的监督管理措施

（一）制定 2030 年碳达峰行动方案

①生态环境部门将会同有关部门明确工作任务、建立工作机制、完善保障措施，明确地方和重点行业的达峰目标、路线图、行动方案和配套措施。

②支持有条件的地方率先达峰，支持国家自主贡献重点项目建设，切实把实现国家目标转化为地方、部门和行业的实际行动。

③鼓励能源、工业、交通、建筑等重点领域制定达峰专项方案。

④推动钢铁、建材、有色、化工、石化、电力、煤炭等重点行业提出明确的达峰目标并制定达峰行动方案。

⑤在"十四五"期间要坚决遏制高耗能、高排放项目的盲目发展。

（二）将应对气候变化要求纳入"三线一单"、环境影响评价体系

将应对气候变化要求纳入"三线一单"（生态保护红线、环境质量底线、资源利用上线和生态环境准入清单）生态环境分区管控体系，通过规划环评、项目环评推动区域、行业和企业落实煤炭消费削减替代、温室气体排放控制等政策要求，推动将气候变化影响纳入环境影响评价。

（三）推进经济社会发展全面绿色转型

1. 强化绿色低碳发展规划引领

（1）将碳达峰、碳中和目标要求全面融入经济社会发展中长期规划

将碳达峰、碳中和目标要求全面融入经济社会发展中长期规划，强化国家发展规划、国土空间规划、专项规划、区域规划和地方各级规划的支撑保障。

（2）加强各级各类规划协调一致

加强各级各类规划间衔接协调，确保各地区各领域落实碳达峰、碳中和的主要目标、发展方向、重大政策、重大工程等协调一致。

2. 优化绿色低碳发展区域布局

（1）构建有利于碳达峰、碳中和的国土空间开发保护新格局

持续优化重大基础设施、重大生产力和公共资源布局，构建有利于碳达峰、碳中和的国土空间开发保护新格局。

（2）强化实施区域重大战略中的绿色低碳发展导向和任务要求

在京津冀协同发展、长江经济带发展、粤港澳大湾区建设、长三角一体化发展、黄河流域生态保护和高质量发展等区域重大战略实施中，强化绿色低碳发展导向和任务要求。

3. 加快形成绿色生产生活方式

①大力推动节能减排，全面推进清洁生产，加快发展循环经济，加强资源综合利用，不断提升绿色低碳发展水平。

②扩大绿色低碳产品供给和消费，倡导绿色低碳生活方式。

③把绿色低碳发展纳入国民教育体系。

④开展绿色低碳社会行动示范创建。

⑤凝聚全社会共识，加快形成全民参与的良好格局。

（四）深度调整产业结构

1. 推动产业结构优化升级

①加快推进农业绿色发展，促进农业固碳增效。

②制定能源、钢铁、有色金属、石化化工、建材、交通、建筑等行业和领域碳达峰实施方案。

③以节能降碳为导向，修订产业结构调整指导目录。

④开展钢铁、煤炭去产能"回头看"，巩固去产能成果。

⑤加快推进工业领域低碳工艺革新和数字化转型。

⑥开展碳达峰试点园区建设。

⑦加快商贸流通、信息服务等绿色转型，提升服务业低碳发展水平。

2. 坚决遏制高耗能高排放项目盲目发展

①对"两高"项目实现源头严防、过程严管、后果严惩，从而推动绿色转型和高质量发展。

②新建、改建、扩建"两高"项目必须满足碳排放达峰目标，碳排放影响评价纳入环境影响评价体系等。

③新改扩建"两高"项目须符合生态环境保护法律法规和相关法定规划要求，满足重点污染物排放总量控制、碳排放达峰目标、生态环境准入清单、相关规划环评和相应行业建设项目环境准入条件、环评文件审批原则要求。

④对炼油、乙烯、钢铁、焦化、煤化工、燃煤发电、电解铝、水泥熟料、平板玻璃、铜铅锌硅冶炼等环境影响大或环境风险高的项目类别，不得以改革试点名义随意下放环评审批权限或降低审批要求。

⑤新建、扩建钢铁、水泥、平板玻璃、电解铝等高耗能高排放项目严格落实产能等

量或减量置换。

⑥出台煤电、石化、煤化工等产能控制政策。

⑦未纳入国家有关领域产业规划的，一律不得新建改扩建炼油和新建乙烯、对二甲苯、煤制烯烃项目。

⑧合理控制煤制油气产能规模。

⑨提升高耗能高排放项目能耗准入标准。

⑩加强产能过剩分析预警和窗口指导。

3. 大力发展绿色低碳产业

①加快发展新一代信息技术、生物技术、新能源、新材料、高端装备、新能源汽车、绿色环保以及航空航天、海洋装备等战略性新兴产业。

②建设绿色制造体系。

③推动互联网、大数据、人工智能、第五代移动通信（5G）等新兴技术与绿色低碳产业深度融合。

（五）加快构建清洁低碳安全高效能源体系

1. 强化能源消费强度和总量双控

①坚持节能优先的能源发展战略，严格控制能耗和二氧化碳排放强度，合理控制能源消费总量，统筹建立二氧化碳排放总量控制制度。

②做好产业布局、结构调整、节能审查与能耗双控的衔接，对能耗强度下降目标完成形势严峻的地区实行项目缓批限批、能耗等量或减量替代。

③强化节能监察和执法，加强能耗及二氧化碳排放控制目标分析预警，严格责任落实和评价考核。加强甲烷等非二氧化碳温室气体管控。

2. 大幅提升能源利用效率

①把节能贯穿于经济社会发展全过程和各领域，持续深化工业、建筑、交通运输、公共机构等重点领域节能，提升数据中心、新型通信等信息化基础设施能效水平。

②健全能源管理体系，强化重点用能单位节能管理和目标责任。

③瞄准国际先进水平，加快实施节能降碳改造升级，打造能效"领跑者"。

3. 严格控制化石能源消费

①加快煤炭减量步伐，"十四五"时期严控煤炭消费增长，"十五五"时期逐步减少。

②石油消费"十五五"时期进入峰值平台期。

③统筹煤电发展和保供调峰，严控煤电装机规模，加快现役煤电机组节能升级和灵活性改造。

④逐步减少直至禁止煤炭散烧。

⑤加快推进页岩气、煤层气、致密油气等非常规油气资源规模化开发。

⑥强化风险管控，确保能源安全稳定供应和平稳过渡。

4. 积极发展非化石能源

①实施可再生能源替代行动，大力发展风能、太阳能、生物质能、海洋能、地热能等，不断提高非化石能源消费比重。

②坚持集中式与分布式并举，优先推动风能、太阳能就地就近开发利用。

③因地制宜开发水能。

④积极安全有序发展核电。

⑤合理利用生物质能。

⑥加快推进抽水蓄能和新型储能规模化应用。

⑦统筹推进氢能"制储输用"全链条发展。

⑧构建以新能源为主体的新型电力系统，提高电网对高比例可再生能源的消纳和调控能力。

5. 深化能源体制机制改革

①全面推进电力市场化改革，加快培育发展配售电环节独立市场主体，完善中长期市场、现货市场和辅助服务市场衔接机制，扩大市场化交易规模。

②推进电网体制改革，明确以消纳可再生能源为主的增量配电网、微电网和分布式电源的市场主体地位。

③加快形成以储能和调峰能力为基础支撑的新增电力装机发展机制。

④完善电力等能源品种价格市场化形成机制。

⑤从有利于节能的角度深化电价改革，理顺输配电价结构，全面放开竞争性环节电价。

⑥推进煤炭、油气等市场化改革，加快完善能源统一市场。

（六）加快推进低碳交通运输体系建设

1. 优化交通运输结构

①加快建设综合立体交通网，大力发展多式联运，提高铁路、水路在综合运输中的承运比重，持续降低运输能耗和二氧化碳排放强度。

②优化客运组织，引导客运企业规模化、集约化经营。

③加快发展绿色物流，整合运输资源，提高利用效率。

2. 推广节能低碳型交通工具

①加快发展新能源和清洁能源车船，推广智能交通，推进铁路电气化改造，推动加氢站建设，促进船舶靠港使用岸电常态化。

②加快构建便利高效、适度超前的充换电网络体系。

③提高燃油车船能效标准，健全交通运输装备能效标识制度，加快淘汰高耗能高排放老旧车船。

3.积极引导低碳出行

①加快城市轨道交通、公交专用道、快速公交系统等大容量公共交通基础设施建设，加强自行车专用道和行人步道等城市慢行系统建设。

②综合运用法律、经济、技术、行政等多种手段，加大城市交通拥堵治理力度。

（七）提升城乡建设绿色低碳发展质量

1. 推进城乡建设和管理模式低碳转型

①在城乡规划建设管理各环节全面落实绿色低碳要求。

②推动城市组团式发展，建设城市生态和通风廊道，提升城市绿化水平。

③合理规划城镇建筑面积发展目标，严格管控高能耗公共建筑建设。

④实施工程建设全过程绿色建造，健全建筑拆除管理制度，杜绝大拆大建。

⑤加快推进绿色社区建设，结合实施乡村建设行动，推进县城和农村绿色低碳发展。

2. 大力发展节能低碳建筑

①持续提高新建建筑节能标准，加快推进超低能耗、近零能耗、低碳建筑规模化发展。

②大力推进城镇既有建筑和市政基础设施节能改造，提升建筑节能低碳水平。

③逐步开展建筑能耗限额管理，推行建筑能效测评标识，开展建筑领域低碳发展绩效评估。

④全面推广绿色低碳建材，推动建筑材料循环利用。

⑤发展绿色农房。

3. 加快优化建筑用能结构

①深化可再生能源建筑应用，加快推动建筑用能电气化和低碳化。

②开展建筑屋顶光伏行动，大幅提高建筑采暖、生活热水、炊事等电气化普及率。

③在北方城镇加快推进热电联产集中供暖，加快工业余热供暖规模化发展，积极稳妥推进核电余热供暖，因地制宜推进热泵、燃气、生物质能、地热能等清洁低碳供暖。

（八）加强绿色低碳重大科技攻关和推广应用

1. 强化基础研究和前沿技术布局

①制定科技支撑碳达峰、碳中和行动方案，编制碳中和技术发展路线图。

②采用"揭榜挂帅"机制，开展低碳、零碳、负碳和储能新材料、新技术、新装备

攻关。

③加强气候变化成因及影响、生态系统碳汇等基础理论和方法研究。

④推进高效率太阳能电池、可再生能源制氢、可控核聚变、零碳工业流程再造等低碳前沿技术攻关。

⑤培育一批节能降碳和新能源技术产品研发国家重点实验室、国家技术创新中心、重大科技创新平台。

⑥建设碳达峰、碳中和人才体系，鼓励高等学校增设碳达峰、碳中和相关学科专业。

2. 加快先进适用技术研发和推广

①深入研究支撑风电、太阳能发电大规模友好并网的智能电网技术。

②加强电化学、压缩空气等新型储能技术攻关、示范和产业化应用。

③加强氢能生产、储存、应用关键技术研发、示范和规模化应用。

④推广园区能源梯级利用等节能低碳技术。

⑤推动气凝胶等新型材料研发应用。

⑥推进规模化碳捕集利用与封存技术研发、示范和产业化应用。

⑦建立完善绿色低碳技术评估、交易体系和科技创新服务平台。

（九）持续巩固提升碳汇能力

1. 巩固生态系统碳汇能力

①强化国土空间规划和用途管控，严守生态保护红线，严控生态空间占用，稳定现有森林、草原、湿地、海洋、土壤、冻土、岩溶等固碳作用。

②严格控制新增建设用地规模，推动城乡存量建设用地盘活利用。

③严格执行土地使用标准，加强节约集约用地评价，推广节地技术和节地模式。

2. 提升生态系统碳汇增量

①实施生态保护修复重大工程，开展山水林田湖草沙一体化保护和修复。

②深入推进大规模国土绿化行动，巩固退耕还林还草成果，实施森林质量精准提升工程，持续增加森林面积和蓄积量。

③加强草原生态保护修复，强化湿地保护。

④整体推进海洋生态系统保护和修复，提升红树林、海草床、盐沼等固碳能力。

⑤开展耕地质量提升行动，实施国家黑土地保护工程，提升生态农业碳汇。

⑥积极推动岩溶碳汇开发利用。

（十）提高对外开放绿色低碳发展水平

1. 加快建立绿色贸易体系

①持续优化贸易结构，大力发展高质量、高技术、高附加值绿色产品贸易。

②完善出口政策，严格管理高耗能高排放产品出口。

③积极扩大绿色低碳产品、节能环保服务、环境服务等进口。

2. 推进绿色"一带一路"建设

①加快"一带一路"投资合作绿色转型。

②支持共建"一带一路"国家开展清洁能源开发利用。

③大力推动南南合作，帮助发展中国家提高应对气候变化能力。

④深化与各国在绿色技术、绿色装备、绿色服务、绿色基础设施建设等方面的交流与合作，积极推动我国新能源等绿色低碳技术和产品"走出去"，让绿色成为共建"一带一路"的底色。

3. 加强国际交流与合作

①积极参与应对气候变化国际谈判，坚持我国发展中国家定位，坚持共同但有区别的责任原则、公平原则和各自能力原则，维护我国发展权益。

②履行《联合国气候变化框架公约》及其《巴黎协定》，发布我国长期温室气体低排放发展战略，积极参与国际规则和标准制定，推动建立公平合理、合作共赢的全球气候治理体系。

③加强应对气候变化国际交流合作，统筹国内外工作，主动参与全球气候和环境治理。

（十一）健全法律法规标准和统计监测体系

1. 健全法律法规

①全面清理现行法律法规中与碳达峰、碳中和工作不相适应的内容，加强法律法规间的衔接协调。

②研究制定碳中和专项法律，抓紧修订节约能源法、电力法、煤炭法、可再生能源法、循环经济促进法等，增强相关法律法规的针对性和有效性。

2. 完善标准计量体系

①建立健全碳达峰、碳中和标准计量体系。

②加快节能标准更新升级，抓紧修订一批能耗限额、产品设备能效强制性国家标准和工程建设标准，提升重点产品能耗限额要求，扩大能耗限额标准覆盖范围，完善能源核算、检测认证、评估、审计等配套标准。

③加快完善地区、行业、企业、产品等碳排放核查核算报告标准，建立统一规范的碳核算体系。

④制定重点行业和产品温室气体排放标准，完善低碳产品标准标识制度。

⑤积极参与相关国际标准制定，加强标准国际衔接。

3. 提升统计监测能力

①健全电力、钢铁、建筑等行业领域能耗统计监测和计量体系，加强重点用能单位能耗在线监测系统建设。

②加强二氧化碳排放统计核算能力建设，提升信息化实测水平。

③依托和拓展自然资源调查监测体系，建立生态系统碳汇监测核算体系，开展森林、草原、湿地、海洋、土壤、冻土、岩溶等碳汇本底调查和碳储量评估，实施生态保护修复碳汇成效监测评估。

（十二）完善政策机制

1. 完善投资政策

①充分发挥政府投资引导作用，构建与碳达峰、碳中和相适应的投融资体系，严控煤电、钢铁、电解铝、水泥、石化等高碳项目投资，加大对节能环保、新能源、低碳交通运输装备和组织方式、碳捕集利用与封存等项目的支持力度。

②完善支持社会资本参与政策，激发市场主体绿色低碳投资活力。

③国有企业要加大绿色低碳投资，积极开展低碳零碳负碳技术研发应用。

2. 积极发展绿色金融

①有序推进绿色低碳金融产品和服务开发，设立碳减排货币政策工具，将绿色信贷纳入宏观审慎评估框架，引导银行等金融机构为绿色低碳项目提供长期限、低成本资金。

②鼓励开发性政策性金融机构按照市场化法治化原则为实现碳达峰、碳中和提供长期稳定融资支持。

③支持符合条件的企业上市融资和再融资用于绿色低碳项目建设运营，扩大绿色债券规模。研究设立国家低碳转型基金。

④鼓励社会资本设立绿色低碳产业投资基金。

⑤建立健全绿色金融标准体系。

3. 完善财税价格政策

①各级财政要加大对绿色低碳产业发展、技术研发等的支持力度。

②完善政府绿色采购标准，加大绿色低碳产品采购力度。

③落实环境保护、节能节水、新能源和清洁能源车船税收优惠。

④研究碳减排相关税收政策。建立健全促进可再生能源规模化发展的价格机制。

⑤完善差别化电价、分时电价和居民阶梯电价政策。

⑥严禁对高耗能、高排放、资源型行业实施电价优惠。

⑦加快推进供热计量改革和按供热量收费。

⑧加快形成具有合理约束力的碳价机制。

4. 推进市场化机制建设

①依托公共资源交易平台，加快建设完善全国碳排放权交易市场，逐步扩大市场覆盖范围，丰富交易品种和交易方式，完善配额分配管理。

②将碳汇交易纳入全国碳排放权交易市场，建立健全能够体现碳汇价值的生态保护补偿机制。

③健全企业、金融机构等碳排放报告和信息披露制度。

④完善用能权有偿使用和交易制度，加快建设全国用能权交易市场。

⑤加强电力交易、用能权交易和碳排放权交易的统筹衔接。

⑥发展市场化节能方式，推行合同能源管理，推广节能综合服务。

（十三）切实加强组织实施

1. 加强组织领导

①加强党中央对碳达峰、碳中和工作的集中统一领导，碳达峰碳中和工作领导小组指导和统筹做好碳达峰、碳中和工作。

②支持有条件的地方和重点行业、重点企业率先实现碳达峰，组织开展碳达峰、碳中和先行示范，探索有效模式和有益经验。

③将碳达峰、碳中和作为干部教育培训体系重要内容，增强各级领导干部推动绿色低碳发展的本领。

2. 强化统筹协调

①国家发展改革委要加强统筹，组织落实 2030 年前碳达峰行动方案，加强碳中和工作谋划，定期调度各地区各有关部门落实碳达峰、碳中和目标任务进展情况，加强跟踪评估和督促检查，协调解决实施中遇到的重大问题。

②各有关部门要加强协调配合，形成工作合力，确保政策取向一致、步骤力度衔接。

3. 压实地方责任

落实领导干部生态文明建设责任制，地方各级党委和政府要坚决扛起碳达峰、碳中和责任，明确目标任务，制定落实举措，自觉为实现碳达峰、碳中和作出贡献。

4. 严格监督考核

①各地区要将碳达峰、碳中和相关指标纳入经济社会发展综合评价体系，增加考核权重，加强指标约束。

②强化碳达峰、碳中和目标任务落实情况考核，对工作突出的地区、单位和个人按规定给予表彰奖励，对未完成目标任务的地区、部门依规依法实行通报批评和约谈问责，有关落实情况纳入中央生态环境保护督察。

③各地区各有关部门贯彻落实情况每年向党中央、国务院报告。

（十四）推进温室气体排放与排污许可制度的衔接制度

组织开展重点行业温室气体排放与排污许可管理相关试点研究，加快全国排污许可证管理信息平台功能改造升级，推进企业事业单位污染物和温室气体排放相关数据的统一采集、相互补充、交叉校核。

（十五）推动监测体系统筹融合

①加强温室气体监测，逐步纳入生态环境监测体系统筹实施。

②在重点排放点源层面，试点开展石油天然气、煤炭开采等重点行业 CH_4 排放监测。

③在区域层面，探索大尺度区域 CH_4、氢氟碳化物、SF_6、全氟化碳等非 CO_2 温室气体排放监测。

④在全国层面，探索通过卫星遥感等手段，监测土地利用类型、分布与变化情况和土地覆盖（植被）类型与分布，支撑国家温室气体清单编制工作。

（十六）重点排放单位应当控制温室气体排放

重点排放单位应当控制温室气体排放，如实报告碳排放数据，及时足额清缴碳排放配额，依法公开交易及相关活动信息，并接受设区的市级以上生态环境主管部门的监督管理。

（十七）推动监管执法统筹融合

加强全国碳排放权交易市场重点排放单位数据报送、核查和配额清缴履约等监督管理工作，依法依规统一组织实施生态环境监管执法。

鼓励企业公开温室气体排放相关信息，支持部分地区率先探索企业碳排放信息公开制度。

加强自然保护地、生态保护红线等重点区域生态保护监管，开展生态系统保护和修复成效监测评估，增强生态系统固碳功能和适应气候变化能力。

（十八）推动督察考核统筹融合

①纳入目标考核：强化控制温室气体排放目标责任制，作为生态环境相关考核体系

的重要内容，加大应对气候变化工作考核力度。按规定对未完成目标任务的地方人民政府及其相关部门负责人进行约谈，压紧、压实应对气候变化工作责任。

②纳入中央环保督察：强化监督考核，要把达峰行动有关工作纳入中央环保督察。在"十四五""十五五"期间持续推进实施，通过做好达峰行动这项重要工作促进经济社会的绿色转型。

五、实现碳达峰与碳中和的工程措施

（一）实施能源减排实现碳达峰与碳中和

1．节约能源提高能效

①进一步提升能源利用效率。

②提高重点行业、产品、设备等节能标准。

③推动重点单位加强能源管理，支持重点和新兴领域节能改造升级。

2．控制化石能源总量

（1）控制和消减化石能源总量

目前我国产生碳排放的化石能源（煤炭、石油、天然气等）占能源消耗总量的 84%，而不产生碳排放的水电、风电、核能和光伏等仅占 16%，要实现 2060 年前碳中和的目标，就要大幅发展可再生能源，降低化石能源的比重。

通过改善能源结构，降低单位能源的碳强度。

（2）完善能源双控制度控制化石能源消费

要采取更加严格的措施控制化石能源消费，特别是严格控制煤炭消费，合理控制煤电发展规模，加大散煤治理力度，推动煤炭消费尽早达峰。

①完善能源消费总量制度：完善能源消费总量控制度，重点控制化石能源总量消费。

②完善能源消费强度制度：完善能源消费强度双控制度，重点控制化石能源总量消费。

（3）发展清洁热电联产集中供热，严控新增煤电装机容量

化石能源做到少排放：采用低碳能源做到少排放，降低单位能源的碳强度。

3．发展新能源替代化石燃料

目前，我国光伏、风电、水电装机量均已占到全球总装机量的 1/3 左右，无论在投入还是规模上都领跑全球。

我们要以更大力度推动非化石能源，包括风电（属再生能源）、太阳能（属再生能源）、核能的发展，完善新能源消纳机制，不断提升非化石能源消费比重，加快能源绿色

清洁低碳转型。

（1）发展太阳能

光伏发电的转换效率至少在 20%以上，而各种各样的生物质，其转换效率一般是千分之几，高的也只有 1%左右。光伏发电的转换效率明显高得多。

我国有 170 多万 km² 的戈壁荒漠，我们只要有 1/10 的面积拿来做光伏发电，就可以实现碳中和。如果到了 2060 年，中国实现碳中和，光伏聚集的中西部地区将会成为最主要的能源输出地之一。中西部地区在中国经济版图上的角色，将被重新定义。

到了 2060 年，中国如果实现碳中和，太阳能会是现在的 70 多倍。一个巨大的产业发展空间将会被打开，而在产业链的细分领域，将产生众多的新兴产业，创造大量的就业机会。

（2）发展风能

我国海上风电的装机容量不足 1 000 万 kW。我国陆上的风能资源在 100 m 高度范围之内的，大概有 40 亿 kW，我们现在的风电装机容量大概是 2.5 亿 kW，按此计算，我们也只装了 1/16。如果风机轮毂的高度再提高 50 m，由于扫风面积增大和风速提高，风能资源有可能再翻一番。

到了 2060 年，中国如果实现碳中和，风能的装机容量是现在的 12 倍多。一个巨大的产业发展空间将会被打开，而在产业链的细分领域，将产生众多的新兴产业，创造大量的就业机会。

到了 2060 年，中国如果实现碳中和，风能聚集的中西部地区将会成为最主要的能源输出地之一。中西部地区在中国经济版图上的角色，将被重新定义。

（3）发展核能

到了 2060 年，中国如果实现碳中和，核能的装机容量是现在的 5 倍多。一个巨大的产业发展空间将会被打开，而在产业链的细分领域，将产生众多的新兴产业，创造大量的就业机会。

（4）发展生物质能源

大力推动生物质能发电。增加农村清洁能源供应，推动农村发展生物质能。

（5）发展水能

大力推动水力发电。

（6）发展地热能

大力推动地热能发电。

（7）发展海洋能

大力推动海洋能发电。

（8）发展氢能

大力推动氢能发电。用 CO_2 和氢合成各种燃料，来替代传统化石燃料，在燃烧的过程中，排出 CO_2 和水，再把水电解，得到的氢与 CO_2 继续合成燃料，这样就会有一个碳的循环。

（9）推进垃圾发电

推进生活垃圾焚烧发电，减少生活垃圾填埋处理。

4. 改革电力体制

①深化电力体制改革，构建以新能源为主体的新型电力系统。

②促进燃煤清洁高效开发转化利用，继续提升大容量、高参数、低污染煤电机组占煤电装机比例。继续做好农村清洁供暖改造。

③在北方地区县城积极发展清洁热电联产集中供暖，稳步推进生物质耦合供热。

④严控新增煤电装机容量。

⑤提高能源输配效率。

⑥实施城乡配电网建设和智能升级计划，推进农村电网升级改造。

⑦加快天然气基础设施建设和互联互通。

⑧加快特高压电网、储能等配套设施建设。

（二）调整产业结构发展低碳经济实现碳达峰与碳中和

1. 实施重点行业领域减污降碳行动

（1）工业领域要推进绿色低碳制造

①坚决遏制高耗能、高排放项目的盲目发展；

②降低单位 GDP 的碳排放强度；

③原料工艺优化；

④产业结构升级。

（2）钢铁行业实施低碳化改造

钢铁行业用废钢铁为原料采用电炉炼钢减少 CO_2 排放。

（3）水泥行业实施低碳化改造

水泥行业实施低碳化改造，减少 CO_2 排放。

（4）建筑领域要提升节能标准，大力发展绿色低碳的建筑

如建筑产业链中的低碳环保建材、装配式建筑等。

（5）交通领域要加快形成绿色低碳运输方式

大力发展低碳交通，优化运输结构，加强低碳交通基础设施建设，逐步降低交通领域对化石燃料的依赖，深入实施发展新能源汽车国家战略。

①发展新能源汽车：如氢能车。

②发展电动汽车：把电动汽车打造成我国先进制造和低碳制造的亮丽名片，在推动国家碳达峰、碳中和目标的过程中，实现汽车行业自身的高质量可持续的发展。

③推动交通运输结构优化调整力度，实施"公转铁""公转水"和"多式联运"。

2．实施产业属性转换

①将资源属性产业切换到制造业属性产业。

②推动能源体系绿色低碳转型。

③推动能源清洁低碳安全高效利用，深入推进工业、建筑、交通等领域低碳转型。

④实施以碳强度控制为主、碳排放总量控制为辅的制度，支持有条件的地方和重点行业、重点企业率先达到碳排放峰值。

（三）实施碳减排实现碳达峰与碳中和

①碳化工艺吸收 CO_2 减排。

②固碳产品（粗钢、甲醇）隐含的 CO_2 减排。

③火炬销毁 CH_4 减排。

④生产工艺过程 CH_4 放空、逃逸、泄漏整治与管控减排。

⑤废水处理设施 CH_4 回收治理减排。

⑥减少和节约电力和热力。

⑦硝酸生产过程 N_2O 回收治理减排。

⑧强化加大其他温室气体控制力度：加大 CH_4、氢氟碳化物、全氟化碳等其他温室气体控制力度。

⑨大型活动碳中和：大型活动碳中和是指通过购买碳排放配额、碳信用的方式或通过新建林业项目产生碳汇的方式抵销大型活动（指在特定时间和场所内开展的较大规模聚集行动、演出、赛事、会议、展览等）的温室气体排放量。

（四）实施碳回收实现碳达峰与碳中和

1．实施 CO_2 回收措施

①开展 CO_2 捕集和封存治理各种回收利用措施。

②化石能源做到碳捕捉技术实施碳循环。

③燃煤发电采用碳捕捉技术实现零排放。

④CH_4 回收利用。

⑤气态含碳物质回收利用。

⑥火炬气态燃料回收利用。

2．实施 CO_2 利用措施

①开展油气层 CO_2 开采利用措施。

②采用各种用途 CO_2 产品。

（五）加强温室气体排放管控

将温室气体排放管控纳入中央生态环保督察的内容。

（六）发展绿色植物实现碳达峰与碳中和

1．提升生态系统碳汇能力

要提升生态碳汇能力，强化国土空间规划和用途管控，有效发挥森林、草原、湿地、海洋、土壤、冻土的固碳作用，提升生态系统碳汇增量。

2．绿化大地增加植物碳汇

积极开展植树造林、实施天然林保护、沙漠化综合治理、水土保护等生态环境工程，增强森林、草原、湿地、农业用地、海洋的储碳能力。

到 2030 年我国森林蓄积量将比 2005 年增加 60 亿 m^3（每增加 1 m^3，可增加 1～1.5 t 的森林碳汇）。与 2005 年相比，一年能多增加 3 亿～4 亿 t 的森林碳汇（我国现在一年要排放差不多 100 亿 t 的碳）。

如果到了 2060 年，中国实现碳中和，意味着中国的森林一年生长量要达到 10 亿 m^3，这比现在翻了一倍还要多，森林覆盖率稳定在 30% 左右，中国的生态环境将发生一次质的飞跃。碳达峰、碳中和就是绿水青山。

3．秸秆还田增加碳汇

提高土壤的有机质，不仅可以形成碳汇，还可以使土壤变得更松软、透气、增加土壤的活性，土地松软的时候，植物就长得好，反之，如果土壤板结，不透气，植物就长得差。中国这么大的土地面积，如果每年能把几亿 t 的秸秆还田，变成有机质，那将是一个非常可观的碳汇。

（七）推行绿色低碳生活方式

进一步努力提升全社会特别是各级领导干部应对气候变化和低碳发展的意识，引导居民践行绿色低碳生活方式，倡导绿色低碳消费，营造全社会共同参与绿色低碳发展的良好氛围。反对奢侈浪费，鼓励绿色出行，营造绿色低碳生活新时尚。

（1）因地制宜推进生活垃圾分类和减量化、资源化，开展宣传、培训和成效评估。

（2）扎实推进塑料污染全链条治理。

（3）推进过度包装治理，推动生产经营者遵守限制商品过度包装的强制性标准。

（4）提升交通系统智能化水平，积极引导绿色出行。

（5）深入开展爱国卫生运动，整治环境脏乱差，打造宜居生活环境。

（6）健全绿色低碳循环发展的消费体现。

①加大绿色采购

a. 加大政府绿色采购力度，扩大绿色产品采购范围，逐步将绿色采购制度扩展至国有企业。

b. 加强对企业和居民采购绿色产品的引导，鼓励地方采取补贴、积分奖励等方式促进绿色消费。

c. 推动电商平台设立绿色产品销售专区。

②加大绿色产品管理

a. 加强绿色产品和服务认证管理，完善认证机构信用监管机制。

b. 推广绿色电力证书交易，引领全社会提升绿色电力消费。

c. 严厉打击虚标绿色产品行为，有关行政处罚等信息纳入国家企业信用信息公示系统。

（7）厉行节约，坚决制止餐饮浪费行为。

（八）推动绿色低碳技术实现重大突破实现碳达峰与碳中和

1. 开展 2060 年前碳中和战略研究

开展 2060 年前碳中和战略研究，进一步明确我国实现碳中和的重大领域、关键技术、关键产业、重大政策和重要的制度安排，在今后一个五年计划接一个五年计划持续加以落实，把实现碳达峰和碳中和转化为我们国家经济社会全面转型的重大机遇。

2. 大力推动低碳技术的研发和推广应用

①大力推动低碳技术的研发和推广应用，积极推行低碳产品认证。

②加快推广应用减污降碳技术，建立完善绿色低碳技术评估、交易体系和科技创新服务平台。

③推动绿色低碳技术实现重大突破，抓紧部署低碳前沿技术研究，加快推广应用减污降碳技术，建立完善绿色低碳技术评估、交易体系和科技创新服务平台。

④加快大容量储能技术研发推广，提升电网汇集和外送能力。

⑤开展 CO_2 捕集、利用和封存试验示范。

（九）完善绿色低碳政策和市场体系实现碳达峰与碳中和

要完善绿色低碳政策和市场体系，完善能源"双控"制度，完善有利于绿色低碳发展的财税、价格、金融、土地、政府采购等政策，加快推进碳排放权交易，积极发展绿色金融。

（十）积极推动部分地区和行业先行先试

支持有条件的地方和行业率先达到碳排放峰值，推动已经达峰的地方进一步降低碳排放，支持基础较好的地方探索开展近零碳排放与碳中和试点示范。选择典型城市和区域，开展空气质量达标与碳排放达峰"双达"试点示范。在钢铁、建材、有色等行业，开展大气污染物和温室气体协同控制试点示范。

（十一）加强应对气候变化国际合作

要加强应对气候变化国际合作，推进国际规则标准制定，建设绿色丝绸之路。

加强全球气候变暖对我国承受力脆弱地区影响的观测和评估，提升城乡建设、农业生产、基础设施适应气候变化能力。

建设性参与和引领应对气候变化国际合作：坚持公平、共同但有区别的责任及各自能力原则，建设性参与和引领应对气候变化国际合作，推动落实联合国气候变化框架公约及巴黎协定，积极开展气候变化南南合作。

六、2030 年前碳达峰重要工作任务

将碳达峰贯穿于经济社会发展全过程和各方面，重点实施能源绿色低碳转型行动、节能降碳增效行动、工业领域碳达峰行动、城乡建设碳达峰行动、交通运输绿色低碳行动、循环经济助力降碳行动、绿色低碳科技创新行动、碳汇能力巩固提升行动、绿色低碳全民行动、各地区梯次有序碳达峰行动等"碳达峰十大行动"。

（一）能源绿色低碳转型行动

能源是经济社会发展的重要物质基础，也是碳排放的最主要来源。要坚持安全降碳，在保障能源安全的前提下，大力实施可再生能源替代，加快构建清洁低碳安全高效的能源体系。

1. 推进煤炭消费替代和转型升级

加快煤炭减量步伐，"十四五"时期严格合理控制煤炭消费增长，"十五五"时期逐步减少。严格控制新增煤电项目，新建机组煤耗标准达到国际先进水平，有序淘汰煤电落后产能，加快现役机组节能升级和灵活性改造，积极推进供热改造，推动煤电向基础保障性和系统调节性电源并重转型。严控跨区外送可再生能源电力配套煤电规模，新建通道可再生能源电量比例原则上不低于 50%。推动重点用煤行业减煤限煤。大力推动煤炭清洁利用，合理划定禁止散烧区域，多措并举、积极有序推进散煤替代，逐步减少直

至禁止煤炭散烧。

2. 大力发展新能源

全面推进风电、太阳能发电大规模开发和高质量发展，坚持集中式与分布式并举，加快建设风电和光伏发电基地。加快智能光伏产业创新升级和特色应用，创新"光伏+"模式，推进光伏发电多元布局。坚持陆海并重，推动风电协调快速发展，完善海上风电产业链，鼓励建设海上风电基地。积极发展太阳能光热发电，推动建立光热发电与光伏发电、风电互补调节的风光热综合可再生能源发电基地。因地制宜发展生物质发电、生物质能清洁供暖和生物天然气。探索深化地热能以及波浪能、潮流能、温差能等海洋新能源开发利用。进一步完善可再生能源电力消纳保障机制。到 2030 年，风电、太阳能发电总装机容量达到 12 亿 kW 以上。

3. 因地制宜开发水电

积极推进水电基地建设，推动金沙江上游、澜沧江上游、雅砻江中游、黄河上游等已纳入规划、符合生态保护要求的水电项目开工建设，推进雅鲁藏布江下游水电开发，推动小水电绿色发展。推动西南地区水电与风电、太阳能发电协同互补。统筹水电开发和生态保护，探索建立水能资源开发生态保护补偿机制。"十四五""十五五"期间分别新增水电装机容量 4 000 万 kW 左右，西南地区以水电为主的可再生能源体系基本建立。

4. 积极安全有序发展核电

合理确定核电站布局和开发时序，在确保安全的前提下有序发展核电，保持平稳建设节奏。积极推动高温气冷堆、快堆、模块化小型堆、海上浮动堆等先进堆型示范工程，开展核能综合利用示范。加大核电标准化、自主化力度，加快关键技术装备攻关，培育高端核电装备制造产业集群。实行最严格的安全标准和最严格的监管，持续提升核安全监管能力。

5. 合理调控油气消费

保持石油消费处于合理区间，逐步调整汽油消费规模，大力推进先进生物液体燃料、可持续航空燃料等替代传统燃油，提升终端燃油产品能效。加快推进页岩气、煤层气、致密油（气）等非常规油气资源规模化开发。有序引导天然气消费，优化利用结构，优先保障民生用气，大力推动天然气与多种能源融合发展，因地制宜建设天然气调峰电站，合理引导工业用气和化工原料用气。支持车船使用液化天然气作为燃料。

6. 加快建设新型电力系统

构建新能源占比逐渐提高的新型电力系统，推动清洁电力资源大范围优化配置。大力提升电力系统综合调节能力，加快灵活调节电源建设，引导自备电厂、传统高载能工业负荷、工商业可中断负荷、电动汽车充电网络、虚拟电厂等参与系统调节，建设坚强智能电网，提升电网安全保障水平。积极发展"新能源+储能"、源网荷储一体化和多能互补，支持分布式新能源合理配置储能系统。制订新一轮抽水蓄能电站中长期发展规划，完善促进抽水蓄能发展的政策机制。加快新型储能示范推广应用。深化电力体制改革，加快构建全国统一电力市场体系。到 2025 年，新型储能装机容量达到 3 000 万 kW 以上。到 2030 年，抽水蓄能电站装机容量达到 1.2 亿 kW 左右，省级电网基本具备 5% 以上的尖峰负荷响应能力。

（二）节能降碳增效行动

落实节约优先方针，完善能源消费强度和总量双控制度，严格控制能耗强度，合理控制能源消费总量，推动能源消费革命，建设能源节约型社会。

1. 全面提升节能管理能力

推行用能预算管理，强化固定资产投资项目节能审查，对项目用能和碳排放情况进行综合评价，从源头推进节能降碳。提高节能管理信息化水平，完善重点用能单位能耗在线监测系统，建立全国性、行业性节能技术推广服务平台，推动高耗能企业建立能源管理中心。完善能源计量体系，鼓励采用认证手段提升节能管理水平。加强节能监察能力建设，健全省、市、县三级节能监察体系，建立跨部门联动机制，综合运用行政处罚、信用监管、绿色电价等手段，增强节能监察约束力。

2. 实施节能降碳重点工程

实施城市节能降碳工程，开展建筑、交通、照明、供热等基础设施节能升级改造，推进先进绿色建筑技术示范应用，推动城市综合能效提升。实施园区节能降碳工程，以高耗能高排放项目（以下简称"两高"项目）集聚度高的园区为重点，推动能源系统优化和梯级利用，打造一批达到国际先进水平的节能低碳园区。实施重点行业节能降碳工程，推动电力、钢铁、有色金属、建材、石化化工等行业开展节能降碳改造，提升能源资源利用效率。实施重大节能降碳技术示范工程，支持已取得突破的绿色低碳关键技术开展产业化示范应用。

3. 推进重点用能设备节能增效

以电机、风机、泵、压缩机、变压器、换热器、工业锅炉等设备为重点，全面提升能效标准。建立以能效为导向的激励约束机制，推广先进高效产品设备，加快淘汰落后低效设备。加强重点用能设备节能审查和日常监管，强化生产、经营、销售、使用、报废全链条管理，严厉打击违法违规行为，确保能效标准和节能要求全面落实。

4. 加强新型基础设施节能降碳

优化新型基础设施空间布局，统筹谋划、科学配置数据中心等新型基础设施，避免低水平重复建设。优化新型基础设施用能结构，采用直流供电、分布式储能、"光伏+储能"等模式，探索多样化能源供应，提高非化石能源消费比重。对标国际先进水平，加快完善通信、运算、存储、传输等设备能效标准，提升准入门槛，淘汰落后设备和技术。加强新型基础设施用能管理，将年综合能耗超过 1 万 t 标准煤的数据中心全部纳入重点用能单位能耗在线监测系统，开展能源计量审查。推动既有设施绿色升级改造，积极推广使用高效制冷、先进通风、余热利用、智能化用能控制等技术，提高设施能效水平。

（三）工业领域碳达峰行动

工业是产生碳排放的主要领域之一，对全国整体实现碳达峰具有重要影响。工业领域要加快绿色低碳转型和高质量发展，力争率先实现碳达峰。

1. 推动工业领域绿色低碳发展

优化产业结构，加快退出落后产能，大力发展战略性新兴产业，加快传统产业绿色低碳改造。促进工业能源消费低碳化，推动化石能源清洁高效利用，提高可再生能源应用比重，加强电力需求侧管理，提升工业电气化水平。深入实施绿色制造工程，大力推行绿色设计，完善绿色制造体系，建设绿色工厂和绿色工业园区。推进工业领域数字化智能化绿色化融合发展，加强重点行业和领域技术改造。

2. 推动钢铁行业碳达峰

深化钢铁行业供给侧结构性改革，严格执行产能置换，严禁新增产能，推进存量优化，淘汰落后产能。推进钢铁企业跨地区、跨所有制兼并重组，提高行业集中度。优化生产力布局，以京津冀及周边地区为重点，继续压减钢铁产能。促进钢铁行业结构优化和清洁能源替代，大力推进非高炉炼铁技术示范，提升废钢资源回收利用水平，推行全废钢电炉工艺。推广先进适用技术，深挖节能降碳潜力，鼓励钢化联产，探索开展氢冶金、二氧化碳捕集利用一体化等试点示范，推动低品位余热供暖发展。

3. 推动有色金属行业碳达峰

巩固化解电解铝过剩产能成果，严格执行产能置换，严控新增产能。推进清洁能源替代，提高水电、风电、太阳能发电等应用比重。加快再生有色金属产业发展，完善废弃有色金属资源回收、分选和加工网络，提高再生有色金属产量。加快推广应用先进适用绿色低碳技术，提升有色金属生产过程余热回收水平，推动单位产品能耗持续下降。

4. 推动建材行业碳达峰

加强产能置换监管，加快低效产能退出，严禁新增水泥熟料、平板玻璃产能，引导建材行业向轻型化、集约化、制品化转型。推动水泥错峰生产常态化，合理缩短水泥熟料装置运转时间。因地制宜利用风能、太阳能等可再生能源，逐步提高电力、天然气应用比重。鼓励建材企业使用粉煤灰、工业废渣、尾矿渣等作为原料或水泥混合材。加快推进绿色建材产品认证和应用推广，加强新型胶凝材料、低碳混凝土、木竹建材等低碳建材产品研发应用。推广节能技术设备，开展能源管理体系建设，实现节能增效。

5. 推动石化化工行业碳达峰

优化产能规模和布局，加大落后产能淘汰力度，有效化解结构性过剩矛盾。严格项目准入，合理安排建设时序，严控新增炼油和传统煤化工生产能力，稳妥有序发展现代煤化工。引导企业转变用能方式，鼓励以电力、天然气等替代煤炭。调整原料结构，控制新增原料用煤，拓展富氢原料进口来源，推动石化化工原料轻质化。优化产品结构，促进石化化工与煤炭开采、冶金、建材、化纤等产业协同发展，加强炼厂干气、液化气等副产气体高效利用。鼓励企业节能升级改造，推动能量梯级利用、物料循环利用。到2025年，国内原油一次加工能力控制在10亿t以内，主要产品产能利用率提升至80%以上。

6. 坚决遏制"两高"项目盲目发展

采取强有力措施，对"两高"项目实行清单管理、分类处置、动态监控。全面排查在建项目，对能效水平低于本行业能耗限额准入值的，按有关规定停工整改，推动能效水平应提尽提，力争全面达到国内乃至国际先进水平。科学评估拟建项目，对产能已饱和的行业，按照"减量替代"原则压减产能；对产能尚未饱和的行业，按照国家布局和审批备案等要求，对标国际先进水平提高准入门槛；对能耗量较大的新兴产业，支持引导企业应用绿色低碳技术，提高能效水平。深入挖潜存量项目，加快淘汰落后产能，通过改造升级挖掘节能减排潜力。强化常态化监管，坚决拿下不符合要求的"两高"项目。

（四）城乡建设碳达峰行动

加快推进城乡建设绿色低碳发展，城市更新和乡村振兴都要落实绿色低碳要求。

1. 推进城乡建设绿色低碳转型

推动城市组团式发展，科学确定建设规模，控制新增建设用地过快增长。倡导绿色低碳规划设计理念，增强城乡气候韧性，建设海绵城市。推广绿色低碳建材和绿色建造方式，加快推进新型建筑工业化，大力发展装配式建筑，推广钢结构住宅，推动建材循环利用，强化绿色设计和绿色施工管理。加强县城绿色低碳建设。推动建立以绿色低碳为导向的城乡规划建设管理机制，制定建筑拆除管理办法，杜绝大拆大建。建设绿色城镇、绿色社区。

2. 加快提升建筑能效水平

加快更新建筑节能、市政基础设施等标准，提高节能降碳要求。加强适用于不同气候区、不同建筑类型的节能低碳技术研发和推广，推动超低能耗建筑、低碳建筑规模化发展。加快推进居住建筑和公共建筑节能改造，持续推动老旧供热管网等市政基础设施节能降碳改造。提升城镇建筑和基础设施运行管理智能化水平，加快推广供热计量收费和合同能源管理，逐步开展公共建筑能耗限额管理。到2025年，城镇新建建筑全面执行绿色建筑标准。

3．加快优化建筑用能结构

深化可再生能源建筑应用，推广光伏发电与建筑一体化应用。积极推动严寒、寒冷地区清洁取暖，推进热电联产集中供暖，加快工业余热供暖规模化应用，积极稳妥开展核能供热示范，因地制宜推行热泵、生物质能、地热能、太阳能等清洁低碳供暖。引导夏热冬冷地区科学取暖，因地制宜采用清洁高效取暖方式。提高建筑终端电气化水平，建设集光伏发电、储能、直流配电、柔性用电于一体的"光储直柔"建筑。到 2025 年，城镇建筑可再生能源替代率达到 8%，新建公共机构建筑、新建厂房屋顶光伏覆盖率力争达到 50%。

4．推进农村建设和用能低碳转型

推进绿色农房建设，加快农房节能改造。持续推进农村地区清洁取暖，因地制宜选择适宜取暖方式。发展节能低碳农业大棚。推广节能环保灶具、电动农用车辆、节能环保农机和渔船。加快生物质能、太阳能等可再生能源在农业生产和农村生活中的应用。加强农村电网建设，提升农村用能电气化水平。

（五）交通运输绿色低碳行动

加快形成绿色低碳运输方式，确保交通运输领域碳排放增长保持在合理区间。

1．推动运输工具装备低碳转型

积极扩大电力、氢能、天然气、先进生物液体燃料等新能源、清洁能源在交通运输领域应用。大力推广新能源汽车，逐步降低传统燃油汽车在新车产销和汽车保有量中的占比，推动城市公共服务车辆电动化替代，推广电力、氢燃料、液化天然气动力重型货运车辆。提升铁路系统电气化水平。加快老旧船舶更新改造，发展电动、液化天然气动力船舶，深入推进船舶靠港使用岸电，因地制宜开展沿海、内河绿色智能船舶示范应用。提升机场运行电动化智能化水平，发展新能源航空器。到 2030 年，当年新增新能源、清洁能源动力的交通工具比例达到 40%左右，营运交通工具单位换算周转量碳排放强度比 2020 年下降 9.5%左右，国家铁路单位换算周转量综合能耗比 2020 年下降 10%。陆路交通运输石油消费力争 2030 年前达到峰值。

2．构建绿色高效交通运输体系

发展智能交通，推动不同运输方式合理分工、有效衔接，降低空载率和不合理客货运周转量。大力发展以铁路、水路为骨干的多式联运，推进工矿企业、港口、物流园区等铁路专用线建设，加快内河高等级航道网建设，加快大宗货物和中长距离货物运输"公转铁""公转水"。加快先进适用技术应用，提升民航运行管理效率，引导航空企业加强智慧运行，实现系统化节能降碳。加快城乡物流配送体系建设，创新绿色低碳、集约高效的配送模式。打造高效衔接、快捷舒适的公共交通服务体系，积极引导公众选择绿色低碳交通方式。"十四五"期间，集装箱铁水联运量年均增长 15%以上。到 2030 年，城区常住人口 100 万以上的城市绿色出行比例不低于 70%。

3. 加快绿色交通基础设施建设

将绿色低碳理念贯穿于交通基础设施规划、建设、运营和维护全过程，降低全生命周期能耗和碳排放。开展交通基础设施绿色化提升改造，统筹利用综合运输通道线位、土地、空域等资源，加大岸线、锚地等资源整合力度，提高利用效率。有序推进充电桩、配套电网、加注（气）站、加氢站等基础设施建设，提升城市公共交通基础设施水平。到 2030 年，民用运输机场场内车辆装备等力争全面实现电动化。

（六）循环经济助力降碳行动

抓住资源利用这个源头，大力发展循环经济，全面提高资源利用效率，充分发挥减少资源消耗和降碳的协同作用。

1. 推进产业园区循环化发展

以提升资源产出率和循环利用率为目标，优化园区空间布局，开展园区循环化改造。推动园区企业循环式生产、产业循环式组合，组织企业实施清洁生产改造，促进废物综合利用、能量梯级利用、水资源循环利用，推进工业余压余热、废气废液废渣资源化利用，积极推广集中供气供热。搭建基础设施和公共服务共享平台，加强园区物质流管理。到 2030 年，省级以上重点产业园区全部实施循环化改造。

2. 加强大宗固废综合利用

提高矿产资源综合开发利用水平和综合利用率，以煤矸石、粉煤灰、尾矿、共伴生矿、冶炼渣、工业副产石膏、建筑垃圾、农作物秸秆等大宗固废为重点，支持大掺量、规模化、高值化利用，鼓励应用于替代原生非金属矿、砂石等资源。在确保安全环保前提下，探索将磷石膏应用于土壤改良、井下充填、路基修筑等。推动建筑垃圾资源化利用，推广废弃路面材料原地再生利用。加快推进秸秆高值化利用，完善收储运体系，严格禁烧管控。加快大宗固废综合利用示范建设。到 2025 年，大宗固废年利用量达到 40 亿 t 左右；到 2030 年，年利用量达到 45 亿 t 左右。

3. 健全资源循环利用体系

完善废旧物资回收网络，推行"互联网+"回收模式，实现再生资源应收尽收。加强再生资源综合利用行业规范管理，促进产业集聚发展。高水平建设现代化"城市矿产"基地，推动再生资源规范化、规模化、清洁化利用。推进退役动力电池、光伏组件、风电机组叶片等新兴产业废物循环利用。促进汽车零部件、工程机械、文办设备等再制造产业高质量发展。加强资源再生产品和再制造产品推广应用。到 2025 年，废钢铁、废铜、废铝、废铅、废锌、废纸、废塑料、废橡胶、废玻璃等 9 种主要再生资源循环利用量达到 4.5 亿 t，到 2030 年达到 5.1 亿 t。

4．大力推进生活垃圾减量化资源化

扎实推进生活垃圾分类，加快建立覆盖全社会的生活垃圾收运处置体系，全面实现分类投放、分类收集、分类运输、分类处理。加强塑料污染全链条治理，整治过度包装，推动生活垃圾源头减量。推进生活垃圾焚烧处理，降低填埋比例，探索适合我国厨余垃圾特性的资源化利用技术。推进污水资源化利用。到 2025 年，城市生活垃圾分类体系基本健全，生活垃圾资源化利用比例提升至 60%左右。到 2030 年，城市生活垃圾分类实现全覆盖，生活垃圾资源化利用比例提升至 65%。

（七）绿色低碳科技创新行动

发挥科技创新的支撑引领作用，完善科技创新体制机制，强化创新能力，加快绿色低碳科技革命。

1．完善创新体制机制

制定科技支撑碳达峰碳中和行动方案，在国家重点研发计划中设立碳达峰碳中和关键技术研究与示范等重点专项，采取"揭榜挂帅"机制，开展低碳、零碳、负碳关键核心技术攻关。将绿色低碳技术创新成果纳入高等学校、科研单位、国有企业有关绩效考核。强化企业创新主体地位，支持企业承担国家绿色低碳重大科技项目，鼓励设施、数据等资源开放共享。推进国家绿色技术交易中心建设，加快创新成果转化。加强绿色低碳技术和产品知识产权保护。完善绿色低碳技术和产品检测、评估、认证体系。

2．加强创新能力建设和人才培养

组建碳达峰碳中和相关国家实验室、国家重点实验室和国家技术创新中心，适度超前布局国家重大科技基础设施，引导企业、高等学校、科研单位共建一批国家绿色低碳产业创新中心。创新人才培养模式，鼓励高等学校加快新能源、储能、氢能、碳减排、碳汇、碳排放权交易等学科建设和人才培养，建设一批绿色低碳领域未来技术学院、现代产业学院和示范性能源学院。深化产教融合，鼓励校企联合开展产学合作协同育人项目，组建碳达峰碳中和产教融合发展联盟，建设一批国家储能技术产教融合创新平台。

3．强化应用基础研究

实施一批具有前瞻性、战略性的国家重大前沿科技项目，推动低碳、零碳、负碳技术装备研发取得突破性进展。聚焦化石能源绿色智能开发和清洁低碳利用、可再生能源大规模利用、新型电力系统、节能、氢能、储能、动力电池、二氧化碳捕集利用与封存等重点，深化应用基础研究。积极研发先进核电技术，加强可控核聚变等前沿颠覆性技术研究。

4．加快先进适用技术研发和推广应用

集中力量开展复杂大电网安全稳定运行和控制、大容量风电、高效光伏、大功率液化天然气发动机、大容量储能、低成本可再生能源制氢、低成本二氧化碳捕集利用与封存等技术创新，加快碳纤维、气凝胶、特种钢材等基础材料研发，补齐关键零部件、元器件、软件等短板。推广先进成熟绿色低碳技术，开展示范应用。建设全流程、集成化、规模化二氧化碳捕集利用与封存示范项目。推进熔盐储能供热和发电示范应用。加快氢能技术研发和示范应用，探索在工业、交通运输、建筑等领域规模化应用。

（八）碳汇能力巩固提升行动

坚持系统观念，推进山水林田湖草沙一体化保护和修复，提高生态系统质量和稳定性，提升生态系统碳汇增量。

1．巩固生态系统固碳作用

结合国土空间规划编制和实施，构建有利于碳达峰、碳中和的国土空间开发保护格局。严守生态保护红线，严控生态空间占用，建立以国家公园为主体的自然保护地体系，稳定现有森林、草原、湿地、海洋、土壤、冻土、岩溶等固碳作用。严格执行土地使用标准，加强节约集约用地评价，推广节地技术和节地模式。

2．提升生态系统碳汇能力

实施生态保护修复重大工程。深入推进大规模国土绿化行动，巩固退耕还林还草成果，扩大林草资源总量。强化森林资源保护，实施森林质量精准提升工程，提高森林质量和稳定性。加强草原生态保护修复，提高草原综合植被盖度。加强河湖、湿地保护修复。整体推进海洋生态系统保护和修复，提升红树林、海草床、盐沼等固碳能力。加强退化土地修复治理，开展荒漠化、石漠化、水土流失综合治理，实施历史遗留矿山生态修复工程。到 2030 年，全国森林覆盖率达到 25%左右，森林蓄积量达到 190 亿 m^3。

3．加强生态系统碳汇基础支撑

依托和拓展自然资源调查监测体系，利用好国家林草生态综合监测评价成果，建立生态系统碳汇监测核算体系，开展森林、草原、湿地、海洋、土壤、冻土、岩溶等碳汇本底调查、碳储量评估、潜力分析，实施生态保护修复碳汇成效监测评估。加强陆地和海洋生态系统碳汇基础理论、基础方法、前沿颠覆性技术研究。建立健全能够体现碳汇价值的生态保护补偿机制，研究制定碳汇项目参与全国碳排放权交易相关规则。

4．推进农业农村减排固碳

大力发展绿色低碳循环农业，推进农光互补、"光伏+设施农业"、"海上风电+海洋牧场"等低碳农业模式。研发应用增汇型农业技术。开展耕地质量提升行动，实施国家黑土地保护工程，提升土壤有机碳储量。合理控制化肥、农药、地膜使用量，实施化肥农

药减量替代计划，加强农作物秸秆综合利用和畜禽粪污资源化利用。

（九）绿色低碳全民行动

增强全民节约意识、环保意识、生态意识，倡导简约适度、绿色低碳、文明健康的生活方式，把绿色理念转化为全体人民的自觉行动。

1. 加强生态文明宣传教育

将生态文明教育纳入国民教育体系，开展多种形式的资源环境国情教育，普及碳达峰、碳中和基础知识。加强对公众的生态文明科普教育，将绿色低碳理念有机融入文艺作品，制作文创产品和公益广告，持续开展世界地球日、世界环境日、全国节能宣传周、全国低碳日等主题宣传活动，增强社会公众绿色低碳意识，推动生态文明理念更加深入人心。

2. 推广绿色低碳生活方式

坚决遏制奢侈浪费和不合理消费，着力破除奢靡铺张的歪风陋习，坚决制止餐饮浪费行为。在全社会倡导节约用能，开展绿色低碳社会行动示范创建，深入推进绿色生活创建行动，评选宣传一批优秀示范典型，营造绿色低碳生活新风尚。大力发展绿色消费，推广绿色低碳产品，完善绿色产品认证与标识制度。提升绿色产品在政府采购中的比例。

3. 引导企业履行社会责任

引导企业主动适应绿色低碳发展要求，强化环境责任意识，加强能源资源节约，提升绿色创新水平。重点领域国有企业特别是中央企业要制定实施企业碳达峰行动方案，发挥示范引领作用。重点用能单位要梳理核算自身碳排放情况，深入研究碳减排路径，"一企一策"制定专项工作方案，推进节能降碳。相关上市公司和发债企业要按照环境信息依法披露要求，定期公布企业碳排放信息。充分发挥行业协会等社会团体作用，督促企业自觉履行社会责任。

4. 强化领导干部培训

将学习贯彻习近平生态文明思想作为干部教育培训的重要内容，各级党校（行政学院）要把碳达峰、碳中和相关内容列入教学计划，分阶段、多层次对各级领导干部开展培训，普及科学知识，宣讲政策要点，强化法治意识，深化各级领导干部对碳达峰、碳中和工作重要性、紧迫性、科学性、系统性的认识。从事绿色低碳发展相关工作的领导干部要尽快提升专业素养和业务能力，切实增强推动绿色低碳发展的本领。

（十）各地区梯次有序碳达峰行动

各地区要准确把握自身发展定位，结合本地区经济社会发展实际和资源环境禀赋，坚持分类施策、因地制宜、上下联动，梯次有序推进碳达峰。

1. 科学合理确定有序达峰目标

碳排放已经基本稳定的地区要巩固减排成果，在率先实现碳达峰的基础上进一步降低碳排放。产业结构较轻、能源结构较优的地区要坚持绿色低碳发展，坚决不走依靠"两高"项目拉动经济增长的老路，力争率先实现碳达峰。产业结构偏重、能源结构偏煤的地区和资源型地区要把节能降碳摆在突出位置，大力优化调整产业结构和能源结构，逐步实现碳排放增长与经济增长脱钩，力争与全国同步实现碳达峰。

2. 因地制宜推进绿色低碳发展

各地区要结合区域重大战略、区域协调发展战略和主体功能区战略，从实际出发推进本地区绿色低碳发展。京津冀、长三角、粤港澳大湾区等区域要发挥高质量发展动力源和增长极作用，率先推动经济社会发展全面绿色转型。长江经济带、黄河流域和国家生态文明试验区要严格落实生态优先、绿色发展战略导向，在绿色低碳发展方面走在全国前列。中西部和东北地区要着力优化能源结构，按照产业政策和能耗双控要求，有序推动高耗能行业向清洁能源优势地区集中，积极培育绿色发展动能。

3. 上下联动制定地方达峰方案

各省、自治区、直辖市人民政府要按照国家总体部署，结合本地区资源环境禀赋、产业布局、发展阶段等，坚持全国一盘棋，不抢跑，科学制定本地区碳达峰行动方案，提出符合实际、切实可行的碳达峰时间表、路线图、施工图，避免"一刀切"限电限产或运动式"减碳"。各地区碳达峰行动方案经碳达峰碳中和工作领导小组综合平衡、审核通过后，由地方自行印发实施。

4. 组织开展碳达峰试点建设

加大中央对地方推进碳达峰的支持力度，选择 100 个具有典型代表性的城市和园区开展碳达峰试点建设，在政策、资金、技术等方面对试点城市和园区给予支持，加快实现绿色低碳转型，为全国提供可操作、可复制、可推广的经验做法。

（十一）国际合作

1. 深度参与全球气候治理

大力宣传习近平生态文明思想，分享中国生态文明、绿色发展理念与实践经验，为建设清洁美丽世界贡献中国智慧、中国方案、中国力量，共同构建人与自然生命共同体。主动参与全球绿色治理体系建设，坚持共同但有区别的责任原则、公平原则和各自能力原则，坚持多边主义，维护以联合国为核心的国际体系，推动各方全面履行《联合国气候变化框架公约》及其《巴黎协定》。积极参与国际航运、航空减排谈判。

2. 开展绿色经贸、技术与金融合作

优化贸易结构，大力发展高质量、高技术、高附加值绿色产品贸易。加强绿色标准

国际合作，推动落实合格评定合作和互认机制，做好绿色贸易规则与进出口政策的衔接。加强节能环保产品和服务进出口。加大绿色技术合作力度，推动开展可再生能源、储能、氢能、二氧化碳捕集利用与封存等领域科研合作和技术交流，积极参与国际热核聚变实验堆计划等国际大科学工程。深化绿色金融国际合作，积极参与碳定价机制和绿色金融标准体系国际宏观协调，与有关各方共同推动绿色低碳转型。

3. 推进绿色"一带一路"建设

秉持共商共建共享原则，弘扬开放、绿色、廉洁理念，加强与共建"一带一路"国家的绿色基建、绿色能源、绿色金融等领域合作，提高境外项目环境可持续性，打造绿色、包容的"一带一路"能源合作伙伴关系，扩大新能源技术和产品出口。发挥"一带一路""一带一路"绿色发展国际联盟等合作平台作用，推动实施《"一带一路"绿色投资原则》，推进"一带一路"应对气候变化南南合作计划和"一带一路"科技创新行动计划。

（十二）政策保障

1. 建立统一规范的碳排放统计核算体系

加强碳排放统计核算能力建设，深化核算方法研究，加快建立统一规范的碳排放统计核算体系。支持行业、企业依据自身特点开展碳排放核算方法学研究，建立健全碳排放计量体系。推进碳排放实测技术发展，加快遥感测量、大数据、云计算等新兴技术在碳排放实测技术领域的应用，提高统计核算水平。积极参与国际碳排放核算方法研究，推动建立更为公平合理的碳排放核算方法体系。

2. 健全法律法规标准

构建有利于绿色低碳发展的法律体系，推动能源法、节约能源法、电力法、煤炭法、可再生能源法、循环经济促进法、清洁生产促进法等制定修订。加快节能标准更新，修订一批能耗限额、产品设备能效强制性国家标准和工程建设标准，提高节能降碳要求。健全可再生能源标准体系，加快相关领域标准制定修订。建立健全氢制、储、输、用标准。完善工业绿色低碳标准体系。建立重点企业碳排放核算、报告、核查等标准，探索建立重点产品全生命周期碳足迹标准。积极参与国际能效、低碳等标准制定修订，加强国际标准协调。

3. 完善经济政策

各级人民政府要加大对碳达峰、碳中和工作的支持力度。建立健全有利于绿色低碳发展的税收政策体系，落实和完善节能节水、资源综合利用等税收优惠政策，更好发挥税收对市场主体绿色低碳发展的促进作用。完善绿色电价政策，健全居民阶梯电价制度和分时电价政策，探索建立分时电价动态调整机制。完善绿色金融评价机制，建立健全绿色金融标准体系。大力发展绿色贷款、绿色股权、绿色债券、绿色保险、绿色基金等金融工具，设立碳减排支持工具，引导金融机构为绿色低碳项目提供长期限、低成本资金，鼓励开发性政策性金融机构按照市场化法治化原则为碳达峰行动提供长期稳定融资支持。拓展绿色债券市场的深度和广度，支持符合条件的绿色企业上市融资、挂牌融资和再融资。研究设立国家低碳转型基金，支持传统产业和资源富集地区绿色转型。鼓励社会资本以市场化方式设立绿色低碳产业投资基金。

4．建立健全市场化机制

发挥全国碳排放权交易市场作用，进一步完善配套制度，逐步扩大交易行业范围。建设全国用能权交易市场，完善用能权有偿使用和交易制度，做好与能耗双控制度的衔接。统筹推进碳排放权、用能权、电力交易等市场建设，加强市场机制间的衔接与协调，将碳排放权、用能权交易纳入公共资源交易平台。积极推行合同能源管理，推广节能咨询、诊断、设计、融资、改造、托管等"一站式"综合服务模式。

（十三）组织实施

1．加强统筹协调

加强党中央对碳达峰、碳中和工作的集中统一领导，碳达峰碳中和工作领导小组对碳达峰相关工作进行整体部署和系统推进，统筹研究重要事项、制定重大政策。碳达峰碳中和工作领导小组成员单位要按照党中央、国务院决策部署和领导小组工作要求，扎实推进相关工作。碳达峰碳中和工作领导小组办公室要加强统筹协调，定期对各地区和重点领域、重点行业工作进展情况进行调度，科学提出碳达峰分步骤的时间表、路线图，督促将各项目标任务落实落细。

2．强化责任落实

各地区各有关部门要深刻认识碳达峰、碳中和工作的重要性、紧迫性、复杂性，切实扛起责任，按照《中共中央 国务院关于完整准确全面贯彻新发展理念做好碳达峰碳中和工作的意见》和本方案确定的主要目标和重点任务，着力抓好各项任务落实，确保政策到位、措施到位、成效到位，落实情况纳入中央和省级生态环境保护督察。各相关单位、人民团体、社会组织要按照国家有关部署，积极发挥自身作用，推进绿色低碳发展。

第十一章　气候变化投融资措施

大力推进应对气候变化投融资（以下简称气候投融资）发展，引导和撬动更多社会资金进入应对气候变化领域，进一步激发潜力、开拓市场，推动形成减缓和适应气候变化的能源结构、产业结构、生产方式和生活方式。

一、气候变化投融资活动的作用

（一）为碳达峰与碳中和行动服务

为碳排放强度下降、碳排放达峰、提高非化石能源占比、增加森林蓄积量等目标、政策和行动服务。

（二）为碳排放权交易机制发挥激励和约束作用

1. 推进建立健全碳排放权交易市场风险管控机制

稳步推进碳排放权交易市场机制建设，不断完善碳资产的会计确认和计量，建立健全碳排放权交易市场风险管控机制，逐步扩大交易主体范围，适时增加符合交易规则的投资机构和个人参与碳排放权交易。

2. 支持机构及资本积极开发与碳排放权相关的金融产品和服务

在风险可控的前提下，支持机构及资本积极开发与碳排放权相关的金融产品和服务，有序探索运营碳期货等衍生产品和业务。

3. 建立碳排放政府基金

①国家建立碳排放权交易基金。

②将重点排放单位有偿分配碳排放权产生的收入纳入国家碳排放权交易基金管理：向重点排放单位有偿分配碳排放权产生的收入，纳入国家碳排放权交易基金管理，用于支持全国碳排放权交易市场建设和温室气体削减重点项目。

4. 未来投资充分考量碳价格影响

鼓励企业和机构在投资活动中充分考量未来市场碳价格带来的影响。

二、气候变化投融资支持范围

（一）减缓气候变化投融资支持范围

①调整产业结构，发展战略性新兴产业；

②优化能源结构，大力发展非化石能源；

③开展碳捕集、利用与封存试点示范；

④控制工业、农业、废弃物处理等非能源活动温室气体排放；

⑤增加森林、草原及其他碳汇等。

（二）适应气候变化投融资支持范围

①提高农业、水资源、林业和生态系统、海洋、气象、防灾减灾救灾等重点领域适应能力；

②加强适应基础能力建设，加快基础设施建设、提高科技能力。

第四篇

碳排放与碳中和的法律责任

第十二章　碳排放单位法律责任

一、碳排放与核算报告过程的法律责任

（一）未按要求及时报送温室气体排放报告的

1. 未按要求及时报送温室气体排放报告的

重点排放单位未按要求及时报送温室气体排放报告的，由其生产经营场所所在地设区的县级以上地方生态环境主管部门：

①责令改正；

②处五万元以上二十万元以下的罚款；

③逾期未改正的，由重点排放单位生产经营场所所在地省级生态环境主管部门组织测算其温室气体实际排放量，作为该单位碳排放配额的清缴依据。

2. 虚报、瞒报温室气体排放报告的法律责任

重点排放单位虚报、瞒报温室气体排放报告的，由其生产经营场所所在地设区的县级以上地方生态环境主管部门：

①责令限期改正；

②处五万元以上二十万元以下的罚款；

③逾期未改正的，由重点排放单位生产经营场所所在地省级生态环境主管部门测算其温室气体实际排放量，并将该排放量作为碳排放配额清缴的依据；

④对虚报、瞒报部分，等量核减其下一年度碳排放配额。

（二）拒绝履行温室气体排放报告义务的

重点排放单位拒绝履行温室气体排放报告义务（碳排放核算、碳排监测计划、碳排放权交易、碳排放清缴、碳排放减排、碳排放监督检查、碳排放信息公开等行为）的，由其生产经营场所所在地设区的县级以上地方生态环境主管部门：

①责令改正；

②处五万元以上二十万元以下的罚款；

③逾期未改正的，由重点排放单位生产经营场所所在地省级生态环境主管部门组织测算其温室气体实际排放量，作为该单位碳排放配额的清缴依据。

（三）温室气体排放报告所涉数据的原始记录和管理台账内容不真实、不完整的

重点排放单位温室气体排放报告所涉及的原始数据和台账记录内容不真实、不完整的，由其生产经营场所所在地设区的县级以上地方生态环境主管部门：

①责令改正；

②处五万元以上二十万元以下的罚款；

③逾期未改正的，由重点排放单位生产经营场所所在地省级生态环境主管部门组织测算其温室气体实际排放量，作为该单位碳排放配额的清缴依据。

（四）篡改、伪造排放数据或者台账记录等温室气体排放报告重要内容的

重点排放单位篡改、伪造排放数据、台账记录报告重要内容的，由其生产经营场所所在地设区的县级以上地方生态环境主管部门：

①责令改正；

②处五万元以上二十万元以下的罚款；

③逾期未改正的，由重点排放单位生产经营场所所在地省级生态环境主管部门组织测算其温室气体实际排放量，作为该单位碳排放配额的清缴依据。

（五）全国碳排放权交易主体拒绝监督检查的

全国碳排放权交易主体拒绝、阻挠监督检查，或者在接受监督检查时弄虚作假的，由设区的市级以上生态环境主管部门或者其他负有监督管理职责的部门责令改正，处二万元以上二十万元以下的罚款。

二、碳排放配额与碳交易过程的法律责任

（一）碳排放配额过程的法律责任

1. 违反国家和所在省（区、市）有关规定建设的

重点排放单位违反国家和所在省（区、市）有关规定的建设项目，不予发放配额，

已经发放配额则按规定收回相关配额。

2. 根据国家和所在省（区、市）有关文件要求应关未关的

重点排放单位根据国家和所在省（区、市）有关规定应当关闭未关闭项目，不予发放配额，已经发放配额则按规定收回相关配额。

3. 未依法申领排污许可证，或者未如期提交排污许可证执行报告的

重点排放单位未依法申领排污许可证，或者未如期提交排污许可证执行报告的，不予发放配额，已经发放配额则按规定收回相关配额。

（二）碳清缴过程的法律责任

1. 重点排放单位不清缴碳排放配额的

由其生产经营场所所在地设区的市级以上地方生态环境主管部门责令改正，处十万元以上五十万元以下的罚款。

2. 重点排放单位未足额清缴碳排放配额的

由其生产经营场所所在地设区的市级以上地方生态环境主管部门责令改正，处十万元以上五十万元以下的罚款。

3. 重点排放单位不清缴碳排放配额经责令改正逾期未改正的

由分配排放配额的省级生态环境主管部门在分配下一年度碳排放配额时，等量核减未足额清缴部分。

4. 重点排放单位未足额清缴碳排放配额经责令改正逾期未改正的

由分配排放配额的省级生态环境主管部门在分配下一年度碳排放配额时，等量核减未足额清缴部分。

（三）碳交易过程的法律责任

1. 交易主体违反碳排放权注册登记相关规定的

交易主体违反碳排放权注册登记相关规定的，全国碳排放权注册登记机构和全国碳排放权交易机构可以按照国家有关规定对其采限制交易措施。

2. 交易主体违反碳排放权结算相关规定的

交易主体违反碳排放权结算相关规定的，全国碳排放权注册登记机构和全国碳排放权交易机构可以按照国家有关规定，对其采限制交易措施。

3. 交易主体违反碳排放权交易相关规定的

交易主体违反碳排放权交易相关规定的，全国碳排放权注册登记机构和全国碳排放权交易机构可以按照国家有关规定，对其采取限制交易措施。

4．违规交易的

通过欺诈、恶意串通、散布虚假信息等方式操纵碳排放权交易市场的，由国务院生态环境主管部门责令改正，没收违法所得，并处一百万元以上一千万元以下的罚款。

5．单位操纵碳排放权交易市场的

应当对其直接负责的主管人员和其他直接责任人员处五十万元以上五百万元以下的罚款。

（四）信用惩戒

国务院生态环境主管部门会同有关部门建立全国碳排放权交易主体的信用记录制度，将相关信用记录纳入全国信用信息共享平台。

三、刑事责任

违反有关法律法规规定，涉嫌构成犯罪的，有关生态环境主管部门应当依法移送司法机关。

第十三章　监管部门法律责任

一、生态环境部门法律责任

县级以上生态环境主管部门及其他负有监督管理职责的部门的有关工作人员，违反本条例规定，滥用职权、玩忽职守、徇私舞弊的，由有关行政机关或者监察机关责令改正，并依法给予处分。

二、碳排放权注册登记机构法律责任

（一）全国碳排放权注册登记机构

1. 全国碳排放权注册登记机构违规从事碳排放权交易的

全国碳排放权注册登记机构，违反本条例规定从事碳排放权交易的，由国务院生态环境主管部门：

①注销其持有的碳排放配额；

②没收违法所得；

③并对单位处一百万元以上一千万元以下的罚款；

④并对个人处五十万元以上五百万元以下的罚款。

全国碳排放权登记机构违反本办法规定，泄露有关商业秘密或者有构成其他违反国家交易监管规定行为的，依照其他有关规定处理。

2. 全国碳排放权注册登记机构拒绝监督检查的

全国碳排放权注册登记机构拒绝、阻挠监督检查，或者在接受监督检查时弄虚作假的，由设区的市级以上生态环境主管部门或者其他负有监督管理职责的部门责令改正，处二万元以上二十万元以下的罚款。

（二）全国碳排放权注册登记机构工作人员

全国碳排放权注册登记机构工作人员违反本办法规定，有下列行为之一的，由生态环境部依法给予处分，并向社会公开处理结果：

①利用职务便利谋取不正当利益的；

②有其他滥用职权、玩忽职守、徇私舞弊行为的。

全国碳排放权注册登记机构工作人员违反本办法规定，泄露有关商业秘密或者有构成其他违反国家交易监管规定行为的，依照其他有关规定处理。

三、碳排放权交易机构法律责任

（一）全国碳排放权交易机构

1. 全国碳排放权交易机构违规从事交易的

全国碳排放权交易机构，违反本条例规定从事碳排放权交易的，由国务院生态环境主管部门：

①注销其持有的碳排放配额；

②没收违法所得；

③并对单位处一百万元以上一千万元以下的罚款；

④并对个人处五十万元以上五百万元以下的罚款。

全国碳排放权交易机构违反本办法规定，泄露有关商业秘密或者有构成其他违反国家交易监管规定行为的，依照其他有关规定处理。

2. 全国碳排放权交易机构拒绝监督检查的

全国碳排放权交易机构违反本条例规定，拒绝、阻挠监督检查，或者在接受监督检查时弄虚作假的，由设区的市级以上生态环境主管部门或者其他负有监督管理职责的部门责令改正，处二万元以上二十万元以下的罚款。

（二）全国碳排放权交易机构工作人员

全国碳排放权交易机构工作人员违反本办法规定，有下列行为之一的，由生态环境部依法给予处分，并向社会公开处理结果：

①利用职务便利谋取不正当利益的；

②有其他滥用职权、玩忽职守、徇私舞弊行为的。

全国碳排放权交易机构工作人员违反本办法规定，泄露有关商业秘密或者有构成其他违反国家交易监管规定行为的，依照其他有关规定处理。

第十四章　第三方服务合同约束法律责任

一、第三方碳排放核算机构

第三碳排放核算机构服务不全面、不准确、不真实的追究行政与刑事责任。

二、核查技术服务机构

接受省级生态环境主管部门委托的核查技术服务机构弄虚作假的，由省级生态环境主管部门：

①解除委托关系：将相关信息计入其信用记录，同时纳入全国信用信息共享平台向社会公布；

②情节严重的：三年内禁止其从事温室气体排放核查技术服务。

三、核查技术服务机构及其工作人员违规从事碳排放权交易

全国碳排放权核查技术服务机构及其工作人员，违反本条例规定从事碳排放权交易的，由国务院生态环境主管部门：

①注销其持有的碳排放配额；

②没收违法所得；

③并对单位处一百万元以上一千万元以下的罚款；

④并对个人处五十万元以上五百万元以下的罚款。

四、核查技术服务机构拒绝监督检查

核查技术服务机构违反本条例规定，拒绝、阻挠监督检查，或者在接受监督检查时

弄虚作假的，由设区的市级以上生态环境主管部门或者其他负有监督管理职责的部门责令改正，处二万元以上二十万元以下的罚款。

五、信用惩戒

国务院生态环境主管部门会同有关部门建立全国碳排放核查技术服务机构的信用记录制度，将相关信用记录纳入全国信用信息共享平台。